U0604960

中国科协学科发展研究系列报告

中国科学技术协会 / 主编

作物学
学科发展报告

—— REPORT ON ADVANCES IN ——
CROP SCIENCE

中国作物学会 / 编著

中国科学技术出版社
·北 京·

图书在版编目（CIP）数据

2018—2019作物学学科发展报告 / 中国科学技术协会主编；中国作物学会编著 . —北京：中国科学技术出版社，2020.9

（中国科协学科发展研究系列报告）

ISBN 978-7-5046-8539-1

Ⅰ.① 2… Ⅱ.①中… ②中… Ⅲ.①作物—学科发展—研究报告—中国—2018—2019 Ⅳ.① S31-12

中国版本图书馆 CIP 数据核字（2020）第 036879 号

策划编辑	秦德继　许　慧
责任编辑	高立波
装帧设计	中文天地
责任校对	邓雪梅
责任印制	李晓霖

出　　版	中国科学技术出版社
发　　行	中国科学技术出版社有限公司发行部
地　　址	北京市海淀区中关村南大街16号
邮　　编	100081
发行电话	010-62173865
传　　真	010-62179148
网　　址	http://www.cspbooks.com.cn

开　　本	787mm×1092mm　1/16
字　　数	398千字
印　　张	17.75
版　　次	2020年9月第1版
印　　次	2020年9月第1次印刷
印　　刷	河北鑫兆源印刷有限公司
书　　号	ISBN 978-7-5046-8539-1 / S・770
定　　价	88.00元

（凡购买本社图书，如有缺页、倒页、脱页者，本社发行部负责调换）

2018—2019

作物学
学科发展报告

首席科学家 　翟虎渠

专家组组长 　刘春明　李新海　赵　明

专家组成员 　（按姓氏笔画排序）

丁梦琦	刁现民	马　玮	马小艳	马代夫
马有志	马峙英	王　欣	王　群	王广金
王天宇	王文生	王占彪	王永军	王州飞
王建华	王荣焕	王曙明	韦还和	毛树春
方平平	石　瑛	卢为国	卢艳丽	田　丰
田志喜	付路平	冯　璐	兰彩霞	朱爱国
任贵兴	后　猛	刘　亚	刘　成	刘飞虎
刘永红	刘录祥	刘晓冰	关亚静	关荣霞
汤继华	孙　健	孙　群	孙爱清	严建兵
杜雄明	李　岩	李　莉	李少昆	李文林

李吉虎　李亚兵　李先容　李兴茂　李法计
李建生　李思敏　李润枝　李新海　李德芳
杨　明　杨小红　杨冬静　肖永贵　吴存祥
邱丽娟　邱　宏　邹剑秋　沈　群　宋任涛
宋振伟　张　奇　张　京　张吉旺　张凯旋
张宗文　张洪程　张祖新　张海洋　陈庆山
陈绍江　陈彦惠　陈晓光　陈继康　明　博
易克贤　金黎平　周志林　周美亮　周新安
庞乾林　郑　军　郑成岩　郑殿升　单世华
孟庆峰　赵　明　赵久然　赵光武　赵团结
胡卫国　胡培松　秦　峰　秦　璐　秦培友
袁立行　贾银华　夏　婧　顾日良　顿小玲
徐　莉　徐明良　殷贵鸿　高　伟　高　辉
郭龙彪　郭刚刚　黄思齐　曹立勇　曹清河
崔　法　章秀福　韩英鹏　喻德跃　程式华
程汝宏　程晓晖　谢传晓　熊和平　黎　裕
戴其根　魏兴华

学术秘书组　杨克理　徐　莉　刘丹丹　徐　琴　欧小雪

序
FOREWORD

当今世界正经历百年未有之大变局。受新冠肺炎疫情严重影响，世界经济明显衰退，经济全球化遭遇逆流，地缘政治风险上升，国际环境日益复杂。全球科技创新正以前所未有的力量驱动经济社会的发展，促进产业的变革与新生。

2020年5月，习近平总书记在给科技工作者代表的回信中指出，"创新是引领发展的第一动力，科技是战胜困难的有力武器，希望全国科技工作者弘扬优良传统，坚定创新自信，着力攻克关键核心技术，促进产学研深度融合，勇于攀登科技高峰，为把我国建设成为世界科技强国作出新的更大的贡献"。习近平总书记的指示寄托了对科技工作者的厚望，指明了科技创新的前进方向。

中国科协作为科学共同体的主要力量，密切联系广大科技工作者，以推动科技创新为己任，瞄准世界科技前沿和共同关切，着力打造重大科学问题难题研判、科学技术服务可持续发展研判和学科发展研判三大品牌，形成高质量建议与可持续有效机制，全面提升学术引领能力。2006年，中国科协以推进学术建设和科技创新为目的，创立了学科发展研究项目，组织所属全国学会发挥各自优势，聚集全国高质量学术资源，凝聚专家学者的智慧，依托科研教学单位支持，持续开展学科发展研究，形成了具有重要学术价值和影响力的学科发展研究系列成果，不仅受到国内外科技界的广泛关注，而且得到国家有关决策部门的高度重视，为国家制定科技发展规划、谋划科技创新战略布局、制定学科发展路线图、设置科研机构、培养科技人才等提供了重要参考。

2018年，中国科协组织中国力学学会、中国化学会、中国心理学会、中国指挥与控制学会、中国农学会等31个全国学会，分别就力学、化学、心理学、指挥与控制、农学等31个学科或领域的学科态势、基础理论探索、重要技术创新成果、学术影响、国际合作、人才队伍建设等进行了深入研究分析，参与项目研究和报告编写的专家学者不辞辛劳，深入调研，潜心研究，广集资料，提炼精华，编写了 31 卷学科发展报告以及 1 卷综合报告。综观这些学科发展报告，既有关于学科发展前沿与趋势的概观介绍，也有关于学科近期热点的分析论述，兼顾了科研工作者和决策制定者的需要；细观这些学科发展报告，从中可以窥见：基础理论研究得到空前重视，科技热点研究成果中更多地显示了中国力量，诸多科研课题密切结合国家经济发展需求和民生需求，创新技术应用领域日渐丰富，以青年科技骨干领衔的研究团队成果更为凸显，旧的科研体制机制的藩篱开始打破，科学道德建设受到普遍重视，研究机构布局趋于平衡合理，学科建设与科研人员队伍建设同步发展等。

在《中国科协学科发展研究系列报告（2018—2019）》付梓之际，衷心地感谢参与本期研究项目的中国科协所属全国学会以及有关科研、教学单位，感谢所有参与项目研究与编写出版的同志们。同时，也真诚地希望有更多的科技工作者关注学科发展研究，为本项目持续开展、不断提升质量和充分利用成果建言献策。

中国科学技术协会

2020 年 7 月于北京

作物学科是农业科学的核心科学之一，在保障国家粮食安全和农产品有效供给、提高农业效益、发展现代农业、实现农业增效和农民增收方面发挥着重要的作用。乡村振兴战略指出的一项重要任务是确保国家粮食安全，把中国人的饭碗牢牢端在自己手中。解决好十几亿人吃饭问题始终是治国安邦的头等大事，是农业发展的首要任务。作物学研究对象和领域正在不断扩展，作物高产与资源高效栽培理论与技术、作物高产优质协调机理与栽培调控机制、环境友好与作物安全生产理论与技术、作物种质资源的发掘与创新利用、作物遗传改良与杂种优势利用、种子质量控制理论与技术及其产业化工程技术等，已成为本学科的重点研究方向和学术前沿阵地。当前我国正处在全面建成小康社会的决胜阶段，总结近几年作物学取得的新成就和谋划新发展意义重大。

2018 年，中国作物学会申请并承担了"2018—2019 作物学学科发展报告"研究课题。自立项以来，学会按照中国科协要求和指示，认真组织实施了报告的编制工作。2018 年 9 月，召开项目开题会，成立了以翟虎渠理事长为首席科学家，刘春明副理事长、李新海副秘书长、赵明副秘书长为专家组组长的编写组；2018 年 10 月—2019 年 5 月，项目组广泛收集国内外期刊文献资料，进行专题研究，撰写学科发展报告；2019 年 6 月，报告初稿形成，召开了项目第二次工作会议，之后对报告进行了第一次修改；2019 年 8 月，召开项目研讨会，征求编写组之外的专家建议；2019 年 9 月，编写组对报告进行了第二次修改工作；2019 年 10 月，对报告进行完善，完成了报告的第三次修改稿。报告在编制工作中，始终抓好督促检查，定期做好总结工作，最终形成了"2018—2019 作物学学科发展报告"。本报告包括两个主要的二级学科作物遗传育种学和作物栽培与生理学专题报告以及作物种子、水稻、玉米、小麦、大豆、油料等作物共 16 个专题报告，基本覆盖了作物学科技发展的主要领域，对学科发展有重要的参考价值。

在本课题研究及实施过程中，课题组得到了中国科学技术协会学会学术部的大力支持和指导，得到了中国作物学会各专业委员会（分会）、中国农业科学院作物科学研究所及相关研究所、中国农业大学及相关农业院校等单位的大力支持。本报告也是课题组专家、编写组成员、评审专家、工作人员的共同努力、团结协作的成果。在此，一并致以衷心的感谢。

本报告难免存在不足和纰漏之处，为使之更臻完善，敬请读者不吝赐教。

中国作物学会

2019 年 10 月

综合报告

专题报告

ABSTRACTS

Comprehensive Report

Reports on Special Topics

综合报告

作物学发展研究

一、引言

作物生产是农业发展的基础，维系着人类最基本的生活需求，直接关系到国计民生和社会经济的发展。近年来，中国粮食连年增产，其中作物科技进步对粮食增产起决定性作用。如实施国家重点研发计划"七大农作物育种""粮食丰产科技工程"等专项、大规模开展"粮食高产创建活动"等作物育种、栽培、农业资源利用等多学科的农业科技项目与专项支持，这些农业、作物学相关研究与科技创新直接推动了我国粮食生产水平的稳步提高与科技含量。作物科技创新对提高农业生产水平和保障粮食安全起到不可替代的作用，为保障粮食安全提供了强有力的支撑。因此，坚持作物科技创新、转变农业发展方式、提高农业产出与效益，是实现农业增效和农民增收、保障粮食安全、促进我国现代农业发展最根本的出路。

作物学学科是农业科学的核心科学之一，作物学学科发展能够为农业科技的发展保驾护航。作物学学科发展的核心任务是不断深入探索，揭示农作物生长发育、产量与品质形成规律和作物重要性状遗传规律及其与生态环境、生产条件之间的关系；研究作物遗传改良方法、技术，培育优良新品种，创新集成作物高产、优质、高效、生态、安全栽培技术体系，良种良法配套应用，全面促进我国现代农业可持续发展。作物学学科发展与科技进步为保障国家粮食安全和农产品有效供给、生态安全、增加农民收入，提供可靠有力的技术支撑和储备，是实现"藏粮于技"的重要表现。

本报告主要回顾、总结和科学客观地评价本学科近年的新进展、新成果、新见解、新观点、新方法和新技术，以及在学科的学术建制、人才培养、基础研究平台等方面的进展；阐述本学科取得的最新进展和重大科技成果及其促进农业可持续发展、保障国家粮食安全、绿色生态安全和乡村振兴等方面的应用成效和贡献；深入研究分析本学科的发展现状、动态和趋势，以及我国作物学学科与国际先进水平的比较，立足于我国现代农业发展、粮食安全、扶贫攻坚对作物学学科发展的战略需求及其研究方向；立足全国，跟踪国际本学科发展前沿，展望本学科未来五年的发展前景和目标，提出本学科在我国未来的发展趋势与发展研究方向和重点任务。本报告包括两个主要的二级学科作物遗传育种学和作物栽培与生理学专题报告以及作物种子、水稻、玉米、小麦、大豆、马铃薯等作物共 16 个专题报告的作物科技发展的动态，重大新进展和科技成果，国内外发展水平比较，未来 5 年的发展趋势与研究方向等。

（一）作物学的学科与生产地位更加突出

作物学是一门作物生产过程的综合科学。重点研究作物生产过程中良种良法配套的综合技术工程，其主要任务是以基因型与环境互作为指导，不断揭示农作物重要性状遗传规律，通过多种育种技术创新进行挖掘有益性状基因资源，培育新品种，创新与提升不同目标的品种生物潜能；以措施调节基因与环境关系，不断揭示作物生长发育、产量与品质形成规律及其与环境互作机制，通过综合栽培技术创新挖掘品种生物潜能及增产潜力，实现作物高产、优质、高效、生态、安全。作物学科主要包括了作物遗传育种和作物栽培耕作等学科。

作物学在农业发展中占有突出地位，受到国家高度重视。中央一号文件连续 17 年聚焦、关注"三农"（农业、农村、农民）问题，近年来中央一号文件一直锁定"三农"问题，2018 年中央一号文件主题聚焦实施乡村振兴战略，是改革开放以来第 20 个、进入 21 世纪以来连续下发的第 15 个以"三农"为主题的中央一号文件。特别是 2019 年强调了"三农"优先发展的地位，明确了"三农"问题是社会主义现代化时期"重中之重"的地位。做强农业，必须尽快从主要追求产量和依赖资源消耗的粗放经营转到数量质量效益并重、注重提高竞争力、注重农业科技创新、注重可持续的集约发展上来，走产出高效、产品安全、资源节约、环境友好的现代农业发展道路。党的十九大报告首次提出要实施"乡村振兴战略"，同时把"实施乡村振兴战略"作为建设社会主义现代化强国的七大战略之一写进党章，赋予突出的重要地位。

（二）作物学推进现代农业发展更加有力

近年来，我国作物学科与技术领域，认真贯彻"自主创新、重点跨越、支撑发展、引领未来"的科技发展指导方针，不断深化科技体制改革，实行"开放、流动、联合、竞争"运行机制，创造了促进作物学学科持续稳定发展和创新的和谐环境。在国家重点研发专项、科技支撑计划、国家自然科学基金和省部有关作物科技的重大计划项目支持下，我国作物学学科立足自主创新，同时注重建立与其他学科的大协作，鼓励学术创新，树立良好的科学道德和学风，培养高水平领军人才和作物科技创新团队，立足国际前沿及农业生产主战场，攻克了多项科技难题，取得了重要的新进展和一批重大科技成果。组织实施

"藏粮于技"系列科研计划，支撑服务国家粮食安全战略，围绕水稻、小麦、玉米、大豆等四大作物，重点开展育种技术提升、重大自主品种培育、高效精准栽培、绿色丰产关键技术集成四大科技行动，夯实水稻、小麦、玉米、大豆四大作物的遗传育种理论，突破分子育种、基因编辑、转基因、智能设计育种、杂种优势固定、机械化密植栽培技术等核心技术，支持保障我国水稻、小麦口粮绝对安全，玉米基本自给，大豆自给率逐步提升，食用大豆完全自给。作物遗传育种、作物栽培学等学科也为开展农业科技精准扶贫示范，支撑服务脱贫攻坚做出了重要贡献。同时，中国已与世界贸易组织、联合国粮食及农业组织、世界粮食计划署、国际农业发展基金会、国际农业研究磋商小组等国际涉农组织建立了广泛而深入的合作关系，并积极参与国际领域的重大涉农政策和规则的修订，为中国农业"走出去"创造了良好的外部发展环境，不断提升了我国的国际影响力。

2015—2019年，在作物遗传育种领域，农作物种质资源研究精度和广度进一步拓展。截至2018年年底，我国共收集保存了340种作物，保存资源总量达50.3万份，其中国家库43.8万份，种质圃6.5万份，保存作物种质资源总量居世界第二位。我国科学家在水稻、小麦等作物的基因组测序、精细遗传图谱绘制、核心种质收集挖掘、基因组遗传多样性分析和重要农艺性状基因克隆等方面取得了一系列具有国际影响的重要成果。2015—2018年，育成通过国家和省级审定的水稻、小麦、玉米、棉花和大豆新品种达8466个，推广了一批突破性新品种，有效支撑了我国现代农业发展。近些年生物技术发展迅猛，各项技术得到了空前的发展，尤其是基因组编辑技术、单倍体育种、分子设计育种技术等。

作物栽培与耕作学科围绕新型经营主体，在作物优质高产协调栽培、农艺农机融合配套、肥水精确高效利用、保护性耕作栽培技术、逆境栽培生理与基础理论研究、信息化与智慧栽培等方面取得重要研究进展，为我国作物生产实现增产、增收、增效提供了技术支撑与储备。尤其是在作物优质高产协同栽培方面研究进展明显，同时农艺农机融合程度进一步提高，作物肥水资源利用技术更加高效化。作物栽培与耕作学科始终面向生产一线，服务农业主战场，在作物耕作及高产高效栽培技术创新方面取得重要突破，为我国主要粮食作物高产、高效、绿色发展提供直接的支撑与技术保障。

（三）作物学发展报告更加系统

《2018—2019作物学学科发展报告》是在2007—2008年、2009—2010年、2011—2012年、2014—2015年作物学学科发展研究的基础上进行的，是近年作物学学科发展研究进展与成果的体现。2015年以来，我国作物学科领域取得了重要的新进展和新成果，提出了重大的新见解与新观点，创新了关键的新方法与新技术。作物科学创新为农业供给侧结构性改革提供了支撑，尤其为增加国际竞争力做出了贡献，这种贡献主要体现在重大技术上。我国农业源头创新能力显著增强，构建功能基因组学、蛋白组学、代谢组学等研究平台，解析了多种重要农作物产量、品质、抗性等性状形成的分子基础，促进了品种改良方法和理论进步；建立作物生长发育、器官形态建成、器官间物质分配及产量形成的数字模型，促进了数字农业技术发展；我国农业发展的产业关键技术不断突破，全基因组选择育种芯片、细胞工程和生物育种信息平台的构建，全面带动了现代种业发展。本报告将回顾、总结和科学客观地评价本学科近年（2015 年以来）的新进展、新成果、新见解、新观点、新方法和新技术；报告将立足于我国现代农业发展、粮食安全、扶贫攻坚对作物学学科发展的战略需求及其研究方向以及我国作物学学科与国际水平的比较，深入研究分析本学科的发展现状、动态和趋势；此外，报告将立足全国，跟踪国际本学科发展前沿，展望本学科未来五年的发展前景和目标，提出本学科在我国未来的发展趋势与发展研究方向和重点任务。本报告包括两个主要的二级学科作物遗传育种学和作物栽培与生理学专题报告以及作物种子、水稻、玉米、小麦、大豆、油料等作物共 16 个专题报告，基本覆盖了作物学科技发展的主要领域，将为提高作物科学国际竞争力提供理论依据，也将为当前乃至今后作物领域的科技工作者提供重要资料参考。

二、近年来的最新研究进展

（一）作物学学科新进展

1. 作物学基础理论研究达到新高度，创新了作物学多领域新理论

（1）作物遗传育种基础研究取得重大进展

主要农作物基因组学研究取得新进展：完成了 3010 份亚洲栽培稻基因组研究，揭示了亚洲栽培稻的起源和群体基因组变异结构，剖析了水稻核心种质资源的基因组遗传多样性，推动了水稻规模化基因发掘和水稻复杂性状分子改良。完成了乌拉尔图小麦 G1812 的基因组测序和精细组装，绘制出了小麦 A 基因组 7 条染色体的序列图谱，为研究小麦的遗传变异提供了宝贵资源。完成了玉米 Mo17 自交系高质量参考基因组的组装，在基因组学层面对玉米自交系间杂种优势的形成机制提供了新的解释。

作物产量与品质性状分子基础解析取得新突破：围绕"水稻理想株型与品质形成的分子机理"这一重大科学问题，创建了直接利用自然材料与生产品种进行复杂性状遗传解析的新方法；揭示了影响水稻理想株型形成的关键基因和分子基础；阐明了稻米食用品质精细调控网络；示范了高产优质为基础的分子设计育种，为解决水稻产量品质协同改良的难题提供了有效策略。针对氮肥的使用量逐年增加并未带来作物产量大幅提高这一困境，克隆并解析了氮肥高效利用的关键基因 GRF4。研究证实了 GRF4 是一个植物碳—氮代谢的正调控因子，可以促进氮素吸收、同化和转运，以及光合作用、糖类物质代谢和转运等，进而促进作物的生长发育。GRF4 的优异等位基因应用使得作物在适当减少施氮肥条件下获得更高的产量。鉴定了大豆优异等位变异基因 PP2C-1 通过结合油菜素内酯 BR 信号通路的转录因子 GmBZR1 促进下游种子大小的基因表达以提高粒重的分子机制，对于大豆

育种具有重要意义。

抗病虫、抗逆性状分子机制解析进一步明确：稻瘟病是水稻重大病害之一，严重影响水稻的产量和品质。证明编码C2H2类转录因子的基因Bsr-d1启动子的自然变异对稻瘟病具有广谱持久的抗病性，发现理想株型基因IPA1是平衡产量与抗性的关键调节枢纽，为水稻高产和高抗育种奠定了重要理论基础。克隆了抗褐飞虱基因Bph6，该基因通过介导水杨酸、茉莉酸和细胞分裂素等信号途径，提高体内防御相关基因的表达量和抗毒素含量，从而增强水稻褐飞虱抗性。克隆了2个玉米矮花叶病抗性基因ZmTrxh和ZmABP1，揭示了抑制病毒RNA积累和影响病毒粒子的系统移动抗病机理，对培育玉米抗病毒新品种具有重要意义。

作物育性控制分子遗传基础解析：围绕杂交稻育性调控，解析自私基因qHMS7介导的毒性—解毒分子机制在维持植物基因组稳定性和促进新物种形成中的分子机制，为实现籼粳交杂种优势的有效利用以及籼粳亚种间杂交稻品种培育奠定基础。在"杂交稻育性控制的分子遗传基础"研究方面，阐明了三系杂交水稻育种中的孢子体型和配子体型细胞质雄性不育及其育性恢复的分子机制，解析了水稻籼粳杂交不育与亲和性的分子遗传机理，提出了"双基因三因子互作"和"双基因分步分化"的分子遗传模型，是我国杂交水稻分子遗传基础研究上的重大突破。

（2）创新了作物栽培与耕作新理论，丰富了理论体系

作物栽培学长期以来存在定量化研究不足，理论研究薄弱的局面，直接限制了该学科的技术创新与科技水平提升。近年来，中国农业科学院作物科学研究所作物栽培与生理中心、扬州大学作物栽培研究团队在作物栽培基础理论方面构建新理论，深入阐析作物栽培形态生理生化基础理论，丰富了作物栽培学理论体系。

创建了"气候—土壤—作物"三协同理论与技术体系，丰富了作物栽培学理论，是从传统栽培学的定性研究向定量化栽培的重要突破。作物生产系统是由作物与其生长的土壤及气候环境组成。作物生产系统"三协同"高产高效理论体系在整体认识作物生产系统组成（气候—土壤—作物）的基础上，提出了"气候—作物""土壤—作物""群体—个体"三个层次的分析框架，并建立了以调控光温资源配置与利用为核心的气候—作物协同、以平衡土壤供给力与冠层生产力为核心的土壤—作物协同、以协调物质生产与分配为核心的群体—个体协同三个层次的定量分析子系统。三者协调统一，构成作物生产系统"三协同"高产高效定量分析体系（图1）。"粮食作物生产系统'三协同'高产高效理论体系研究与应用"成果通过了中国农学会组织的成果鉴定，多位院士一直认为理论达到国际领先水平。

基于形态、组织、细胞、分子等不同层面的作物栽培形态生理生化的基础理论取得丰硕研究成果。作物同化物向籽粒转运和籽粒灌浆的调控途径与生理机制取得理论进展新突破。首创了协调光合作用、同化物转运和植株衰老关系和促进籽粒灌浆的水分调控方

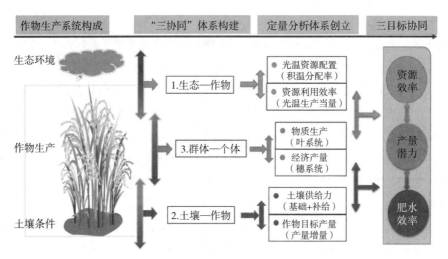

图 1　粮食作物气候—作物、土壤—作物和群体—个体三协同系统

法，为解决谷类作物衰老与光合作用的矛盾以及既高产又节水的难题提供了新的途径和方法；探明了适度提高体内脱落酸（ABA）及其与乙烯、赤霉素比值可以促进籽粒灌浆，为促进谷类作物同化物转运和籽粒灌浆的生理调控开辟了新途径；明确了 ABA 促进同化物装载与卸载及籽粒灌浆的生理生化机制。该成果经多年、多地验证与示范应用，示范地水稻增产 8%~12%、灌溉水利用率增加 30%~40%；小麦增产 6%~10%、灌溉水利用率增加 20%~30%。2017 年获国家自然科学奖二等奖。这是我国作物栽培学与耕作学科首个获得国家自然科学奖的科研成果，标志着我国作物栽培学与耕作学的基础理论研究水平提升到一个新的高度。

2. 创新了作物学高产高效、绿色、优质新品种及关键技术

（1）完善了遗传育种与种质资源创新技术，培育出一批高产优质新材料和新品种

近年来，生物技术的创新极大地推动了现代育种的发展。我国作物遗传育种学科取得了长足进步和全面发展，围绕作物遗传育种开展前沿基础、新品种选育与种质创制，创新完善了杂种优势利用、细胞及染色体工程、诱变、分子标记、基因组编辑等育种关键技术，提升了我国育种自主创新能力和水平，创制出一批育种新材料和新品种。

技术创新 1：作物种质资源保护创新与利用技术的深化。2016 年以来，随着多种农作物完成全基因组草图和精细图绘制以及测序成本的大幅度降低，对全基因组水平的基因型鉴定产生重大突破带来了机遇。一是在多种作物上开发了全基因组 SNP 芯片，成功用于遗传多样性分析；二是采用重测序技术对种质资源进行全基因组水平的结构变异分析，不仅可用于遗传多样性评估，而且在作物起源与演化、种质资源形成规律等方面取得了一些重大进展。截至 2018 年年底，我国作物种质长期库保存资源总量达 43.5 万份，种质圃保存 6.5 万份，试管苗库和超低温库保存 1008 份，资源保存总量突破 50 万份，居世界第二

位。"十三五"期间，对约 17000 份水稻、小麦、玉米、大豆、棉花、油菜、蔬菜等种质资源的重要性状进行精准表型鉴定评价和全基因组水平的高通量基因型鉴定，发掘出一批作物育种急需的优异种质。同时，在种质创新领域也取得重大突破，如创建以克服授精与幼胚发育障碍、高效诱导易位、特异分子标记追踪、育种新材料创制为一体的远缘杂交技术体系，突破了小麦与冰草属间的远缘杂交障碍，攻克了利用冰草属 P 基因组改良小麦的国际难题。"小麦与冰草属间远缘杂交技术及其新种质创制"2018 年获国家技术发明奖二等奖。农作物种质资源的遗传多样性研究仍是主流，但研究的精度和广度进一步拓展，研究的方法向应用 SNP 等新一代分子标记和多种分子标记综合应用发展。种质资源多样性研究所关注的性状研究正在从以往主要关注产量等性状向同时关注品质、营养、抗性、生理性状、根部性状、除草剂抗性、耐阴性、耐直/深播能力等绿色性状方向发展。

技术创新 2：作物材料的创新与新品种的选育。2015 年以来，以转基因、分子标记、单倍体育种、分子设计等为核心的现代生物技术不断完善并开始应用于农作物种质创新和新品种培育，育成了通过国家或省级审定的水稻、小麦、玉米、棉花和大豆新品种 8466 个，有效支撑了我国现代农业发展。其中，绿色、优质、专用等多元化品种类型比率逐年提高。2018 年通过审定的 3249 个主要农作物品种中，企业审定品种占 77%，以企业作为主体的育种能力正在全面增强。

我国先后率先实现了超级稻第三、四期育种目标，创造了百亩示范片平均亩（1 亩约为 667 平方米，下同）产 1026.7 公斤（1 公斤 =1 千克）世界纪录，引领了国际超级稻育种方向。培育"Y 两优 900"等多个全国大面积应用品种，解决了双季稻区水稻生产存在的"早熟与高产、优质与高产、高产与稳产"难协调的技术瓶颈，在双季超级稻育种理论、品种选育、技术集成、示范推广等方面取得了重大突破。"龙粳 31"连续 5 年（2012—2016）为我国第一大水稻品种，创我国粳稻年种植面积的历史纪录。创新出"龙花 961513""龙花 97058""龙花 95361"等一批具有籼稻或地理远缘血缘的关键优异种质，解决了寒地早粳稻优异种质材料匮乏的难题。绿色超级稻项目重点围绕"少打农药、少施化肥、节水抗旱、优质高产"的育种目标，培育了具备绿色性状的水稻新品种 68 个，推广面积累计超过 1.5 亿亩。

小麦品种"郑麦 7698"带动我国优质强筋小麦品种产量水平迈上亩产 700 公斤的台阶，为提高我国大宗面制食品质量提供了新品种。利用与常规育种全程结合的多位点分子标记辅助育种技术体系培育了多抗广适高产稳产小麦新品种"山农 20"，创造了亩产超 800 公斤的高产，被农业农村部评为蒸煮品质优良的小麦。小麦与冰草属间远缘杂交技术及其新种质创制，攻克了利用冰草属 P 基因组改良小麦的国际难题，实现了从技术研发、材料创新到新品种培育的全面突破。培育推广了一批平均节水超过 30% 的节水抗旱小麦新品种，实现小麦丰产不减产，有利于破解华北漏斗区地下水超采的难题。2018 年国家审定的优质专用小麦品种比 3 年前增加了 50%。

"京农科728""吉单66"等品种成为我国第一批通过国家审定的适宜籽粒机械化收获的玉米新品种。在第三代杂交育种技术—玉米多控不育技术领域取得重要进展，新型CMS-S型不育系"京724"已成功应用于"京科968"的不育化年制种。创制出具有诱导率高、结实性好等优良特性的玉米单倍体诱导系6个，创新选育出系列优良玉米品种11个。发现了控制玉米维生素E高含量主效QTL基因 $ZmVTE4$ ，开发了提高维生素E含量的功能标记，筛选出高维生素的甜玉米新品种5个。

综合利用引进与收集的大豆资源，构建多样性丰富的核心种质和应用核心种质，鉴定抗病、优质等优异资源949份。利用多亲本聚合杂交及生态育种技术相结合培育成功了优质高产广适棉花新品种"中棉所49"，解决了南疆棉花生产上出现的品种产量稳定适应性差、比强度低、枯（黄）萎病日趋严重等问题。

技术创新3：主要农作物基因组测序技术的发展促进基因组学研究取得新进展。我国科学家在水稻、小麦等作物的基因组测序、精细遗传图谱绘制、核心种质收集挖掘、基因组遗传多样性分析和重要农艺性状基因克隆等方面取得了一系列具有国际影响的重要成果。

完成了3010份亚洲栽培稻基因组研究，全面解析了亚洲栽培稻基因组遗传多样性，构建了全球首个接近完整、高质量的亚洲栽培稻泛基因组，揭示了亚洲栽培稻的起源和群体基因组变异结构，剖析了水稻核心种质资源的基因组遗传多样性，推动了水稻规模化基因发掘和水稻复杂性状分子改良；构建了高质量的籼稻（"蜀恢498""珍汕97"和"明恢63"）参考基因组；完成了乌拉尔图小麦G1812的基因组测序和精细组装，绘制出了小麦A基因组7条染色体的序列图谱，为研究小麦的遗传变异提供了宝贵资源，完成了小麦A和D基因组测序和精细图谱绘制；结合二代和三代测序技术，组装出了较高质量的玉米Mo17和mexicana基因组，在基因组学层面对玉米自交系间杂种优势的形成机制提供了新的解释；完成了异源四倍体陆地棉和海岛棉基因组组装；创建了水稻等作物的功能育种数据库和信息平台，建立了高效的水稻、小麦、玉米和大豆的转化技术和基因组编辑技术平台。

技术创新4：优质绿色新品种培育技术的突破。2015—2018年，育成通过国家和省级审定的水稻、小麦、玉米、棉花和大豆新品种达8466个，推广了一批突破性新品种，有效支撑了我国现代农业发展。其中绿色超级稻项目重点围绕"少打农药、少施化肥、节水抗旱、优质高产"的育种目标，培育了具备绿色性状的水稻新品种68个，推广面积累计超过1.5亿亩；"京农科728"等品种成为我国第一批通过国家审定的适宜籽粒机械化收获的玉米新品种；培育推广了一批平均节水超过30%的节水抗旱小麦新品种，实现小麦丰产不减产，有利于破解华北漏斗区地下水超采的难题；此外，涌现了一批对赤霉病有较好抗性的小麦品种；这些成就标志着我国作物育种研究在保持产量国际领先水平的基础上，又迈上了高产绿色优质并重的新台阶。

技术创新5：生物技术育种新技术的突破。生物技术的创新极大地推动了现代育种的发展。近年来生物技术发展迅猛，得到了空前的发展。其主要包括：

1）基因组编辑技术：该技术可以在基因组水平上对农作物进行精准的定点敲除、插入和替换，其对于控制作物重要农艺性状基因的功能鉴定、作物重要性状的遗传改良具有巨大的应用潜力。朱健康等利用 APOBEC1 系统在水稻中开发了一种单碱基置换方法，可以有效地产生 C → T 和 C → G（G → A 和 G → C）的替换；高彩霞等利用 Cas9 变体开发了高效的植物单碱基编辑系统 nCas9-PBE，成功在小麦、玉米和水稻等作物基因组中实现了高效、精准的单碱基定点突变，突变效率最高可达 43.48%；如何提高 Cas9 编辑效率和避免脱靶是目前限制其应有潜力的最主要障碍，王克俭和李家洋等成功地将 CARISP-Cas9-VQR 系统的编辑效率提高到原来的 3~7 倍；高彩霞和李家洋等通过基因编辑的方法，产生了抗除草剂的小麦；夏兰琴课题组首次使用 RNA 作为修复模板在植物中实现 CRISPR/Cpf1 介导的同源重组修复。

2）单倍体育种技术：单倍体育种广泛应用于玉米育种中，陈绍江、金危危和严建兵等克隆了玉米单倍体诱导基因 ZMPLA1，该基因在主要农作物中的保守性较高，将有利于在除玉米外的其他农作物中发展单倍体诱导体系来加速育种进程。近几年国家审定了多个利用单倍体技术培育的新品种，今后逐步建立高效的单倍体育种体系，同时将单倍体育种技术与基因组选择和分子设计育种等技术结合起来，必将加快我国育种的进程，推进育种方式的变革。

3）分子设计育种技术：利用重测序和芯片分析了优质广适常规稻品种黄华占核心谱系和衍生谱系材料的全基因组基因型数据，鉴定了黄华占在育种过程中的染色体保守区段和受选择区段，为水稻分子设计育种提供了重要的选择目标。中国科学家以超高产但综合品质差的品种特青作为受体，以蒸煮和外观品质具有良好特性的品种"日本晴"和"9311"为供体，对涉及水稻产量、稻米外观品质、蒸煮食味品质和生态适应性的 28 个目标基因进行优化组合，利用杂交、回交与分子标记定向选择等技术，成功将优质目标基因的优异等位聚合到受体材料中，并充分保留了"特青"的高产特性。这些优异的"品种设计"材料，在高产的基础上，稻米外观品质、蒸煮食味品质、口感和风味等方面均有显著改良，并且以其配组的杂交稻稻米品质也显著提高。

技术创新 6：优质专用品种选育的发展。当前，我国作物生产主要目标已以产量为主转向在保持一定产量的基础上提高品质[1]。主要发展包括：

1）在水稻优质专用品种：扬州大学张洪程院士团队广泛收集了包括江苏、浙江、上海等我国南方主要粳稻生产省市的粳稻品种（品系），依据产量和食味品质等指标，筛选出"南粳 46""苏香粳 100""武运粳 30 号"等一批高产（产量变幅 8.1~8.8 吨 / 公顷）味优（食味值评分变幅 64~73）粳稻品种（品系）[2]；从机械化种植方式、氮肥运筹、镁锌微量元素追施时期等方面探讨了水稻调优增产的栽培途径[3-5]。

2）小麦优质专用品种：北部和黄淮冬麦区上，小麦品质改良工作在改良品质方面取得明显进展[6]，强筋、中筋品种主要品质性状基本达到相应国家标准要求，已具有良好优质小麦品种基础。我国西南冬麦区小麦品质改良也有了明显改善，部分品质参数高于全国平均水平，育成了"川麦104"等一批协同改良产量和品质品种[7]。在此基础上，已形成了黄淮海优质中强筋小麦种植区和长江中下游优质弱筋小麦种植区，各地围绕耕作模式、水肥管理等栽培环节探明了协同提高小麦产量和品质的调控措施[8-9]。

3）玉米籽粒机收耐密品种选育：国家启动了玉米籽粒机收品种选育的重大育种行动，由中国农业科学院王天宇主持负责，近年来一系列的新种质资源和杂交组合不断地推出与应用，缩小了与国际先进水平的差距；马铃薯、高粱等作物上，优质高产协调栽培研究上也取得了一些进展[10-12]。

（2）作物高产、高效、优质、绿色栽培与耕作新技术发展

作物栽培学的创新发展，对实施乡村振兴战略具有重大意义，需结合新形势、新要求，深入推进优质粮食工程，发展新型经营主体，达到优质高产协调栽培、促进农艺农机融合配套、做到肥水精确高效利用、完成保护性耕作栽培技术、结合逆境栽培生理与基础理论研究、实现信息化与智慧栽培等，为我国作物生产实现增产、增收、增效达到乡村振兴战略提供了技术支撑与储备。近年来，作物栽培领域涌现出一批新技术在大田生产中应用，主要表现在农艺农机融合技术进一步发展；作物肥水资源利用技术高效化、智能化；作物耕作栽培技术取得重要突破；作物逆境栽培技术研究与创新进一步深化；作物信息化与智慧栽培取得新进展。

技术创新1：作物优质高产协调栽培研究进展显著。当前，我国作物生产主要目标已以产量为主转向在保持一定产量的基础上提高品质。我国北部和黄淮冬麦区小麦品质改良工作在改良品质方面取得明显进展[6]，强筋、中筋品种主要品质性状基本达到相应国家标准要求，已具有良好优质小麦品种基础。我国西南冬麦区小麦品质改良也有了明显改善，部分品质参数高于全国平均水平，育成了"川麦104"等一批协同改良产量和品质品种[7]。在此基础上，已形成了黄淮海优质中强筋小麦种植区和长江中下游优质弱筋小麦种植区，各地围绕耕作模式、水肥管理等栽培环节探明了协同提高小麦产量和品质的调控措施[8-9]。

在玉米、马铃薯、高粱等作物优质高产协调栽培研究上也取得了一些进展[10-12]。如张淑敏等研究表明，用黑白配色地膜和生物降解地膜替代普通地膜，可降低膜下杂草密度，创造更适宜的土壤温度和水分条件，利于马铃薯增产和品质改善。李嵩博等[12]在分析我国粒用高粱改良品种的产量和品质性状时空变化的基础上，建议今后高粱品种选育和栽培调控应把植株矮化和提高千粒重作为提高产量的重点策略，品质上向专用型发展。酿酒高粱应保证适当高淀粉含量、合理的蛋白质和脂肪含量范围，注重提高单宁含量；饲料高粱应保证高淀粉，注重降低单宁并提高蛋白质、赖氨酸含量。

技术创新2：农艺农机融合程度进一步提高。

1）水稻栽培机械化：水稻生产工序繁多、机械化作业难度大，尤其是水稻种植这个基本生产环节的机械化严重滞后，已成为水稻生产全程机械化中最薄弱的环节。近年随着政府部门的大力支持和农技人员的不断攻关与创新，机插稻作方式已逐渐走向成熟。纵观全国水稻主要产区，已基本形成了以毯苗机插为主、兼顾钵苗机栽和机直播等机械化种植方式与配套栽培技术[8]；并在机插条件下水稻分蘖成穗特性、养分吸收利用、株型、产量形成等方面取得了一些进展[9-11]。

扬州大学张洪程院士团队主持完成的"多熟制地区水稻机插栽培关键技术创新及应用"成果，针对我国南方多熟制地区水稻生产季节矛盾突出，传统机插稻秧苗龄小质弱，大田缓苗期长，水稻生产力不高不稳且加剧季节矛盾等重大实际问题，创立了机插毯苗、钵苗育壮秧"三控"新技术；阐明了毯苗、钵苗机插水稻生长发育与高产优质形成规律；创建了毯苗、钵苗机插水稻"三协调"高产优质栽培技术新模式，构建了相应的区域化栽培技术体系。该成果获 2018 年国家科学技术进步奖二等奖。

2）玉米栽培机械化：机械粒收是我国玉米机械收获的发展方向和今后玉米生产转方式的重点。当前，机械粒收过程中破碎率高的问题不仅造成收获损失大、玉米等级和销售价格降低，而且烘干成本增大、安全储藏难度增加，成为我国玉米机械粒收技术推广的重要限制因素[12]。中国农业科学院作物科学研究所作物栽培与生理中心李少昆团队通过在我国 15 个省（市）玉米产区的系统研究，明确了籽粒含水率高是导致玉米机收破碎率高的主要原因；提出了实现玉米机械粒收的关键技术措施，如选育适当早熟、成熟期籽粒含水率低、脱水速度快的品种，适时收获，配套烘干设备等[13]。黄淮海[14]、新疆[15] 等地结合生产主推玉米品种熟期和脱水特性确定了不同类型品种适宜播种期及其收获期持续时间，以实现机具利用效率和生产效益的最大化。玉米籽粒低破损机械化收获技术入选2018 年，2019 年十大引领性农业技术。

3）花生栽培机械化：青岛农业大学尚书旗团队与国内多家农机企业联合完成的"花生机械化播种与收获关键技术及装备"成果，研发了 8 种花生播种机型和 10 种花生收获机型，创建了花生机械化播种的技术体系，在单双粒精确排种、多垄联合作业技术上获得了的突破，发明了膜上苗带覆土技术及装置，解决了苗带覆土稳定性与均匀性差的问题，实现了筑垄、施肥、播种、覆土、喷药、展膜、压膜、膜上覆土等环节联合作业，提升了作业效率；创建了花生机械化收获的关键技术体系。2017 年该成果获国家科学技术进步奖二等奖。

技术创新 3：作物肥水资源利用技术更加高效化。

1）作物肥料高效轻简化利用技术：

水稻肥料高效轻简化施肥技术：在华南双季稻上的研究表明[16]，聚脲甲醛缓释肥可作为早、晚稻一次性施肥的技术载体，聚脲甲醛减氮23% 一次性基施的施肥成本与常规分次施肥方式持平，可保证水稻充分的氮素营养，最终获得稳定且较高的产量和氮肥利用

率。张木等[17]研究表明，在采用缓释尿素进行一次性施肥时，可根据缓释尿素的养分释放期，与适当比例普通尿素配合使用，不仅可满足水稻生长前、中、后期对养分的需求，获得较高产量；而且可降低缓释尿素的施用成本。

小麦高效轻简化施肥技术：谭德水等[18]研究表明，冬小麦上控释氮肥配合其他养分底肥一次性施用技术方式较常规施肥方法在产量稳定性、提高氮效率以及节本增收等方面优势明显，可在黄淮东部冬小麦生产推广应用。同时，与普通尿素分次施用相比，一次性基施控释氮素使小麦生长季 N_2O 排放量显著减少，并降低小麦收获期土壤硝态氮残留，减少了氮向土壤深层淋溶和向大气排放的环境风险[19]。

玉米高效轻简化施肥技术：孙旭东等[20]研究表明，黄淮海地区包膜尿素由一次性基施改为拔节期一次性施用，可增加玉米籽粒含氮量、延长植株氮素积累活跃期并保持较高氮素吸收速率；氮肥偏生产力、氮肥农学利用率和氮肥利用率显著提高，土壤氮依存率降低，增强了玉米对缓释肥养分的利用能力；保证满足夏玉米生长季节对养分需求，利于夏玉米高效轻简化生产。王寅等[21]研究表明，控释氮肥与尿素掺混施用可增加植株氮素吸收，促进春玉米获得高产；维持了较高的土壤氮素水平并减少损失，利于提高氮肥利用率。

2）作物水分高效利用技术：小麦水分高效利用技术。测墒补灌和微喷灌模式是近年来研究的一种小麦节水灌溉新技术。测墒补灌方法依据小麦不同生育阶段的需水规律，测定土壤墒情进行补充灌溉。闫丽霞等[22]研究表明，冬小麦拔节期、开花期依据0~40厘米土层土壤相对含水量补灌至65%土壤相对含水量，是同步实现高产与节水的有效措施。微喷带灌溉是在喷灌和滴灌基础上发展起来的一种新型灌溉方式，利用微喷带将水均匀地喷洒在田间，设施相对简单、廉价[24]。微喷灌模式可在我国华北水资源匮乏地区因地制宜推广应用。

技术创新4：逆境栽培生理研究进一步深化。作物生产系统是响应气候变化最敏感的系统之一，未来气候变化严重影响作物产量的风险也可能增长。我国作物栽培学界基于先进的模拟气候变化的试验平台（如FACE平台）、统计模型和作物生长模型来评估气候变化对作物种植区域布局、产量和品质形成的影响，在 *Nature Climate Change*、*PNAS*、*Global Change Biology* 等国际顶尖刊物发表大量高质量文章，取得了重要进展。Cai等[38]基于FACE平台模拟了未来 CO_2 浓度和温度升高对水稻和小麦产量的影响，结果表明，CO_2 浓度升高对水稻和小麦的增产效应不足以弥补温度升高所造成的产量损失；CO_2 浓度和温度均升高条件下，小麦和水稻产量分别减产10%~12%和17%~35%。当温度升高1.5摄氏度和2.0摄氏度时，我国双季稻的生育期天数将缩短4%~8%和6%~10%，单季稻的生育期约缩短2%[39]。一项集合网格作物模型、单点作物模型、统计模型和观测试验的研究表明，气温每升高1摄氏度可能导致全球水稻产量平均下降3.2%[40]。

针对作物生产环节中自然灾害逆境频繁发生产生的不利影响，作物栽培科技人员在研究作物对逆境响应的机制和应对逆境的调控技术上，创建了一批抗逆减灾栽培技术。安徽农业大学程备久教授团队主持完成的"沿淮主要粮食作物涝渍灾害综合防控关键技术及应用"成果，针对我国粮食主产区沿淮地区降水时空分布不均、地势低洼、洪涝灾害频发等灾害长期困扰着粮食生产稳定性和增产潜力提升实际，揭示了沿淮"降水—汇流—入渗—涝渍"成灾机制，创建了农田快速排水工程技术与标准，创新了改土增渗降渍技术；攻克作物涝渍抗性和减产机理以及抗性评价方法瓶颈，创新了玉米和小麦抗涝渍栽培关键技术；在行蓄洪区首创"旱稻—小麦"结构避灾新模式和旱稻"精量机直播＋旱管"轻简栽培技术。2018 年，获国家科学技术进步奖二等奖。

技术创新 5：作物信息化与智慧栽培取得新进展。以计算机科学、卫星遥感技术、地理信息系统等为代表的现代信息技术正与现代稻作科学及农业机械相融合，推动作物栽培管理正从传统的模式化和规范化，向着定量化、信息化和智能化的方向迈进。这其中南京农业大学曹卫星教授团队、中国农科院农业资源与区划所唐华俊院士团队、北京农业信息技术研究中心赵春江院士团队在这一领域做了一系列开拓性工作，并取得了一系列重要成果。南京农业大学曹卫星教授团队完成的"稻麦生长指标光谱监测与定量诊断技术"成果，构建了稻麦冠层和叶片水平的反射光谱库，明确了指示稻麦主要生长指标的特征光谱波段及敏感光谱参数，建立了多尺度的稻麦生长指标光谱监测模型，创建了多路径的稻麦生长实时诊断调控技术，创制了面向多平台的稻麦生长监测诊断软硬件平台，集成建立了稻麦生长指标光谱监测与定量诊断技术体系，为稻麦生长指标的实时监测、精确诊断、智慧管理等提供了理论与技术支撑。2015 年，获国家科学技术进步奖二等奖。

近年来作物生产新技术不断地得到广泛推广与应用，为加快农业先进适用技术推广应用，农业农村部每年都组织遴选多项农业主推技术，并向社会推介发布。2015 年至 2019 年共计发布 274 项，其中 2015 年、2016 年、2017 年、2018 年和 2019 年分别为 81 项、84 项、46 项、31 项和 32 项，具体技术名称与技术联系单位见附录表 2。

（二）作物科学条件建设新突破

1. 学术建制新提高

"十三五"国家科技创新规划，依据《中华人民共和国国民经济和社会发展第十三个五年规划纲要》《国家创新驱动发展战略纲要》和《国家中长期科学和技术发展规划纲要（2006—2020 年）》编制，主要明确"十三五"时期科技创新的总体思路、发展目标、主要任务和重大举措，是国家在科技创新领域的重点专项规划，是我国迈进创新型国家行列的行动指南。国家科技创新规划第五章为构建具有国际竞争力的现代产业技术体系，此章明确放为首位的，即是发展高效安全生态的现代农业技术。

以加快推进农业现代化、保障国家粮食安全和农民增收为目标，深入实施藏粮于地、藏粮于技战略，超前部署农业前沿和共性关键技术研究。以做大做强民族种业为重点，发展以动植物组学为基础的设计育种关键技术，培育具有自主知识产权的优良品种，开发耕地质量提升与土地综合整治技术，从源头上保障国家粮食安全；以发展农业高新技术产业、支撑农业转型升级为目标，重点发展农业生物制造、农业智能生产、智能农机装备、设施农业等关键技术和产品；围绕提高资源利用率、土地产出率、劳动生产率，加快转变农业发展方式，突破一批节水农业、循环农业、农业污染控制与修复、盐碱地改造、农林防灾减灾等关键技术，实现农业绿色发展。力争到2020年，建立信息化主导、生物技术引领、智能化生产、可持续发展的现代农业技术体系，支撑农业走出产出高效、产品安全、资源节约、环境友好的现代化道路。

2. 研究平台质量提升

（1）科技项目支撑力度持续加大

"十三五"时期科技支持力度进一步加大并聚焦产业发展重点，国家在科技创新领域启动了重点专项规划，围绕农业生物技术、农业信息、农业新材料、智能农机装备、现代食品制造、农业环境保护等重点领域，按照先行先试、分类指导的原则，系统布局并建设一批农业高新技术产业示范区，促进农业高新技术产业快速发展壮大。

"十三五"期间是确保我国粮食安全，提升可持续发展能力和推进现代农业发展的关键时期。为有效落实十八届三中全会提出的"藏粮于地""藏粮于技"战略，确保我国丰产增收协同面临的科学、技术难题和生产需求的新问题，组织实施了"七大农作物育种""化学肥料和农药减施增效综合技术研发""粮食丰产增效科技创新""农业面源污染和重金属污染农田综合防治与修复技术研发""智能农机装备"等国家重点研发计划的重点专项。农业项目支撑力度加大，且项目的实施成效、管理举措、聚焦与解决问题能力都得到了提高，为提升农业可持续发展能力提供了有力的科技保障。

（2）科技研究交流平台不断壮大

国家农业科技创新基地与平台。着眼于提高自主创新能力，加强统筹部署、优化布局，新建一批产业技术创新战略联盟，进一步优化和夯实现有平台基地建设；着眼于提升企业创新主体地位，支持农业高新技术企业建立高水平研发机构。现代农业产业科技创新中心。重点推进生物育种、农机装备、肉类加工、竹资源利用等重点领域先行先试，构建"政府引导、市场运作、协同开放、投资多元、成果共享"的政产学研用创协同创新综合体，促进科技经济深度融合，支撑和引领产业升级。

区域农业创新中心（实验站）科研条件及硬件设施和在生产中发挥的作用日益增强。围绕关系国计民生的优势主产区大宗农产品，选择优势单位，建设国家大宗农产品产业创新中心，并在不同优势地区，依托优势地区省级专门研究机构，设立综合实验站，形成研究网络和研究合力，系统解决制约大宗农产品产业发展的理论与关键技术问题，确保农业产业安全；围绕事关国家重大区域战略、人类生产生活健康以及制约可持续发展的区域发展问题，建立部省、省级互动的区域农业发展创新中心。

农业科技资源开放共享与服务平台发展有力推动科技资源共享及技术转化。充分发挥国家重大科研基础设施、大型科学装置和科研设施、野外科学观测试验台站、南繁科研育种基地等重要公共科技资源优势,推动面向科技界开放共享;整合和完善科资源共享服务平台,形成涵盖科研仪器、科研设施、科学数据、科技文献、实验材料等的科技资源共享服务平台体系;建立健全共享服务平台运行绩效考核、后补助和管理监督机制。

准确把握时代主题,开展多项学术交流活动。中国作物学会紧紧围绕现代农业发展重点问题确定学术交流主题,国内学术活动质量和成效逐年提升。三年间,学会及专业委员会(分会)共组织举办国内学术交流活动 97 次,总计参会人数 2.68 万人次,交流学术论文 3220 篇。树立品牌学术活动,学术年会取得丰硕成果。近几年年会主题主要是围绕"粮食安全"及"现代农业""乡村振兴"开展,涵盖了作物栽培耕作与高产高效生产、生物技术与新兴产业发展、粮食安全与可持续发展等主要内容,会议规模、层次、征集论文数量、产生的社会影响均取得重大突破,成为名副其实的作物科学盛会。联合开展高层次的学术交流活动,促进学科交流与合作。中国作物学会与其他学会共同主办的"全国植物生物学大会"已经成为国内相关领域研究人员交流互动的重要窗口与平台。各专业委员会、分会围绕现代农业建设新形势与新任务,紧贴学科建设需求,积极开展专题学术研讨。

国际学术交流方面,中国作物学会及各专业委员会、分会近年来加大了国际学术交流的力度,在国际作物领域的话语权和影响力不断增强。三年间,学会共组织国际学术交流活动 24 次,参与人数 3224 人次;展示了我国作物科技发展的最新成就,快速提升了中国作物学会在国际学术界的影响;加强国际考察与互访,促进了国际交流,使我国作物科学发展不断汲取国际新成果。

(3)多学科协作机制正在形成

对于把握世界科技革命和产业变革新趋势,围绕我国产业国际竞争力提升的紧迫需求,强化农业领域关键环节的重大技术开发,构建具有国际竞争力的现代农业产业技术体系。

以加快推进农业现代化、保障国家粮食安全和农民增收为目标,深入实施藏粮于地、藏粮于技战略,超前部署农业前沿和共性关键技术研究。以做大做强民族种业为重点,发展多学科协作机制的形成,并以动植物组学为基础的设计育种关键技术,培育具有自主知识产权的优良品种,开发耕地质量提升与土地综合整治技术,从源头上保障国家粮食安全;以发展农业高新技术产业、支撑农业转型升级为目标,重点发展农业生物制造、农业智能生产、智能农机装备、设施农业等关键技术和产品;围绕提高资源利用率、土地产出率、劳动生产率,加快转变农业发展方式,突破一批节水农业、循环农业、农业污染控制与修复、盐碱地改造、农林防灾减灾等关键技术,实现农业绿色发展。力争到 2020 年,建立信息化主导、生物技术引领、智能化生产、可持续发展的现代农业技术体系,支撑农

业走出产出高效、产品安全、资源节约、环境友好的现代化道路。

（4）科技成果奖励制度进一步完善

科技奖励评价注重科技成果的广泛应用，通过奖励科技创新转化为现实生产力的成果，引导科技工作面向经济建设主战场发力。作为我国科技奖励体系的重要组成部分，省部级科技奖和社会力量科技奖同样在调动科技人员创造性、推动学科或行业科技进步方面发挥了重要作用。

3. 人才培养与研究团队健康发展

培育壮大农业科技创新人才队伍。深入实施人才优先发展战略，努力培养造就规模宏大、素质优良、结构合理的农业科技创新人才队伍。通过课题合作协作、设立开放课题、接受外单位科技人员和研究生委培、"西部之光"人才工程等，实验室吸收多名客座人员进入实验室研修和培养，增强实验室的研究力量。在农业优势领域突出培养一批世界一流科学家、科技领军人物，重视培养一批优秀青年科学家，增强科技创新人才后备力量；重点培养一批交叉学科创新团队，促进重大成果产出；支持培养农业科技企业创新领军人才，提升企业发展能力和竞争力。

4. 加强学术规范与学术生态建设

作物学多学科领域在开展学术活动中一直注重加强学术规范与学术生态建设，并在学术活动中逐步实现了学术生态建设的创新。在学术交流活动中坚持"以学术为本"、坚持"服务于学术交流主体"，按照《科技工作者科学道德规范》规定，遵守科学道德，鼓励学术争鸣。作物学会主办期刊引用了CNKI的学术不端文献检索系统，建立并完善了同行评议、成果保密、信息共享和防止利益冲突的相关措施，严格执行审稿制度、防范学术不端行为。

（三）近年来作物学科重大成果介绍

近年来，作物学科在基础研究、技术创新等方面取得一系列突破性进展，获得多项重大成果。

1. 遗传育种专业领域取得新成果

国家科技奖励共计21项，其中2015年6项，2016年5项，2017年6项，2018年4项。具体如下：

重大成果1：CIMMYT小麦引进、研究与创新利用。

所获奖项：2015年国家科学技术进步奖二等奖。

成果内容：我国小麦育种可用亲本资源短缺和品种对白粉病与条锈病的抗性频繁丧失是制约我国小麦育种研究的两大关键问题，该成果系统开展了CIMMYT（国际玉米小麦改良中心）小麦引进、研究与创新利用，引进筛选出1.8万多份有一定利用价值的优异资源，占我国种质库中引进小麦56%；创立了分子标记与常规育种相结合的兼抗型成株抗性育种新方法；为解决品种抗病性频繁丧失提供了新思路和新方法；CIMMYT种质对提高我国小麦产量、抗病性和改良品质起到关键作用，为全国小麦育种和生产发展乃至国家粮食安全做出了突出贡献。

重大成果 2：高产稳产棉花品种"鲁棉研 28 号"选育与应用。

所获奖项：2015 年国家科学技术进步奖二等奖。

成果内容："鲁棉研 28 号"的选育过程归根于对稳发型品种概念的实践和应用，归根于遗产背景丰富的亲本材料和多生态交叉轮回选择育种方法的使用。"鲁棉研 28 号"的稳定性避免了早发型品种易早衰、后发型品种易晚熟的弊端，使库源关系、根冠关系得以协调，产量构成因素间协调互补，实现了高产稳产。

重大成果 3：晚粳稻核心种质"测 21"的创制与新品种定向培育应用。

所获奖项：2015 年国家科学技术进步奖二等奖。

成果内容：从改善植株光能高效利用的株叶形态入手，通过杂交和基因重组，聚合优良性状，创造性地定向培育出晚粳稻新种质"测 21"。该种质遗传基础丰富、抗性强、适应性广、配合力好，成为我国常规粳稻育种和杂交粳稻育种的优良核心亲本。项目组共审定"秀水 04""浙粳 22"等新品种 54 个，形成了粳、糯配套，早、中、晚搭配，丰、抗、优兼顾的系列品种优势。

重大成果 4：甘蓝型黄籽油菜遗传机理与新品种选育。

所获奖项：2015 年国家科学技术进步奖二等奖。

成果内容：本成果经过 28 年的研究，理论上弄清了甘蓝型油菜粒色不稳定的遗传、生理生化和分子机理；创制出一批国际领先的粒色稳定、丰产性和抗性显著提高的甘蓝型黄籽油菜亲本资源材料，创新了选择效率显著提高的甘蓝型黄籽油菜育种技术方法，选育出 4 个高产优质高效的黄籽油菜新品种并通过国家审定及大面积推广应用，确立了我国甘蓝型黄籽油菜基础研究与生产应用的国际地位。

重大成果 5：小麦抗病、优质多样化基因资源的发掘、创新和利用。

所获奖项：2015 年国家科学技术进步奖二等奖。

成果内容：该项目致力于我国小麦抗病和品质性状改良，提出了小麦抗病育种"二线抗原"的概念并付诸实践，项目研究对提升我国小麦抗病性和品质改良水平发挥了重要作用，总体上达到国际先进水平。项目组培育高产、抗病、优质小麦新品种 44 个，累计推广 6400 万亩，取得了显著的经济、生态和社会效益。

重大成果 6：高产早熟多抗广适小麦新品种"国审偃展 4110"选育及应用。

所获奖项：2015 年国家科学技术进步奖奖二等奖。

成果内容：农民育种家徐才智主持完成的"高产早熟多抗广适小麦新品种'国审偃展 4110'选育及应用"获得工人农民奖，他选育的小麦品种推广 7343 万多亩，取得经济社会效益 45.24 亿元，为保障国家粮食安全提供了有力的技术支撑。

重大成果 7：中国农业科学院作物科学研究所小麦种质资源与遗传改良创新团队。

所获奖项：2016 年国家科学技术进步奖创新团队。

成果内容：通过"联合攻关、协同创新"，在育种材料创制和育种方法研究等 5 个方面取得重大突破，为实现我国从小麦研究大国到强国的历史性跨越做出重大贡献。①全面系统开展种质资源收集保存、评价与创新利用，在我国历次小麦品种更新换代中，90% 以上主栽品种都利用了该团队提供的优异育种材料及其衍生后代，为实现小麦从严重短缺、基本自给到丰年有余的历史性转变提供种质支撑，近 10 年引领国内外种质资源研究新方向；②首创矮败小麦高效育种技术体系，解决了小麦大规模开展轮回选择的国际难题，为提高育种效率提供新方法，用这一体系育成的新品种推广 1.8 亿亩；③创建以面条为代表的中国小麦品种品质评价体系，为促进我国品质育种取得突破提供关键技术，用这一评价体系育成的优质品种累计推广 4.8 亿亩，为改善民生做出突出贡献；④在国际上首次完成 D 基因组测序，发掘的育种可用分子标记在美国等 14 个国家广泛应用，引领小麦遗传改良新方向；⑤集成创新高产高效生产技术，居国际同类生态区领先地位，为一年两熟耕作制度下粮食周年丰收提供了技术保障。

重大成果 8：多抗稳产棉花新品种"中棉所 49"的选育技术及应用。

所获奖项：2016 年国家科学技术进步奖二等奖。

成果内容：该项目针对新疆产棉区次生盐碱、干旱、寒流等灾害频发的实际，以选育多抗稳产棉花品种为主攻目标，历经 20 多年攻关，在棉花新品种选育技术及应用等方面取得重大突破。培育了多抗稳产棉花品种"中棉所 49"，实现了耐旱碱、大铃和高衣分等性状的协同改良，推动了我国主产棉区品种的更新换代。优化了育种策略，创建了低代大群体多逆境交叉选择的育种技术途径，丰富了我国棉花育种的理论与方法。构建了"中棉所 49"保真繁育的 DNA 指纹检测监控技术，研发了品种种性纯化和全程精控技术体系；保障了该品种在主产棉区的长期大面积应用。创建了基于"中棉所 49"的棉花种植标准化技术体系，建立了棉花生产全程标准化模式，为我国棉花种植规范化提供了一个先例。

重大成果 9：江西双季超级稻新品种选育与示范推广。

所获奖项：2016 年国家科学技术进步奖二等奖。

成果内容：该项目针对江西等双季稻区水稻生产存在的"早熟与高产、优质与高产、高产与稳产"难协调的技术瓶颈，提出了"性状机能协调型"双季稻育种思路，创制出骨干亲本 9 个，选育出 6 个超级稻在内的 21 个双季稻新品种，集成了双季超级稻高产高效制种和节本增效栽培技术规程 4 套。项目主体成果达到国际先进水平，实现了双季超级稻高产、优质、早熟的有机结合，确立了江西在全国双季超级稻的领先地位。

重大成果 10：东北地区旱地耕作制度关键技术研究与应用。

所获奖项：2016 年国家科学技术进步奖二等奖。

成果内容：该项目围绕种植区划优化、主要作物高产耕层标准及配套耕法、典型区域耕作制度模式构建等重大关键技术难点，在主要类型区开展了为期 14 年的联合攻关和集成应用。明确了全球气候变化对东北地区主要作物种植区划的影响，制定了基于气候变化的旱地耕作制度新区划，并提出了相应的产业和优势作物发展战略优先序与技术优先序，为耕作制度创新提供了理论基础；系统开展了旱地耕作制度关键技术研究，明确了关键技术的作用机理。

重大成果 11：袁隆平杂交水稻创新团队。

所获奖项：2017 年国家科学技术进步奖一等奖。

成果内容：该队聚焦杂交水稻科学问题，攻克了一系列技术难题，使我国杂交水稻始终稳居国际领先水平：创新两系法杂交水稻理论和技术，推动我国农作物两系法杂种优势利用快速发展；创立形态改良与杂种优势利用相结合的超级杂交稻育种技术体系，先后率先实现中国超级稻第一、二、三、四期育种目标，创造了百亩示范片平均亩产 1026.7 公斤世界纪录，引领了国际超级稻育种方向；"创制安农 S-1""培矮 64S""Y58S"等突破性骨干亲本，为全国 80% 两系法杂交稻提供育种资源；"培育金优 207""Y 两优 1 号""Y 两优 900"等 93 个全国大面积应用品种，累计推广超过 8 亿亩；创建超级杂交稻安全制种、节氮高效、绿色栽培等产业化技术体系，促进了民族种业发展。

重大成果 12：多抗广适高产稳产小麦新品种山农 20 及其选育技术。

所获奖项：2017 年国家科学技术进步奖二等奖。

成果内容："山农 20"具有综合抗性突出、广适稳产、产量高、品质优的突出特点。"山农 20"是优质中筋品种，被农业农村部评为蒸煮品质优良的小麦。在"山农 20"选育过程中，科研人员构建了与常规育种全程结合的多位点分子标记辅助育种技术体系。他们开发并验证了 22 个位点的分子标记，创制了含有特定基因位点的亲本材料 18 份，还创建了"分子标记"与"表型量化评价"结合的标记辅助选择技术，为新品种选育提供了跟踪和聚合基因的技术支撑。科研人员加强育种与栽培的合作，针对"山农 20"品种特点，创建了"增群体、防倒伏、增穗重"的高产超高产栽培技术，做到"增穗不倒、穗重不降"，实现了大面积高产稳产。

重大成果 13：早熟优质多抗马铃薯新品种选育与应用。

所获奖项：2017 年国家科学技术进步奖二等奖。

成果内容：经过 23 年的努力，收集、保存并系统评价了 2228 份种质资源，建立了低温保存库，筛选出 62 份早熟、优质、多抗的突破性种质材料；首创了茎枝菌液法青枯病抗性和电解质渗漏法耐寒性鉴定技术，开发了早熟、薯形和抗病等 6 个实用分子标记，结合标记辅助选择和常规鉴定技术，建立了高效早熟育种技术体系，创制了 19 份早熟优质多抗育种材料，育成了以"中薯 3 号"和"中薯 5 号"为代表的 7 个具有自主知识产权的国审早熟优质多抗新品种，其中"中薯 3 号"突破了早熟品种不抗旱和广适性差的局限，"中薯 5 号"突破了早熟品种不抗晚疫病的瓶颈，其他 5 个早熟新品种各具特色，满足市场和种植区域的多样性需求，扩大了早熟马铃薯种植区域，实现了早熟品种更新换代；建

立了优良品种脱毒种薯快繁技术体系，在各区域集成了高产高效配套栽培技术。

重大成果 14：寒地早粳稻优质高产多抗龙粳新品种的选育及应用。

所获奖项：2017 年国家科学技术进步奖二等奖。

成果内容：项目团队在新品种选育、关键优异种质创新、育种理论探索与技术体系创建与完善等方面取得了突破性成果并挖掘出丰产性、抗瘟性、抗冷性和适应性等方面独具特色的寒地早粳稻基因源，奠定了选育这些突破性品种的物质基础。创建完善了具有独特性的寒地早粳稻育种理论与技术体系，解决了寒地早粳稻育种理论与技术不完善问题，为寒地早粳稻育种开辟了一条新途径。该项目技术难度大、系统性强、创新性突出、社会经济效益巨大，达到国际同类研究领先水平，极大地推动了寒地早粳稻产业的发展，为提升粳稻育种水平、保障国家粮食安全做出了重大贡献。

重大成果 15：花生抗曲霉优质高产品种的培育与应用。

所获奖项：2017 年国家科学技术进步奖二等奖。

成果内容：发明了高效的花生黄曲霉产毒抗性鉴定方法，根据黄曲霉抗性遗传理论，综合应用表型鉴定、生化标记和分子标记辅助选择技术，从 3500 份国内外代表性种质中发掘出抗产毒种质，通过大量配制杂交组合，培育出"中花 6 号"和"天府 18 号"等抗性品种，在毒素污染较重的长江流域累计推广 4200 多万亩，覆盖了适宜产区的 30% 以上，有效降低了花生产品的黄曲霉毒素污染风险，种植业和加工业增收 70 多亿元，并在提高食品安全性、保护消费者健康等方面发挥了重大作用。

重大成果 16：中国野生稻种质资源保护与创新利用。

所获奖项：2017 年国家科学技术进步奖二等奖。

成果内容：他们利用分子标记检测研发了居群采集技术，设定居群遗传多样性阈值，结合遗传多样性分析，制定了取样间距以及取样数量的标准；克服了以往凭经验随机取样，取样单株少，代表性差等问题；同时，他们按照野生稻种质资源描述规范和数据标准，对野生稻形态性状和典型特征进行标准化，结合居群 GPS 定位信息及图像信息，建立了包括所有居群地理信息、生态环境、特征特性、典型特点等基本信息以及栖息地、野生稻单株及其典型特征等图像信息的 GPS/GIS 信息系统，并纳入国家农作物种质资源信息系统，实现了国内用户的信息共享。

重大成果 17：杂交稻育性控制的分子遗传基础。

所获奖项：2018 年国家自然科学奖二等奖。

成果内容：雄性不育及其育性恢复是杂交水稻育种关键的理论和技术问题，该成果围绕杂交稻育性调控机理的科学问题，阐明了应用于三系杂交水稻育种的孢子体型（野败型为代表）和配子体型（包台型为代表）细胞质雄性不育及其育性恢复的分子机理，阐明了水稻籼粳杂交不育与亲和性的分子遗传机理，提出了"双基因三因子互作"和"双基因分步分化"的分子遗传模型，发现了具有育种价值的新种质，是我国杂交水稻分子遗传基础研究上的重大突破。

重大成果 18：小麦与冰草属间远缘杂交技术及其新种质创制。

所获奖项：2018 年国家技术发明奖获二等奖。

成果内容：该项目历时 30 年，创立了小麦远缘杂交新技术体系，破解了小麦与冰草属间杂交及其改良小麦的国际难题，创制育种紧缺的高穗粒数、广谱抗病性等新材料 392 份，培育出携带冰草多粒、广谱抗性基因的新品种，驱动育种技术与品种培育新发展。实现了从技术研发、材料创新到新品种培育的全面突破，为引领育种发展新方向奠定了坚实的物质和技术基础，为我国小麦绿色生产和粮食安全做出了突出的贡献。

重大成果 19：大豆优异种质挖掘、创新与利用。

所获奖项：2018 年国家科学技术进步奖二等奖。

成果内容：该成果团队从不同角度对组装的序列进行检测，通过协作，构建了植物领域第一个泛基因组，全面揭示大豆基因组遗传变异特征。在耐盐基因发掘过程中，将耐盐性当质量性状进行鉴定，并拓展了集团分离分析方法，指导学生不仅构建了两个后代池，还构建了两个品种池，由于方法创新，仅筛选了 100 多个 RAPD 标记就鉴定出紧密连锁的标记，为耐盐基因 GmSALT3 克隆奠定了基础。根据定位和克隆 QTL 开发实用分子标记，通过杂交聚合，构建变异广泛的大分离群体，创制聚合至少 3 个 QTL 的新种质 8 份。

重大成果 20：高产优质小麦新品种"郑麦 7698"的选育与应用。

所获奖项：2018 年国家科学技术进步奖二等奖。

成果内容：主要开展"郑麦 7698"在豫东地区生态类型条件下的高产栽培技术研究及推广应用工作；累计创建了百亩示范方、千亩示范方、万亩示范方的高产纪录；该项目创新了以"高产蘖叶构型"和"增强化后源功能"为主要内容的高产育种途径，建立了融入中国大宗面制品特性选择的强筋优质小麦品质育种技术体系，育成高产优质小麦新品种郑麦 7698，引领我国优质强筋小麦品种产量水平迈上亩产 700 公斤的台阶，为提高我国大宗面制食品质量提供了新的品种类型。

2. 栽培与耕作专业领域取得新成果

国家科技奖励共计 14 项，其中 2015 年 6 项，2016 年 2 项，2017 年 3 项，2018 年 3 项。具体如下：

重大成果 1：玉米田间种植系列手册与挂图。

所获奖项：2015 年国家科学技术进步奖二等奖。

成果内容：该套作品包括分区域玉米田间种植手册 6 本和挂图 30 张，由 500 余位一线专家联合创作。作品内容以现代玉米生产新理念、新技术为核心，采用以生产流程为主线、模块化设计，以生产问题为切入点、典型图片再现生产情景的表现形式，实用性强。

重大成果 2：新疆棉花大面积高产栽培技术的集成与应用。

所获奖项：2015 年国家科学技术进步奖二等奖。

成果内容：该项目着力解决在我国干旱区水资源短缺与利用效率低并存、高产棉田重演性差、植棉比较效益下滑等突出问题下，攻克和突破了棉花高产优质高效栽培、水肥高效利用耦合调控、重大虫害综合防治、关键机具和全程机械化、专用棉区域布局标准化生产等理论和技术的一系列重大难题，以传统"矮密早"实践为基础，创建了"适矮、适密、促早"、水肥精准、增益控害、机艺融合等为要点的棉花高产栽培标准化技术体系；建立了攻关田—核心区—示范区—辐射区"四级联动"的技术集成与推广体系。

重大成果3：玉米冠层耕层优化高产技术体系研究与应用。

所获奖项：2015年国家科学技术进步奖二等奖。

成果内容：该项目针对玉米密植倒伏早衰问题围绕着密植高产挖潜，创立了冠层耕层优化及二者协同的理论体系，构建了冠层"产量性能"定量分析体系，确立了玉米不同产量目标的定量指标，建立了动态监测系统；创建了耕层"原位根土立体分析"方法，探明了土壤与根系空间分布特征。项目主要围绕着密植高产挖潜，构建了玉米冠层耕层协调优化理论体系，创新了关键技术，集成了高产高效技术模式。

重大成果4：稻麦生长指标光谱监测与定量诊断技术。

所获奖项：2015年国家科学技术进步奖二等奖。

成果内容：该技术是一种现代"看苗诊断"高新技术，可对稻麦作物生长过程中的综合苗情信息进行实时感知和精确管理。技术应用时，借助便携式作物生长监测诊断仪或农田感知物联网节点（田块小尺度）、无人机或遥感卫星（区域大尺度），在稻麦追肥、灌溉关键生育期无损快速诊断生长状况（如群体大小、生长量、水氮状况等），从而推荐适宜肥水量化管理措施。技术实现了田块到区域不同尺度下稻麦生长的因苗分类精确管理，适用于现代新型农民、种植大户、规模农场和农技推广人员使用。

重大成果5：稻麦生长指标光谱监测与定量诊断技术。

所获奖项：2015年国家科学技术进步奖二等奖。

成果内容：成果构建了稻麦冠层和叶片水平的反射光谱库，明确了指示稻麦主要生长指标的特征光谱波段及敏感光谱参数，建立了多尺度的稻麦生长指标光谱监测模型，创建了多路径的稻麦生长实时诊断调控技术，创制了面向多平台的稻麦生长监测诊断软硬件平台，集成建立了稻麦生长指标光谱监测与定量诊断技术体系，为稻麦生长指标的实时监测、精确诊断、智慧管理等提供了理论与技术支撑。

重大成果6：苏打盐碱地大规模以稻治碱改土增粮关键技术创新及应用。

所获奖项：2015年国家科学技术进步奖二等奖。

成果内容：成果针对制约区域农业发展的苏打盐碱地治理难题，提出了"以耕层改土治碱为基础、以灌溉排洗盐为支撑"的重度苏打盐碱地快速改良理论与技术路线，创建了盐碱地改土增粮关键技术，实现了盐碱地大规模增产增收和环境友好治理双赢。

重大成果7：南方低产水稻土改良与地力提升关键技术。

所获奖项：2016 年国家科学技术进步奖二等奖。

成果内容：成果针对我国南方低产水稻土约占常年种稻面积 1/3 的实际，以黄泥田、白土、潜育化水稻土、反酸田/酸性田、冷泥田 5 类典型低产水稻土为研究对象，建立了涵盖生物肥力指标质量评价指标体系；研发出黄泥田有机熟化、白土厚沃耕层等一系列低产水稻土改良关键技术；创制了低产水稻土改良的高效秸秆腐熟菌剂、精制有机肥等一系列低产土壤改良新产品；集成了土壤改良、高效施肥、水分管理等一系列低产土改良增产技术，形成了不同类型低产水稻土改良与地力提升技术模式。

重大成果 8：东北地区旱地耕作制度关键技术研究与应用。

所获奖项：2016 年国家科学技术进步奖二等奖。

成果内容：成果围绕耕作制度重大关键科学问题，取得了以下进展：①明确了全球气候变化对东北地区主要作物种植区划的影响，制定了基于气候变化的旱地耕作制度新区划；②以提高光、热、水、养分等资源利用效率为核心，构建了粮豆轮作、果粮间作等多种资源高效型种植制度；③系统集成了与生态环境相吻合的耕作制度综合技术体系，实现了粮食产量和效益的同步提高。

重大成果 9：水稻精量穴直播技术与机具。

所获奖项：2017 年国家科学技术进步奖二等奖。

成果内容：获奖项目发明了水稻"同步开沟起垄穴播""同步开沟起垄施肥穴播"和"同步开沟起垄喷药/膜穴播"的三同步精量穴直播技术，首创了水稻成行成穴和垄畦栽培机械化种植新模式。农民只需操作直播机，它就能在稻田里开出两条蓄水沟，并将稻种精准地播在两条蓄水沟中间的播种沟里，实现了水稻有序生长，促进其根系生长更加发达，更能节水 30% 以上，节肥 15% 以上。

重大成果 10：花生机械化播种与收获关键技术及装备。

所获奖项：2017 年国家科学技术进步奖二等奖。

成果内容：成果研发了 8 种花生播种机型和 10 种花生收获机型，创建了花生机械化播种的技术体系，在单双粒精确排种、多垄联合作业技术上获得了的突破，发明了膜上苗带覆土技术及装置，解决了苗带覆土稳定性与均匀性差的问题，实现了筑垄、施肥、播种、覆土、喷药、展膜、压膜、膜上覆土等环节联合作业，提升了作业效率；创建了花生机械化收获的关键技术体系与理论。

重大成果 11：促进稻麦同化物转运和籽粒灌浆的调控途径和生理生化机制。

所获奖项：2017 年国家自然科学奖二等奖。

成果内容：成果针对水稻小麦生产中存在的光合同化物向籽粒转运率低、籽粒充实不良等突出问题，进行了系统深入的研究，获得了以下三方面创新成果：①首创了协调光合作用、同化物转运和植株衰老关系和促进籽粒灌浆的水分调控方法，为解决谷类作物衰老与光合作用的矛盾以及既高产又节水的难题提供了新的途径和方法；②探明了适度提高体

内脱落酸（ABA）及其与乙烯、赤霉素比值可以促进籽粒灌浆，为促进谷类作物同化物转运和籽粒灌浆的生理调控开辟了新途径；③明确了 ABA 促进同化物装载与卸载及籽粒灌浆的生理生化机制。

重大成果 12：多熟制地区水稻机插栽培关键技术创新及应用。

所获奖项：2018 年国家科学技术进步奖二等奖。

成果内容：针对我国南方多熟制地区水稻生产季节矛盾突出，传统机插稻秧苗龄小质弱，大田缓苗期长，水稻生产力不高不稳且加剧季节矛盾等重大实际问题，创立了机插毯苗、钵苗育壮秧"三控"新技术；阐明了毯苗、钵苗机插水稻生长发育与高产优质形成规律；创建了毯苗、钵苗机插水稻"三协调"高产优质栽培技术新模式，构建了相应的区域化栽培技术体系。

重大成果 13：沿淮主要粮食作物涝渍灾害综合防控关键技术及应用。

所获奖项：2018 年国家科学技术进步奖二等奖。

成果内容：成果针对我国粮食主产区沿淮地区降水时空分布不均、地势低洼、洪涝灾害频发等灾害长期困扰着粮食生产稳定性和增产潜力提升实际，揭示了沿淮"降水—汇流—入渗—涝渍"成灾机制，创建了农田快速排水工程技术与标准，创新了改土增渗降渍技术；攻克作物涝渍抗性和减产机理以及抗性评价方法瓶颈，创新了玉米和小麦抗涝渍栽培关键技术；在行蓄洪区首创"旱稻—小麦"结构避灾新模式和旱稻"精量机直播 + 旱管"轻简栽培技术。

重大成果 14：多熟制地区水稻机插栽培关键技术创新及应用。

所获奖项：2018 年国家科学技术进步奖二等奖。

成果内容：该项目针对我国南方多熟制地区水稻生产季节矛盾突出，传统机插稻秧苗龄小质弱，大田缓苗期长，水稻生产力不高不稳且加剧季节矛盾等重大实际问题，创建了机插毯苗、钵苗育壮秧"三控"新技术，开创了钵体带蘖中苗无植伤机插栽培新途径，有效缓解了多熟季节矛盾；发明了秸秆还田耕整地新机具与双人乘坐式钵苗高速移栽机，构建了机插水稻大田密度精准调控技术，实现了群体起点结构优化；演绎了机插稻高产优质形成规律，提出了配套的生育诊断指标与肥水耦合调控技术，创立了毯苗、钵苗机插两套高产优质"三协调"栽培技术新模式，构建了相应的区域化栽培技术体系，有力推动了我国多熟制地区水稻机插栽培技术进步，丰富和发展了中国特色水稻栽培学。

3. 十大重大进展（排名不分先后）

（1）多重组学研究助力找回"失落的番茄美味"

该研究由中国农科院深圳农业基因组研究所黄三文团队主导，全面揭示了番茄育种中果实代谢物的变化规律，为植物生物学建立了多重组学研究体系，为番茄品质育种奠定了代谢生物学基础，助力寻找"失落的番茄美味"。该研究成果于 2018 年 1 月在 *Cell* 期刊上发表。

（2）水稻自私基因挑战孟德尔遗传定律

该研究由中国农科院作物科学研究所万建民院士团队和南京农业大学等单位主导，通过图位克隆、分子遗传学方法和基因编辑技术，发现了控制水稻杂种育性的自私基因，阐明了籼粳杂交一代不育的本质，为创制广亲和水稻新种质、有效利用籼粳交杂种优势提供了理论和材料基础。该研究成果于 2018 年 6 月在 *Science* 期刊上发表。

（3）发现兼具提高产量与稻瘟病抗性的水稻基因

该研究由中国科学院遗传与发育生物学研究所李家洋院士团队和四川农业大学水稻研究所陈学伟团队主导，揭示了水稻理想株型主效基因既能提高水稻产量、又能增强对稻瘟病抗性的调控新机制，打破了单个基因不可能同时实现增产和抗病的传统观点，为高产高抗育种提供了重要理论基础和实际应用新途径。该研究成果于 2018 年 9 月在 *Science* 期刊上发表。

（4）发现兼顾产量与氮肥高效利用的关键基因

该研究由中国科学院遗传与发育生物学研究所傅向东团队主导，发现了生长调节因子是植物碳—氮代谢的正调控因子，它与生长抑制因子相互之间的反向平衡调节，赋予了植物生长与碳—氮代谢之间的稳态共调节，为"少投入、多产出"的高产高效农作物新品种培育提供了新基因资源，为农业可持续发展提供了新的育种策略，预示着新的"绿色革命"即将到来。该研究成果于 2018 年 8 月在 *Nature* 期刊上发表。

（5）我国主导的 3000 份水稻基因组重测序成果发布

该研究由中国农科院作物科学研究所黎志康团队主导，与国内外 16 家单位大协作完成"3000 份水稻基因组计划"，构建了全球首个近乎完整的、高质量的亚洲栽培稻的泛基因组，开启了"后基因组时代的水稻设计育种"，体现了中国在水稻基因组研究方面的世界领先地位，将极大推动我国农业领域的国际科学计划和科学工程发展。该研究成果于 2018 年 4 月在 *Nature* 期刊上发表。

（6）解码陆地棉纤维品质和产量的遗传秘密

该研究由河北农业大学马峙英团队和中国农科院棉花研究所杜雄明团队主导，完成了中国、美国、澳大利亚等主要植棉国 419 份陆地棉核心种质的基因组重测序，为棉花重要性状定向育种提供了较为精准的分子标记和基因资源，标志着我国在棉花核心种质重要性状表型、新基因发掘等领域跃居国际领先行列。该研究成果于 2018 年 5 月在 *Nature Genetics* 期刊上发表。

（7）揭示亚洲棉在我国从南到北的分子演化规律

该研究由中国农科院棉花研究所李付广团队主导，利用三代测序技术对亚洲棉基因组进行升级，成功绘制了首张棉花二倍体群体的高密度变异图谱，为亚洲棉在我国从南往北逐步演变提供有力分子证据，为其优异基因向陆地棉转育提供了重要的理论基础。该研究成果于 2018 年 5 月在 *Nature Genetics* 期刊上发表。

（8）高效疫苗有效阻断 H7N9 病毒由禽向人传播

该研究由中国农科院哈尔滨兽医研究所陈化兰院士团队主导，通过对家禽禽流感病毒进行大规模监测，对分离的 H7N9 高致病性禽流感病毒进行系统研究，成功研发了 H5、H7 二价禽流感灭活疫苗，监测结果显示疫苗免疫后有效阻断了 H7N9 病毒在家禽中的流行，在阻断人感染 H7N9 病毒方面也取得了"立竿见影"的效果。该研究成果于 2018 年 9 月在 *Cell Host & Microbe* 期刊上发表。

（9）揭示可转移性黏菌素耐药基因如何污染人类食物链

该研究由中国农业大学沈建忠院士团队主导，发现在我国健康人群中，可转移性黏菌素耐药基因的流行率高达 15%，为我国临床用药、耐药性防控国家行动计划以及畜禽养殖业抗菌药物减量化行动提供了科学支持。该研究成果于 2018 年 7 月在 *Nature Microbiology* 期刊上发表。

（10）发现植物防卫免疫通路新机制

该研究由中国科学院遗传与发育生物学研究所周俭民团队主导，揭示了多种模式识别受体介导的激活丝原蛋白激酶级联反应、并使植物获得抗病性的分子机制。鉴于这种植物免疫通路新机制在植物生长发育和非生物胁迫中发挥广泛的作用，这些发现对其他植物生物学过程的研究也具有重要借鉴意义。该研究成果于 2018 年 6 月在 *Plant Cell* 期刊上发表。

三、国内外研究进展比较

结合作物学学科有关国际重大研究计划和重大研究项目，研究国际上本学科最新研究热点、前沿和趋势，比较评析国内外学科的发展状态。

（一）国际作物学学科发展现状、前沿和趋势

世界农业科技革命来势凶猛，现代农业快速兴起。特别是发达国家以科技为主导的农业现代化正在提质加速，其发展的目标、思路和举措悄然发生变化。未来农业发展必须依靠农业科技，走农业科技创新发展道路，才能跟上世界现代农业发展步伐。进入 21 世纪以来，分子育种、基因测序、转基因技术、生物质投入品等尖端农业生物技术加快技术研发和运用。有相应能力的国家均大力发展转基因生物技术，加快转基因技术研发和推广应用，抢占现代农业技术制高点。例如，美国在粮食作物分子标记辅助育种方面资助并开展了多项研究，主要是采用标记辅助选择技术改良作物的抗病性和品质。英国生物技术与生命科学研究理事会资助了多项针对粮食作物的分子标记辅助育种研究项目，包括小麦、大麦、水稻、珍珠粟等。此外，现代农业正在向以互联网为媒介，将网络科技深度融于农业生产经营决策、农业生产精细管理、农产品运输销售等各个环节，实现农业的智能化、精准化、定制化的 3.0 时代迈进。互联网、大数据、云计算、物联网、电子农情监测等现代

信息技术在农业领域的应用越来越广泛，促使世界农业加快转型升级。世界各国纷纷启动和加快农业信息化进程，形成了一批良好的产业化应用模式。利用卫星、电子农情监测等技术对土地、气候、苗情等信息进行实时监测，其结果进入信息融合与决策系统；物联网技术已成为生产管理、辅助决策、精准控制、智能实施的关键技术；互联网技术广泛用于农产品电商、运输环境调控、农产品质量安全溯源等多个方面。

（二）我国作物学学科发展水平与国际水平对比分析

过去 40 年，我国的农业基础研究实现了跨越式发展，具体表现在功能基因组学与分子育种的遗传基础、植物倍性变化和杂种优势机理、信号转导与免疫反应、植物—微生物互作与抗性反应、害虫传播途径与阻断、畜禽传染病治病机制与防控等研究领域取得了一系列重大突破性成果；与发达国家差距明显缩小，部分研究领域已进入国际先进行列，对农业生物产品产量的提升起到了重要的支撑作用。

随着我国农业生产方式的变革和需求，对农产品品质、营养健康、功能性食品等方面需求的增长，农业基础研究由增产导向向提质导向快速转变。农业系统是人类利用自然进行生产的复杂系统，农业领域基础研究的国际前沿逐渐突破单要素思维，呈现多维尺度、多元融合、跨学科、系统化的特征；重点围绕农业生物精准育种理论创新、智慧农业装备与信息网络构建、环境复建与资源高效利用、农业生物疫病快速预警与防控、农产品加工与质量安全技术体系强化五个方向开展研究。总体表现为从"微观—个体—群体—环境"多尺度演进，基础研究越来越深入、理论创新越来越迅速、多学科理论体系日趋完善的发展态势。当前，我国农业基础研究领域居国际领先的原创性理论、方法和技术偏少，特别是在农业生物智能设计、传统与新兴多学科交叉等领域布局不足，距离实现国际领跑尚存在一定差距。

1. 作物育种与国际先进水平的差距

种质资源和基因资源鉴定与挖掘的深度不够，具有重要价值的原创性种质较少。优异基因资源的发现及利用是育种的基础，近年来，随着主要农作物基因组测序的完成，育种家和种质资源科学家越来越认识到种质资源表型鉴定的重要性。在未来的国家竞争中，种质资源作为一种战略性资源，争夺将更趋激烈。而表型组学作为挖掘种质资源利用广度和深度的有效手段，已经有了较全面的发展，欧洲、美国、日本、澳大利亚等发达国家和地区已先后建立作物表型组学研究机构，我国也正在筹建大型表型基础设施。我国农作物生产正在从注重数量向注重质量和有利于营养健康方向发展，因此种质资源优质性状研究得到更多的重视。

重要农艺性状形成机理解析与育种应用衔接不够紧密。作物的产量、抗逆和品质等重要农艺性状大都是多基因控制的复杂性状，由于受到一因多效和遗传连锁累赘的影响，某些性状在不同材料和育种后代中协同变化，呈现耦合性相关，因此，虽然我们目前克隆了很多重要农艺性状的基因同时解析了其遗传机理，但是无法很好地与育种应用相衔接，具有育种利用价值的自主知识产权新基因较少，所以解析重要农艺性状间耦合的遗传调控网络，明确关键调控单元，对重要农艺性状基因的育种应用具有重要意义。

转基因和基因编辑等育种新技术原创性不足。在转基因生物新品种培育重大专项支持下，我国转基因技术研发已跃居世界第一方阵，但与美国等发达国家相比仍然差距较大。截至 2016 年年底，美国获得生物技术领域专利 12306 项，我国为 4689 项，且国际专利较少。因此，我国应集中布局重点产业领域的专利，以技术带动产业发展，抢占生物技术产业发展的主动权。

高效多抗广适高产的新品种培育需进一步加强。我国农作物育种缺乏统一布局和资源的有效整合，造成了育成品种遗传基础狭窄、同质化问题突出，同时当前的育种目标和生产及市场需求出现脱节，因此今后的育种工作应强化多性状的协调改良，创制目标性状突出、综合性状优良的育种新材料，以提高产量、改善品质、增强抗性为重点，培育优质、高产、高效、多抗、广适、适合机械化的重大新品种。

2. 作物栽培与耕作与国际先进水平的差距

在国家重点研发计划、自然科学基金等一系列"国家级"科研项目资助下，本学科在作物优质高产协调栽培、基础理论和前沿技术研究、共性关键技术研发等方面进展明显，但与发达国家还有很大差距。主要体现在以下几方面：

1）作物栽培基础研究体系薄弱。国内外研究机构近些年将传统作物栽培学与现代分子生物学的理论与技术有机结合，利用基因组学、蛋白组学等新技术，从激素、酶学、分子、纳米等微观角度开展作物生长发育、产量品质形成及其生理生化机制的研究，拓宽了作物栽培理论研究的深度与广度。近年来，我国在主要粮食作物尤其是水稻、小麦、玉米栽培基础理论研究方面投入了大量人力和财力，发表了一系列有影响力的高水平论文，但在其他作物上的基础理论研究明显落后，多以传统的基于现象的观察和相关的经典分析方法为主，制约了作物栽培学基础研究整体水平的进步和发展。

2）作物机械化智能化栽培仍待提高。与发达国家相比，我国农作物在种植、病虫害防治和灾害预警等主要环节的机械化水平仍较低，主要体现在：①土壤、作物和机械互作机理研究不足，原创性突破少，难以满足我国地域多样性、作物多元化、农艺复杂性和可持续发展的需求；②发展路径不明确。例如，在耕作方面，无论土壤类型、水田旱田和丘陵平原，现在全国大都采用旋耕，犁耕、深松和免耕等耕作方式，没有优化组合，造成土壤耕层"浅、实、少"，有机质低且分布不均匀；在种植方面，水稻插秧与直播、油菜移栽与直播、玉米种植平作与垄作等，不同地区宜采取何种种植方式，缺乏科学论证；在收获方面，油菜、马铃薯的分段与联合收获技术路线不明确；丘陵山区机械化发展路径不明确等；③农机农艺结合不紧密。适宜不同区域机械化的高产优质品种、高产高效标准化栽培模式和田间管理技术缺乏，机械化与规模化结合不紧密；缺乏对农业机械化的系统研究与技术集成,尚未形成完善的全程机械化技术模式和标准化的机器配置系统,关键配套技术与机具不足。

3)耕作理论技术体系研究相对薄弱。近些年,我国探索实行以轮作、休耕为主要内容的保护性耕作制度。轮作在发达国家为强制实行的一项制度,国外发达国家在土壤耕作周期、机械化配套技术、机理研究方面较为深入,模型构建较为成熟,理论研究与生产实践结合紧密。我国研究优势在于作物轮作类型与模式丰富,技术体系相对多样,但轮作效应机制与微观机理方面尚处于"跟跑"阶段,研究内容创新性及方法手段创新度不够,对轮作模式的机械化配套技术研究不足。在土壤耕作方面,与发达国家相比,我国在土壤耕作技术相配合的表土覆盖技术、作物轮作以及土壤养分管理措施配套技术研究相对不足;缺乏保护性耕作技术规范、标准以及全国布局和整体效果的评价研究;土壤耕作技术研究试验方法与监测设备较为落后,相关技术推广应用较为迟缓。

4)生产关键技术创新与应用不足。当前我国栽培技术是在传统技术基础上的集成组装,缺乏关键原始创新和现代高新技术在作物生产技术上的创造性应用,技术更新换代不明显,特别是基于高产、优质、高效、生态、安全多目标的作物栽培技术研究创新与应用方面,突破性进展仍较为缓慢。欧美发达国家在作物对环境资源可持续利用、作物产量、品质、效益协同提高技术、环境友好和农产品污染控制等方面取得了一系列卓有成效的研究进展。相比而言,我国在如何继续探索不同生态区作物产量突破与缩小产量差技术途径;围绕籽粒生产效率,如何转变生产方式,提高作物质量和市场竞争力;如何控制农用化学品投入,降低化学品残留对环境和农产品污染,保障环境生态安全和农产品质量安全等方面,与发达国家的研究水平还存在较大差距。

四、学科发展趋势及展望

(一)我国作物学在未来发展战略是应对农业现代化新发展

面对粮食需求刚性增长、消费需求结构快速转变、气候变化加剧、环境污染严重等严峻形势,保障农业生物产品有效、安全供给和与环境协调发展面临诸多挑战,亟待通过基础研究引领技术革命,支撑农业生物产品产量和品质提升,促进农业可持续发展和提质增效。至2035年,我国农业基础研究将在农业生物遗传多样性解析与拓展、重要农艺性状全功能网络解析等方面全面布局,同时重点在农业生物遗传规律研究与设计育种的前沿理论阐析、绿色智能化农业的方法学基础、农业生物营养品质形成机理和食品安全的理论基础等方向进行重点布局。

1. 未来 5 年的发展战略需求

(1)现代农业发展战略要求

未来5年,全国农业现代化取得明显进展,国家粮食安全得到有效保障,农产品供给体系质量和效率显著提高，农业国际竞争力进一步增强，农民生活达到全面小康水平，美丽宜居乡村建设迈上新台阶。东部沿海发达地区、大城市郊区、国有垦区和国家现代农业示范区基本实现农业现代化。以高标准农田为基础、以粮食生产功能区和重要农产品生产保护区为支撑的产能保障格局基本建立；粮经饲统筹，农林牧渔结合，种养加一体，第一、第二、第三产业融合的现代农业产业体系基本构建；农业灌溉用水总量基本稳定，化肥、农药使用量零增长，畜禽粪便、农作物秸秆、农膜资源化利用目标基本实现。为适应现代农业新要求、新变化，以转变发展方式为主线，推进农业结构转型升级，增强粮食等重要农产品安全保障能力，提高农业技术装备和信息化水平，进一步实现农机农艺融合、良种良法结合、行政科研结合、产学研农科教结合，突破生产技术瓶颈，集成推广区域性、标准化适用技术模式，提高土地产出率、资源利用率和劳动生产率，不断增强我国大面积作物生产水平和资源利用效率，全面着力推进农业转型升级。

（2）自主创新能力战略需求

以主要粮、棉、油等农作物为对象，按照种质创新、育种新技术、新品种选育、良种繁育等科技创新链条，从基础研究、前沿技术、共性关键技术、品种创制与示范应用，实施全产业链育种科技攻关；重点突破基因挖掘、品种设计和种子质量控制等核心技术，创造有重大应用价值的新种质，培育和应用一批具有市场竞争力的突破性重大新品种，提升育种自主创新能力。我国农业科技创新能力条件整体水平得到显著提高，突出事关农业核心竞争力的重大科学问题、重大共性关键技术和产品、重大国际科技合作等需求，基本建成一大批依靠跨学科、大协作和协同创新的农业科研设施，基本形成"布局合理、技术先进、协作紧密、运行高效、支撑有力"的农业科技创新能力条件保障体系，作物育种学和作物栽培学等部分优势领域和优势学科的设施条件达到世界一流水平。

（3）多目标协同战略需求

围绕"高产、优质、高效、生态、安全"综合目标，与时俱进，加强科技创新，强化研究适应规模化经营的作物机械化、信息化、集约化、低碳化等栽培技术，大幅度提高作物单产水平与作物生产综合效益。实现四个"显著提升"和一个"更加优化"，即：显著提升农业科技创新能力和水平、农业综合效益和产业竞争力、创新基础平台和人才队伍建设水平、农业科技创新体系效能，更加优化农业农村创新创业生态。

2. 未来 5 年的重点发展方向

农业生物智能设计育种的分子基础和农业绿色高质量发展中的科学问题将是我国未来基础研究的优先方向。重点在农业生物遗传规律研究与设计育种的前沿理论阐析、绿色智能化农业的方法学基础、农业生物营养品质形成机理和食品安全的理论基础等方面布局。通过不断提升引领我国农业技术革命的基础理论水平，力争到 2035 年使我国抢占农业科技制高点，跻身世界农业科技强国前列，农业科技进步贡献率达到 75% 以上，支撑我国全面实现农业现代化。

基于我国粮食安全战略需求，面向世界科学前沿，面向农业主战场，作物学重点方向主要包括以下方面：农业生物遗传规律与分子设计育种；良种良法配套的现代化生物技术集成创新与重大育种关键技术、核心资源与重大品种突破；高产、高效、优质、绿色栽培与耕作学理论体系与轻简化、机械化、智能化关键技术创新及一系列农业"卡脖子"技术的突破；发展智慧农业。

农业生物遗传规律与设计育种的基础研究。为保障国家农产品有效供给，系统开展重要农业生物关键性状遗传规律研究，拓展农业生物的遗传多样性，完善农业生物资源基因型和表型精准鉴定，挖掘具有重要产业需求关键性状决定基因，建立重要农业生物品种精准设计平台，实现全基因组选择育种，提升农业生物的生产能力和产业竞争力。

绿色智能化农业的基础研究。面对全球气候变化加剧、农业生物病虫害频发和资源短缺等问题，系统开展农业生物资源高效利用机理研究、农业生物与微生物互作研究、农业生物病虫害致害、抗性和传播规律研究、智能化设施设备技术体系研究，发展资源绿色高效利用、人工智能、大数据、病虫害绿色防控等技术，构建农业智能化产供销体系，开辟未来绿色智能化农业生产新方向。

农业生物品质改良与食品安全的基础研究。为提升我国农产品品质，确保食品安全和国民营养健康，通过系统解析农业生物健康功能因子，开展农业生物品质性状形成的遗传规律研究，解析农业生物品质性状形成的遗传调控网络，研究不同生态环境下农业生物品质形成的生态学基础，开展农业生物产品品质的快速检测技术和农业生物产品药物残留检测技术研究，提升动植物产品营养吸收、代谢、转化与利用效率，增强生产过程的环境控制和营养疾病调控，推动我国从温饱型农业向营养型农业转变。

在解析作物由多基因控制的复杂性状时，全基因组关联分析和分子模块育种将成为未来分子设计育种的重要手段。全基因组关联分析技术主要应用于对影响复杂性状的标记及主效基因的挖掘。在作物方面，已经利用 SSR、AFLP 等标记对玉米、小麦、大麦、大豆、水稻等作物的重要性状进行了全基因组关联分析。未来的作物分子设计育种，将更加重视新型遗传交配设计及分析方法研究，利用分子标记追踪目标基因，评估轮回亲本恢复程度，改良多基因控制的数量性状，提出改良产量等相关复杂性状的全基因组关联性分析，利用模块育种高效、定向、高通，定量地提高作物选育水平[15]。建立高效、安全、规模化的作物转基因技术体系，以市场需求为导向，依托优势产业布局，明确重点，通过集成转基因技术研发的上中下游资源，建立健全基因克隆、转基因技术、转基因育种和产业化应用的基础条件平台，把转基因育种与常规育种、分子标记辅助选择等技术紧密结合，建立高效、安全、规模化的转基因育种体系，在转基因研发与育种上突破一批自主创新的核心技术，拥有一批具有重要实用价值和自主知识产权的功能基因，培育并示范推广一批抗病抗虫抗逆、优质高产高效、具有替代性和满足市场需求的转基因作物新品种，同时进一步明确科研机构和种子企业在育种领域的侧重点，在基因功能验证评价、转化事件的研究上把资源向种子企业倾斜，探索形成"产学研"一体化的联合研发机制，从技术创新源头加强知识产权的立法、司法和执法保护，切实推动转基因生物技术发展，构建我国具有自主知识产权的转基因技术体系[16]。作物细胞工程和诱变育种新方法——通过染色体和细胞遗传操作可以转移和利用亲缘植物优异基因，获得具有新的生物学特性的细胞与个体；诱发突变可以获得新的基因资源，是培育高产优质、抗病、抗逆新品种的有效途径。重点研究小麦、玉米、水稻等作物细胞培养高频率再生技术与分子染色体工程育种技术；发掘基于核辐射、空间环境及地面模拟航天环境要素高效诱变新途径，解析诱发突变的分子模式，建立 tiLLinG 等目标突变体高通量定向筛选关键技术体系，为常规育种和分子育种提供丰富的优异基因资源，创制品质、产量及抗性等重要性状特异新种质与新材料，培育新品种。研发新型不育系及强优势杂交种亲本选配、规模化高效制种技术——杂种优势的利用导致作物育种技术和种子繁殖方式的变革，强力支撑了现代种子产业和技术市场，成为提高作物单产最有效的手段之一。突破杂种优势利用技术需要创新作物不育性恢复系统，形成高效的杂交种制种技术；研究利用种间、亚种间及不同生态型杂交种提高杂种优势潜力；提高杂交种对生物和非生物逆境的抗性、更适合机械化生产；研究和构建"优质 + 杂种优势"的育种技术体系，使杂交种产量和品质同步提高，大幅度提高育种效率。培育高产、优质、多抗、广适新品种和优质功能型作物新品种——研究主要农作物株型特点与生理指标，建立高产、优质、抗病、广适、水肥资源利用效率等性状的分子与细胞改良技术体系，合理协调产量三因素，聚合优良基因，创制综合性状良好、产量性状突出的亲本材料，培育适应性广、产量潜力大、品质优良、抗主要病虫害的绿色超级作物新品种。

作物高产栽培基础理论与高产高效技术模式构建仍是作物栽培学未来重要发展方向。在高产栽培技术研究方面，需重点研究作物超高产扩库强源促流的精确定量施肥与精确灌溉技术、周年资源优化配置和资源高效利用技术、机械化轻简化实用栽培技术和抗逆技术以及高产、优质、高效生产技术的集成和标准化。在高产理论研究方面，需重点研究水稻、小麦和玉米超高产群体及个体的源库形成与协调机理、根系形态建成和生理（根冠信号传递）及根冠关系、穗粒发育的酶学机制和激素机理、品质形成特点与机理、同化物和养分的运输和分配规律、主要生育期的碳、氮代谢过程及其机理、作物周年超高产环境适应性机理与抗逆机理。加强农作物质量安全与优质栽培技术研究。要针对作物高产过多依赖化学投入品，破解农产品安全和优质栽培的难题，在作物无公害、绿色、有机栽培关键技术上取得新突破。既要主攻高产、又要改善品质，实现专用化栽培、标准化栽培。加强作物机械化与轻简化栽培技术研究。要加强研究和推广作物优质高产高效全程机械化生产技术，大幅度提升生产集约化规模化程度，创新与完善机械播种、机械插秧、机械施肥、机械施药、机械收获等关键技术。运用作物高产栽培生理生态理论，借助于现代化工、机械、电子等行业的发展，进一步研究轻简栽培原理与技术精确定量化，建立"适时、适量"轻型化精准高产栽培技术体系。还需重点加强全程机械化条件下超高产栽培适用技术研究与应用。

加强作物节水抗旱与高效施肥技术研究。加强研究作物高产需水规律与水分胁迫的生长补偿机制，建立减少灌水次数和数量的技术途径和高效节水管理模式。进一步研究作物干旱缺水的自控调节机理，寻求水源不足地区节水保墒的耕作方法和改革灌供水方式。同时，加强主要农区大宗作物协调实现"十"字目标的作物需肥规律与省肥节工施肥技术研究、加强秸秆还田条件下土壤肥力动态与配套施肥技术研究。加强作物抗逆减灾栽培技术研究。重点研究作物对单一或多个重大气候变化因子响应的生物学机制，作物生产力对气候变化的响应与适应，未来气候变化条件下提高主要粮食作物综合生产力的原理与途径；气候变暖对区域作物生产的影响及作物生产管理对策；作物对非生物胁迫的分子响应与耐性形成机理，作物群体对逆境的响应和抗逆机制，作物抗逆栽培理论及模式；研究建立抗逆、安全、高效的新型农作制模式与技术。加强作物信息化、智能化栽培技术研究。综合运用信息管理、自动监测、动态模拟、虚拟现实、知识工程、精确控制、网络通信等现代信息技术，以农作物生产要素与生产过程的信息化与数字化为主要研究目标，发展农业资源的信息化管理、农作状态的自动化监测、农作过程的数字化模拟、农作系统的可视化设计、农作知识的模型化表达、农作管理的精确化控制等关键技术，进一步研制综合性数字农作技术软硬件系统，实现农作系统监测、预测、设计、管理、控制的数字化、精确化、可视化、网络化。加强作物栽培生态生理生化及分子水平的研究。重点开展作物机械化轻简化栽培生态生理基础；作物超高产生态生理基础；作物高产优质协调形成机理；作物肥水高效利用机制；作物对重金属、有机污染物响应及其机理；作物的化控机理；转基因作物栽培生理；作物逆境分子和生态机理；作物气候演变的响应机制等研究。加强作物区域化栽培技术体系的集成创新与示范。研究作物时空上种植界限，拓展作物种植区域与季节，提高复种指数，提高作物温光等资源利用效率，提高作物周年生产力；研究农作制、品种与栽培技术优化匹配机理，进一步系统建立与示范"人—资源—经济—技术"协调的区域化作物栽培耕作周年"高产、优质、高效、生态和安全"技术模式与配套技术体系，系统挖掘作物高产优质栽培潜力。

3. 作物学学科未来 5 年的发展趋势及发展策略

我国是农业大国和人口大国，保障国家粮食安全和营养健康是关乎国民经济发展和社会稳定的战略性核心需求，是满足人们对美好生活向往的重要战略支撑。促进农业绿色可持续发展、推进农业供给侧结构性改革、实现乡村振兴将是未来我国农业发展的主题。

农业生物智能设计育种的分子基础和农业绿色高质量发展中的科学问题将是我国未来基础研究的优先方向。重点在农业生物遗传规律研究与设计育种的前沿理论阐析、绿色智能化农业的方法学基础、农业生物营养品质形成机理和食品安全的理论基础等方面布局。通过不断提升引领我国农业技术革命的基础理论水平，力争到 2035 年使我国抢占农业科技制高点，跻身世界农业科技强国前列，农业科技进步贡献率达到 75% 以上，支撑我国全面实现农业现代化。

（1）现代科学技术持续创新引领农作物育种发生深刻变革

生物组学、生物技术、信息技术、制造技术等现代科学技术飞速发展，将使农作物育种学科发生深刻变化，并催生崭新的育种体系。

1）表型组学和基因组学技术不断深化种质资源鉴定与评价。表型组学技术的应用使种质资源和育种材料的重要性状表型鉴定精准化，如采用先进的移动式激光高通量植物表型成像系统，能在温室内或田间对主要农作物全生育期进行动态鉴定和数据分析，实现"规模化""高效化""个性化""精准化"综合评价，可准确筛选出目标性状突出的优异资源和材料；高通量测序技术的应用实现了种质资源和育种材料在全基因组学水平的基因型鉴定和表达分析，其基因型和表达信息可广泛用于分子标记开发和全基因组预测。

2）前沿技术引领育种方向，育种科技创新呈高新化。农作物育种技术先后经历了优良农家品种筛选、矮化育种、杂种优势利用、细胞工程、分子育种等发展阶段。近年来，以转基因、分子标记、单倍体育种、分子设计等为核心的现代生物技术不断完善并开始应用于农作物新品种培育，引领生物技术产品更新换代速度不断加快，创制了一批大面积推广的农作物新品种。全基因组选择技术研发方兴未艾，将成为育种新技术研究内容。以基因组编辑技术为代表的基因精准表达调控技术逐渐成为育种技术创新热点，将实现对目标性状的定向改造。

（2）农作物品种选育呈多元化发展态势

运用遗传育种新技术选育重大新品种，世界各国遵循着相似的农作物生产发展道路，即不仅要求高产、优质、高效、安全，还要求降低生产成本、减少环境污染。因此，农作物育种目标从原来的高产转向多元化，注重优质与高产相结合，增强抗病虫性和抗逆性，提高光温水肥资源利用效率，适宜机械化作业，保障农产品的数量和质量同步安全。

1）高产是新品种选育的永恒主题。耐密、高光效、杂种优势利用等仍是高产育种的主要技术途径。特别是杂种优势利用已在水稻、玉米、油菜、蔬菜等作物上取得巨大成功，在小麦、大豆等作物上取得重要进展，继续挖掘杂种优势利用潜力是今后重要的发展方向。

2）品质改良是新品种选育的重点。在高产的基础上，培育具有良好的营养品质、加工品质、商品品质、卫生品质、功能品质等性状的农作物新品种培育是未来的重点任务。如市场更易接受籽粒角质多、容重高、水分含量低、无黄曲霉素的玉米品种，高油或高蛋白大豆，高含油量、高油酸油菜品种，以及营养价值高、商品性状好和耐贮运的蔬菜品种。

3）病虫害抗性是新品种选育的重要选择。由于全球气候变化和生物进化等因素的影响，各种新型病虫害不断出现并有可能给农业生产和农产品质量产生巨大影响，充分考虑到过量使用农药会对生态环境带来危害，培育抗病虫的农作物新品种成为必然选择。

4）非生物逆境是新品种选育的重要方向。在自然条件复杂多变的我国，干旱水涝、阴雨寡照、低温冷害、高温干热、盐渍化等自然灾害频发，土壤重金属污染严重，对农作物生产的可持续发展和效益提高造成严重威胁。针对不同环境培育抗逆新品种，尤其是培育抗旱新品种，是世界各国努力的重要方向。

5）养分高效利用是新品种选育的重要目标。化肥对粮食增产的作用可达55%以上，但大量使用化肥往往带来不少负面影响。我国化肥的平均用量是世界公认警戒上限225公斤/公顷的1.8倍以上，更是欧美平均用量的4倍以上。我国是世界上最大的氮肥和磷肥消费国，氮肥和磷肥当季利用率分别不到27%和12%，这也是土壤酸化、水体和大气污染等普遍发生的主要原因之一。因此，培育养分利用效率高的农作物新品种是新时期我国农作物育种的重要目标。

6）适宜机械化作业是新品种选育的重要特征。培育满足机械化和轻简化农业生产的作物新品种已迫在眉睫。如在水稻上，选育苗期耐淹耐旱出苗快、后期耐密植抗倒伏的直播稻新品种和适于机械化制种的杂交稻组合显得十分紧迫；我国棉花生产一直沿袭以手工操作为主的劳动密集型、精细耕作型生产方式，不适应社会经济和现代农业发展的要求，培育吐絮集中不烂铃、适宜机械化作业的新品种是必然方向。适于机械收获的玉米品种则要求株高穗位适中、成熟时茎干直立有弹性、果穗苞叶松，收获时穗轴、籽粒脱水快，籽粒含水量低（25%以下）。

（3）农业生物智能设计育种与农业绿色发展中未来要解决的科学问题

面对全球人口持续增长、生态环境恶化、农业资源趋紧、食品安全等重大问题，农业生物的产量、品质、抗逆性、抗病性、养分利用等综合性状改良遇到技术瓶颈。我国农业生物育种形势面临日趋严峻的国际挑战和市场竞争，迫切需要创新育种理论与技术，突破性地提高产量、资源利用效率、品质以及抵抗环境胁迫的能力，保障我国粮食安全和增强农业绿色高质量发展。多组学技术的快速发展，使生物性状解析更加高效、准确、可控；基因编辑、全基因组选择育种等技术的发展，为农业生物智能设计育种提供了分子基础和条件保障。生物品种遗传改良正朝基因智能和精准控制的方向发展，推动品种设计向新一代智能育种转变，可望大幅度增强农业生物品种的生产性能，开创作物品种按需设计的新时代。

作物育种学科重点研究重要农业生物关键性状形成与新品种培育的遗传学基础，研究农业生物基因型与环境互作的生理生态学和遗传学基础，研究农业生物重大病害虫害发生规律和绿色防控原理，研究农业人工智能和大数据技术的复杂系统信息处理理论及进一步发展设计育种以培养重大品种等。

（4）农业丰产高效智能化栽培与绿色发展中未来要解决的科学与生产问题

作物产量与资源效率协同机制：当前，我国主要作物单产处于徘徊不前态势，探索实现可持续增产理论与技术对于保障我国粮食安全生产和有效供给具有重要的意义。以我国主要粮食作物水稻、小麦、玉米、大豆为研究对象，面向东北、黄淮海、长江中下游三大粮食主产区，重点研究：明确限制作物产量潜力突破、资源利用效率提升的关键限制因子；解析作物光合作用光能传递、转化及调控机理，作物群体质量定量化调控机制与产量潜力突破的理想株型、群体结构及产量突破的技术途径；定量化作物产量形成过程，研究不同产量水平群体结构与功能特征及根冠协同、库源调控机理；阐明作物高产与资源高效形成的品种—环境—栽培措施间的互作及定量关系、协调机制与技术途径；作物四个产量水平层次（光温生产潜力、高产纪录、大面积高产和农户产量）与光、温、水、肥利用效率差异的区域变化特征、主控因子与关键技术调节机制，建立缩小产量及效率层次差异的技术途径，通过产量潜力突破与资源效率协同机制研究，为产量突破 3 倍且绿色生产提供关键技术支撑，实现"藏粮于技"，依靠不断提高单产实现总量稳步增长，保障国家谷物基本自给、口粮绝对安全。

（5）农田固碳减排土壤耕作制及关键技术

在现代农业集约、高效、可持续的发展形势下，构建资源高效利用、环境友好型的轻简化、机械化的土壤耕作制是我国农业发展的战略需求。应针对不同区域气候、作物、土壤和种植制度的差异，通过农艺措施的改良带动农业机械全程化、规模化使用，改善土壤耕层结构、维持和促进作物生长、降低农业生产的环境代价、增强对气候变化的缓解和适应能力以实现地力培育和农田生产的可持续性。解析作物高产高效的农田理想耕层特征；加强研究农田系统的综合固碳减排效应，以及土壤碳周转对气候变化的反馈机制；开展区域土壤轮耕制的构建，建立适宜不同区域特点以少、免耕技术为主体的翻、旋、免、松等多样化的土壤耕作制；研究秸秆还田与耕作培肥技术效应，创新适宜不同主产区的秸秆还田与耕作培肥方式，构建合理的秸秆还田方式及培育健康耕层，并研究土壤、根系互作效应及作物增产、土壤耕层优化机理。加强保护性农业长期效应研究与评价，重点围绕保护性农业农田固碳减排、病虫草害变异规律及作物响应研究，探明免耕、秸秆还田、作物轮作、合理水肥管理等保护性农业技术的影响机理及其响应机制，在此基础上建立统一的评价机制，加快区域保护性农业技术的应用与推广。

（6）作物绿色高效栽培关键技术创新与集成

作物生产将以绿色高效为目标，向整体技术综合化、标准化、模型化及精确化方向发展。面向新型农业经营主体和规模种植，应加强作物生长实时监测诊断技术、水肥药智能精准化的作物精确栽培技术研究；通过大数据、气象、遥感更好地感知农作物的生长条件，及时预知天气与农作物信息，达到精细化科学种植；开展作物智能栽培、定性控制诱导、灌溉水高效利用、精准化施肥等关键技术研究，创新水肥一体化节水节肥关键技术与模式；提出区域作物优质丰产绿色高效栽培技术途径；集成区域性精简化模式化机械化栽培技术体系，为主产区提供绿色高效主体技术模式。

（二）重点任务

1. 我国在该领域的态势分析

农业生物智能设计育种的分子基础和农业绿色高质量发展中的科学问题将是我国未来

基础研究的优先方向。重点在农业生物遗传规律研究与设计育种的前沿理论阐析、绿色智能化农业的方法学基础、农业生物营养品质形成机理和食品安全的理论基础等方面布局。通过不断提升引领我国农业技术革命的基础理论水平，力争到2035年使我国抢占农业科技制高点，跻身世界农业科技强国前列，农业科技进步贡献率达到75%以上，支撑我国全面实现农业现代化。

2. 中长期（到2035年）学科发展布局

落实创新驱动发展、实现乡村振兴，是我国中长期农业发展的重大战略需求。面对粮食需求刚性增长、消费需求结构快速转变、气候变化加剧、环境污染严重等严峻形势，保障农业生物产品有效、安全供给和与环境协调发展面临诸多挑战，亟待通过基础研究引领技术革命，支撑农业生物产品产量和品质提升，促进农业可持续发展和提质增效。至2035年，我国农业基础研究将在农业生物遗传多样性解析与拓展、重要农艺性状全功能网络解析等方面全面布局，同时重点在农业生物遗传规律研究与设计育种的前沿理论阐析、绿色智能化农业的方法学基础、农业生物营养品质形成机理和食品安全的理论基础等方向进行重点布局。

3. 中长期规划（到2035年）部署的重点任务

农业生物遗传规律与设计育种的基础研究。为保障国家农产品有效供给，系统开展重要农业生物关键性状遗传规律研究，拓展农业生物的遗传多样性，完善农业生物资源基因型和表型精准鉴定，挖掘具有重要产业需求关键性状决定基因，建立重要农业生物品种精准设计平台，实现全基因组选择育种，提升农业生物的生产能力和产业竞争力。

绿色智能化农业的基础研究。面对全球气候变化加剧、农业生物病虫害频发和资源短缺等问题，系统开展农业生物资源高效利用机理研究、农业生物与微生物互作研究、农业生物病虫害致害、抗性和传播规律研究、智能化设施设备技术体系研究，发展资源绿色高效利用、人工智能、大数据、病虫害绿色防控等技术，构建农业智能化产供销体系，开辟未来绿色智能化农业生产新方向。

农业生物品质改良与食品安全的基础研究。为提升我国农产品品质，确保食品安全和国民营养健康，通过系统解析农业生物健康功能因子，开展农业生物品质性状形成的遗传规律研究，解析农业生物品质性状形成的遗传调控网络，研究不同生态环境下农业生物品质形成的生态学基础，开展农业生物产品品质的快速检测技术和农业生物产品药物残留检测技术研究，提升动植物产品营养吸收、代谢、转化与利用效率，增强生产过程的环境控制和营养疾病调控，推动我国从温饱型农业向营养型农业转变。

超高产作物栽培技术与各作物高产高效栽培技术均衡发展——我国粮食总产十二连增，离不开作物超高产的示范推广，我国未来作物的持续增产将更大程度上依靠作物超高产栽培技术的进步与引领。同时，低产变中产需要超高产栽培技术的推动，中产变高产需要超高产栽培技术的引领，高产变更高产则也需要超高产栽培的突破与直接应用。在今后的发展方向上，作物栽培技术只有采用现代化的栽培方式，以超高产为主要的发展目标，才能够满足人们不断发展和变化的需求。过去我国三大粮食作物栽培技术配套已能基本保障，未来各作物及经济作物高产优质高效栽培技术仍是重要发展方向。

精确定量轻简化栽培技术——从精确定量和轻简化两方面入手，来使作物栽培技术不断优化，最终达到提高作物产量和质量的目的。精确定量技术研究目的主要是为了提高作物的产量，提高经济效益。轻简化技术研究的方向主要是将作为生长相关的技术进行精简化处理，即通过对新技术的投入和应用来改进传统的技术，实现高产、优质的目的。所以，在新时代发展下，不断研究、完善精确定量、轻简化的实用技术，对于我国作物的生产过程的简化及作物产量、质量的提高都有着非常重要的意义。所以，在今后的发展过程中，作物栽培的发展方向应该朝着精确定量、轻简化的方向发展，相关的研究部门应该加大对这两项技术的研究力度，使我国作物生产效率最优化。

智能化栽培技术与智慧农业——在作物生产中大量采用先进的信息技术，使作物的栽培技术走向一条智能化、定量化的道路。信息化技术在作物生产中的应用是非常广泛的，如作物生长的自动监控技术、自动化灌溉技术、智能水肥一体化技术等。今后作物栽培技术在这方面的发展将会逐渐走上生产过程不断信息化和数字化的道路，作物管理也将获得进一步的优化和完善。而随着经济的进一步发展，科学技术水平的迅速提高，信息技术在农作物生产中的应用会进一步得到深化，并且会形成一种相对独立的发展道路，各项技术在发展过程中会逐步完善。

（三）对策与建议

2020年，粮食（主要是指谷物）产量稳定在5.5亿吨以上，约占粮食总产量的95%以上。实现谷物基本自给，确保国家粮食安全。2035年我国可确保口粮绝对安全、谷物自给。受粮食收储政策调整影响，未来稻谷和小麦等口粮作物种植面积呈下降趋势，产量基本保持稳定，预计到2035年稻谷和小麦产量分别为2.03亿吨和1.28亿吨。同时，受益于畜牧业快速发展以及农业供给侧结构性改革政策的持续推动，非口粮粮食作物产量将分别增长至2.77亿吨和1683.43万吨。

要想实现上述目标，必须深入贯彻党和国家在农村的"多予、少取、放活"等一系列方针和政策，依靠农业科技进步和集成创新促进农业发展，实施稳定粮田耕地面积、回增复种指数、扩大粮食播种面积、提高粮食单产等措施，实现粮食增产增收，确保国家粮食安全。近年来，我国作物科学与技术发展以高产、优质、高效、生态、安全为目标，以品种改良和栽培技术创新为突破口，促进传统技术的跨越升级，推动了现代农业的可持续发展，为保障国家粮食安全和农产品有效供给、生态安全、增加农民收入提供了可靠的技术支撑。当前，作物学面临着严峻的挑战，在基础和前沿技术研究、共性关键技术研发、重大新品种培育、体系建设、人才培养等方面与发达国家还有很大差距。我国作物学科发展要继续贯彻"自主创新、重点跨越、支撑发展、引领未来"的科技发展指导方针，坚持行业导向，从我国作物生产实践中提炼有学科特色的重大科学问题，紧密结合我国作物学科研究实际，构建体系完整、特色鲜明、实用性强的作物学基础理论体系。同时，加强与国际、国内同行之间的合作与交流，借力完善基础研究体系，扩大学科影响。更重要的是，要加强青年人才的培养，特别是要关注基层院所工作的青年人才，以此加快培养兼备现代科学素养和生产实践的新一代青年作物学科研人员。此外，建议国家相关部门根据学科均衡发展需要，在作物学相关项目尤其是人才与重点（大）项目中加强支持，以促进该学科健康持续发展。

1）坚持行业导向。学科的重要性、研究任务及其发展规模和前景受制于其所服务行业在国计民生中的地位。学科发展必须服务、服从于行业发展。作物学的服务对象为作物生产，维系着人类最基本的生活需求，是国民经济建设中最为重要的领域之一。稳定、提高粮食产量、确保粮食安全是关系经济发展、社会稳定和国家安全的全局性重大战略问题，是当前和今后相当长时期内作物栽培学科最主要的研究任务。另外，现阶段我国粮食市场需求的多样化和优质化，与土壤退化、环境污染、生物多样性下降等生态环境问题叠加，作物生产目标已由过去单纯追求产量转向高产、优质、高效、生态、安全多目标的统一，这为作物学科提出了新的更高要求。坚持行业导向，就需要敏锐洞察行业发展趋势，善于把握作物生产中出现的新问题、新动向，从作物生产中发现重大技术需求，据此提炼关键科学问题，服务行业技术革新。当前，在坚持产量形成机制研究、为解决粮食安全问题提供理论基础的同时，还应更加关注居民生活水平提高后对主食风味口感、食品安全及环境质量的更高要求，加大作物品质、资源高效、环境友好和生态安全等方向的研究力度。

2）突出学科特色。我国作物遗传育种学科发展势头强劲，水稻、小麦等主要作物遗传改良已跻身世界一流水平。与之相比，作物栽培学则显得相对滞后，在技术手段上较为传统，偏向应用研究，致使理论水平不高，学科特色或优势不够突出。栽培学中心任务是揭示作物高产与优质形成规律，阐明高产、优质、高效的栽培途径及其调控原理，而不是单纯地了解植物生长发育机理或植物在逆境条件下生存的机制。因此，开展作物栽培学基础研究，要牢牢把握学科特色，充分认识作物栽培学科的实践性、系统性和实用性及其社会效益的重要性。此外，也应加速作物遗传育种理论基础研究和应用基础研究，为揭示作物高产、稳产及品质提升提供理论支撑[19]。

3）加强学术交流、促进学科发展。学术交流应始终贯彻科学精神，坚持实事求是，以科学观察和科学实验为基础，不断求知、不断创新。学术交流应贯彻"百花齐放、百家争鸣"方针。坚持学术民主，鼓励不同观点、不同意见展开讨论，鼓励不同学派专家、群体在一起交锋，通过学术观点的碰撞和学术信息的整合，产生新的学术灵感，点燃创新的火花，促进学科进步和人才成长。建议加强作物学学术交流，对作物学科面临的问题进行讨论，对全国作物学面临的重大科学问题进行协作研究攻关，深入了解和把握作物科学的前沿动态和发展趋势，为发展作物学科把脉。同时，通过开展学术交流活动，有利于推进作物学科体系内各分支学科的相互合作与交流，并积极推动我国作物科学技术创新，探索作物科技成果转化的有效途径，为制定作物生产和科研相关决策提供科学依据，为保障国家粮食安全，实现农业生产科技化做出重要贡献。

4）加强国际交流与合作。中国特色的作物遗传育种学、栽培学理论与技术体系在某些方面在世界同类研究中处于先进甚至领先水平。但是，我们必须同时看到，我国的作物科学在某些方面目前仍不如发达国家，一些基础研究如作物产量与品质的形成机理、作物对水分养分吸收与输配机理、作物的抗逆性机理等研究还落后于发达国家[20]。通过合作研究、人员往来、学术交流等形式加强国际交流与合作，可以引进、吸收和消化先进国家的智力、技术和研究手段，提高我国作物学基础研究的自主创新能力，推进中国作物学的发展。

5）联合攻关，抢占作物研究国际制高点，研制"卡脖子"技术，凝练重大突破性成果。要加强评估、预警和应对，系统梳理各领域"卡脖子"关键核心技术及供应链风险，组织攻关突破；同时强化有优势或潜力的战略领域，培育"撒手锏"技术，把创新的主动权、发展的主动权牢牢掌握在自己手中。长期以来，我国农业科技工作的重心主要放在应用与开发研究上，对作为创新源头、引领学科发展的农业基础研究投入不够；对重要领域基础研究和前沿技术研究不够，水土质量、农业生态等方面缺乏长期系统的观测监测，重要资源底数不清；在基础性长期性工作上积累不够，难以带动催生颠覆性技术，难以支撑重大技术突破和产业变革。满足绿色发展的核心关键领域"卡脖子"技术研发不足。如在农业遗传育种方面，我国水稻、小麦、玉米、大豆单产水平仅为先进国家的 63%、65%、54%、52% 左右；现代农机装备落后，定位变量、智能控制、农机农艺配套和联合复式作业机具尤其缺乏。重点要在重大育种价值的关键基因挖掘、主要园艺作物优质品种国产化育种技术、新化学实体农药兽药创制关键技术、新型肥料与化肥替代技术、农业传感器技术、智能化大型农机装备研发关键技术等方面加快突破，形成技术创新优势和产业安全自主可控。

参考文献

［1］ Xu Q, Chen W F, Xu Z J. Relationship between grain yield and quality in rice germplasms grown across different growing areas［J］. Breeding Science, 2015, 65（3）: 226-232

［2］ 胡蕾, 朱盈, 徐栋, 等. 南方稻区优良食味与高产协同的单季晚粳稻品种特点研究［J］. 中国农业科学, 2019, 52（2）: 215-227

［3］ 韩超, 许方甫, 卞金龙, 等. 淮北地区机械化种植方式对不同生育类型优质食味粳稻产量及品质的影响

［J］. 作物学报，2018，44（11）：1681-1693

［4］ 胡群，夏敏，张洪程，等. 氮肥运筹对钵苗机插优质食味水稻产量及品质的影响［J］. 作物学报，2017，43（3）：420-431

［5］ 李军，肖丹丹，邓先亮，等. 镁锌肥追施时期对优良食味粳稻产量及品质的影响［J］. 中国农业科学，2018，51（8）：1448-1463

［6］ 胡学旭，孙丽娟，周桂英，等. 2000—2015年北部、黄淮冬麦区国家区试品种的品质特征［J］. 作物学报，2017，43（4）：501-509

［7］ 李朝苏，吴晓丽，汤永禄，等. 四川近十年小麦主栽品种的品质状况［J］. 作物学报，2016，42（6）：803-812

［8］ 张礼军，张耀辉，鲁清林，等. 耕作方式和氮肥水平对旱地冬小麦籽粒品质的影响［J］. 核农学报，2017，31（8）：1567-1575

［9］ 雷钧杰，张永强，陈兴武，等. 新疆冬小麦籽粒灌浆和品质性状对滴灌用水量的响应［J］. 应用生态学报，2017，28（1）：127-134

［10］ 王仪明，雷艳芳，魏臻武，等. 不同轮作模式对青贮玉米产量、品质及土壤肥料的影响［J］. 核农学报，2017，31（9）：1803-1810

［11］ 张淑敏，宁堂原，刘振，等. 不同类型地膜覆盖的抑草与水热效应及其对马铃薯产量和品质的影响［J］. 作物学报，2017，43（4）：571-580

［12］ 李嵩博，唐朝臣，陈峰，等. 中国粒用高粱改良品种的产量和品质性状时空变化［J］. 中国农业科学，2018，51（2）：246-256

［13］ 张洪程，龚金龙. 中国水稻种植机械化高产农艺研究现状及发展探讨［J］. 中国农业科学，2014，47（7）：1273-1289.

［14］ 吕伟生，曾勇军，石庆华，等. 机插早稻分蘖成穗特性及基本苗公式参数研究［J］. 作物学报，2016，42（3）：427-436

［15］ 谢小兵，周雪峰，蒋鹏，等. 低氮密植栽培对超级稻产量和氮素利用率的影响［J］. 作物学报，2015，41（10）：1591-1602

［16］ 胡雅杰，曹伟伟，钱海军，等. 钵苗机插密度对不同穗型水稻品种产量、株型和抗倒伏能力的影响［J］. 作物学报，2015，41（5）：743-757

［17］ 王克如，李少昆. 玉米机械粒收破碎率研究进展［J］. 中国农业科学，2017，50（11）：2018-2026

［18］ 柴宗文，王克如，郭银巧. 玉米机械粒收质量现状及其与含水率的关系［J］. 中国农业科学，2017，50（11）：2036-2043

［19］ 李璐璐，明博，谢瑞芝，等. 黄淮海夏玉米品种脱水类型与机械粒收时间的确立［J］. 作物学报. 2018，44（12）：1764-1773

［20］ 张万旭，明博，王克如，等. 基于品种熟期和籽粒脱水特性的机收粒玉米适宜播期与收获期分析［J］. 中国农业科学，2018，51（10）：1890-1898

［21］ 黄巧义，张木，黄旭，等. 聚脲甲醛缓释氮肥一次性基施在双季稻上的应用效果［J］. 中国农业科学，2018，51（20）：3996-4006

［22］ 张木，唐拴虎，黄巧义，等. 缓释尿素配施普通尿素对双季稻养分的供应特征［J］. 中国农业科学，2018，51（20）：3985-3995

［23］ 谭德水，林海涛，朱国梁，等. 黄淮海东部冬小麦一次性施肥的产量效应［J］. 中国农业科学，2018，51（20）：3887-3896

［24］ 谭德水，江丽华，房灵涛，等. 控释氮肥一次性施用对小麦群体调控及养分利用的影响［J］. 麦类作物学报，2016，36（11）：1523-1531

［25］ 孙旭东，孙浒，董树亭，等. 包膜尿素施用时期对夏玉米产量和氮素积累特性的影响［J］. 中国农业科

学, 2017, 50 (11): 2179-2188

[26] 王寅, 冯国忠, 张天山, 等. 控释氮肥与尿素混施对连作春玉米产量、氮素吸收和氮素平衡的影响 [J].
中国农业科学, 2016, 49 (3): 518-528

[27] 闫丽霞, 于振文, 石玉, 等. 测墒补灌对 2 个小麦品种旗叶叶绿素荧光及衰老特性的影响 [J]. 中国农
业科学, 2017, 50 (8): 1416-1429

[28] 金修宽, 马茂亭, 赵同科, 等. 测墒补灌和施氮对冬小麦产量及水分、氮素利用效率的影响 [J]. 中国
农业科学, 2018, 51 (7): 1334-1344

[29] 周斌, 封俊, 张学军, 等. 微喷带单孔喷水量分布的基本特征研究 [J]. 农业工程学报, 2003, 19 (4):
101-103

[30] 董志强, 张丽华, 李谦, 等. 微喷灌模式下冬小麦产量和水分利用特性 [J]. 作物学报, 2016, 42 (5):
725-733

[31] 徐学欣, 王东. 微喷补灌对冬小麦旗叶衰老和光合特性及产量和水分利用效率的影响 [J]. 中国农业科
学, 2016, 49 (14): 2675-2686

[32] 翟超, 周和平, 赵健, 等. 北疆膜下滴灌玉米年际需水量及耗水规律 [J]. 中国农业科学, 2017, 50 (14):
2769-2780

[33] 王增丽, 董平国, 樊晓康, 等. 膜下滴灌不同灌溉定额对土壤水盐分布和春玉米产量的影响 [J]. 中国
农业科学, 2016, 49 (11): 2343-2352

[34] 于淑婷, 赵亚丽, 王育红, 等. 轮耕模式对黄淮海冬小麦 – 夏玉米两熟区农田土壤改良效应 [J]. 中国
农业科学, 2017, 50 (11): 2150-2165

[35] 魏欢欢, 王仕稳, 樊晓康, 等. 免耕及深松耕对黄土高原地区春玉米和冬小麦产量及水分利用效率影响的
整合分析 [J]. 中国农业科学, 2017, 50 (3): 461-473

[36] 任爱霞, 孙敏, 王培如, 等. 深松蓄水和施磷对旱地小麦产量和水分利用效率的影响 [J]. 中国农业科
学, 2017, 50 (19): 3678-3689

[37] 薛玲珠, 孙敏, 高志强, 等. 深松蓄水增墒播种对旱地小麦植株氮素吸收利用、产量及蛋白质含量的影响
[J]. 中国农业科学, 2017, 50 (13): 2451-2462

[38] 雷妙妙, 孙敏, 高志强, 等. 休闲期深松蓄水适期播种对旱地小麦产量的影响 [J]. 中国农业科学,
2017, 50 (15): 2904-2915

[39] 王秋菊, 常本超, 张劲松, 等. 长期秸秆还田对白浆土物理性质及水稻产量的影响 [J]. 中国农业科学,
2017, 50 (14): 2748-2757

[40] 王维钰, 乔博, Kashif Akhtar, 等. 免耕条件下秸秆还田对冬小麦 – 夏玉米轮作系统土壤呼吸及土壤水热
状况的影响 [J]. 中国农业科学, 2016, 49 (11): 2136-2152

[41] 胡发龙, 柴强, 甘延太, 等. 少免耕及秸秆还田小麦间作玉米的碳排放与水分利用特征 [J]. 中国农业
科学, 2015, 49 (1): 120-131

[42] 殷文, 赵财, 于爱忠, 等. 秸秆还田后少耕对小麦 / 玉米间作系统种间竞争和互补的影响 [J]. 作物学报,
2015, 41 (4): 633-641

[43] Cai C, Yin X Y, He S Q, et al. Responses of wheat and rice to factorial combinations of ambient and elevated CO_2
and temperature in FACE experiments [J]. Global change biology, 2016, 22 (2): 856-874

[44] Chen Y, Zhang Z, Tao F L, et al. Impacts of climate change and climate extremes on major crops productivity in
China at a global warming of 1.5 and 2.0℃ [J]. Earth System Dynamics, 2018, 9 (2): 543-562

[45] Zhao C, Liu B, Piao S L, et al. Temperature increase reduces global yields of major crops in four independent
estimates [J]. Proceedings of The National Academy of The Science of The United States of America, 2017, 114
(35): 9326-9331

[46] Guo W, Fukatsu T, Ninomiya S. Automated characterization of flowering dynamics in rice using field-acquired

time-series RGB images ［J］. Plant Methods，2015，11（1）：1-15

［47］ Li J，Zhang F，Qian X，et al. Quantification of rice canopy nitrogen balance index with digital imagery from unmanned aerial vehicle ［J］. Remote Sensing Letters，2015，6（3）：183-189

［48］ Li W，Niu Z，Chen H，et al. Remote estimation of canopy height and aboveground biomass of maize using high-resolution stereo images from a low-cost unmanned aerial vehicle system ［J］. Ecological Indicators，2016，67：637-648

［49］ 刘建刚，赵春江，杨贵军，等. 无人机遥感解析田间作物表型信息研究进展 ［J］. 农业工程学报，2016，32（24）：98-106

撰稿人：赵　明　李新海　戴其根　黎　裕　韦还和　马　玮　徐　莉

专题报告

作物遗传育种学发展报告

　　作物遗传育种学在我国农业科学中占据重要地位，作物遗传改良科技进步对保障国家粮食安全和农业可持续发展具有重大意义。本报告系统总结了 2015 年以来我国在作物种质资源保护与创新、遗传基础研究、育种技术创新、材料创制与新品种选育等方面的发展现状和动态进展，并与国外同类学科从作物种质资源、新基因发掘、育种理论与技术和性状遗传改良等方面进行了对比分析，明确了学科在国际上总体研究水平、技术优势和差距。

　　针对未来 5 年作物遗传育种学科发展需求，确立了"强化自主创新，突出战略重点，创新管理机制，培育现代种业"的发展思路；明确了"作物育种基础研究、作物基因资源挖掘与种质创新、作物育种技术创新、作物新品种培育"四大优先方向；提出了着力攻克作物育种重大科学问题，突破作物基因编辑、全基因组选择等颠覆性技术，加快培育新一代重大新品种，到 2030 年，实现良种对农业增产的贡献率达 60% 以上，作物种业科技整体水平跃居世界前列的发展目标。

一、本学科最新研究进展

（一）作物种质资源研究保护与创新取得新突破

　　2015 年启动"第三次全国农作物种质资源普查与收集"专项。2016—2018 年，开展了湖北、湖南、广西、重庆、江苏、广东、浙江、福建、江西、海南、四川、陕西 12 省（自治区、直辖市）共 830 个县的普查和 175 个县的系统调查，抢救性收集各类作物种质资源 29763 份，其中 85% 是新发现的古老地方品种，基本查清了这些地区粮食、经济、蔬菜、果树、牧草等栽培作物古老地方品种的分布范围、主要特性以及农民认知等[1]。截至 2018 年，我国作物种质长期库保存资源总量达 43.5 万份，种质圃保存 6.5 万份，试管苗库和超低温库保存 1008 份，资源保存总量突破 50 万份，居世界第二位[2]。"十三五"

期间，对约 17000 份水稻、小麦、玉米、大豆、棉花、油菜、蔬菜等种质资源的重要性状进行精准表型鉴定评价和全基因组水平的高通量基因型鉴定，发掘出一批作物育种急需的优异种质。同时，在种质创新领域也取得重大突破，如创建以克服授精与幼胚发育障碍、高效诱导易位、特异分子标记追踪、育种新材料创制为一体的远缘杂交技术体系，突破了小麦与冰草属间的远缘杂交障碍，攻克了利用冰草属 P 基因组改良小麦的国际难题[3]。

阐明作物种质资源的遗传多样性与分布特征、解析种质资源形成与演化规律是种质资源基础研究的重要内容。2015 年以来，随着多种农作物完成全基因组草图和精细图绘制以及测序成本的大幅度降低，对全基因组水平的基因型鉴定带来了机遇。一是在多种作物上开发了全基因组 SNP 芯片，成功用于遗传多样性分析；二是采用重测序技术对种质资源进行全基因组水平的结构变异分析，不仅可用于遗传多样性评估，而且在作物起源与演化、种质资源形成规律等方面取得了一些重大进展。例如，对代表全球 78 万份水稻种质资源约 95% 遗传多样性的 3010 份世界水稻核心种质开展重测序研究，获得全面的水稻遗传变异信息，首次揭示了亚洲栽培稻品种间存在的大量微细结构变异，构建了亚洲栽培稻的泛基因组[4]。我国科学家与国外合作，利用 GBS 简化基因组测序技术，对 22626 份库存世界大麦种质资源开展基因型分析和遗传多样性研究，明确了世界大麦的遗传多样性本底[5]。近十年来，我国在多种作物上开展了大规模关联分析和驯化改良选择分析，对相关种质资源群体的遗传多样性特别是群体结构进行了系统研究，阐明了遗传多样性大小与分布特征。

（二）作物遗传基础研究得到进一步加强

近年来，我国在作物基因组学研究，新基因挖掘与功能解析，产量、品质、养分高效利用、抗逆、抗病虫，以及育性等重要性状形成的分子机制与调控网络研究取得了一系列重大进展。

1. 主要农作物基因组学研究取得新进展

完成了"明恢 63""珍汕 97"[6]和"蜀恢 498"[7]的全基因组组装和 3010 份亚洲栽培稻基因组研究[4]，揭示了亚洲栽培稻的起源和群体基因组变异结构，剖析了水稻核心种质资源的基因组遗传多样性，推动了水稻规模化基因发掘和水稻复杂性状分子改良。完成了乌拉尔图小麦 G1812 的基因组测序和精细组装，绘制出了小麦 A 基因组 7 条染色体的序列图谱，为研究小麦的遗传变异提供了宝贵资源[8]。完成了玉米 Mo17 自交系高质量参考基因组的组装和中国玉米骨干自交系黄早四的高质量基因组图谱，在基因组学层面对玉米自交系间杂种优势的形成机制提供了新的解释，揭示了黄早四及其衍生系的遗传改良历史[9]。发布了中国大豆品种"中黄 13"和野生大豆高质量基因组，为大豆基础研究提供了重要资源[10, 11]。

2. 作物产量与品质性状分子基础解析

围绕"水稻理想株型与品质形成的分子机理"重大科学问题，创建了直接利用自然材料与生产品种进行复杂性状遗传解析的新方法；揭示了影响水稻理想株型形成的关键基因和分子基础；阐明了稻米食用品质精细调控网络；示范了高产优质为基础的分子设计育种，为解决水稻产量品质协同改良的难题提供了有效策略。针对氮肥的使用量逐年增加并未带来作物产量大幅提高这一困境，克隆并解析了氮肥高效利用的关键基因 GRF4。研究证实了 GRF4 是一个植物碳—氮代谢的正调控因子，可以促进氮素吸收、同化和转运，以及光合作用、糖类物质代谢和转运等，进而促进作物的生长发育。GRF4 的优异等位基因；应用使得作物在适当减少施氮肥条件下获得更高的产量[12]；鉴定了大豆优异等位变异基因 PP2C-1 通过结合油菜素内酯 BR 信号通路的转录因子 GmBZR1 促进下游种子大小的基因表达以提高粒重的分子机制，对于大豆育种具有重要意义[13]；克隆了高品质蛋白玉米（QPM）硬粒性状的主效 QTL 位点 qγ27。

3. 作物抗病虫、抗逆性状分子机制解析

稻瘟病是水稻重大病害之一，严重影响水稻的产量和品质。证明编码 C2H2 类转录因子的基因 Bsr-d1 启动子的自然变异对稻瘟病具有广谱持久的抗病性，发现理想株型基因 IPA1 是平衡产量与抗性的关键调节枢纽，为水稻高产和高抗育种奠定了重要理论基础[14]；克隆了抗褐飞虱基因 Bph6，该基因通过介导水杨酸、茉莉酸和细胞分裂素等信号途径，提高体内防御相关基因的表达量和抗毒素含量，从而增强水稻褐飞虱抗性[15]；克隆了 2 个玉米矮花叶病抗性基因 ZmTrxh 和 ZmABP1，揭示了抑制病毒 RNA 积累和影响病毒粒子的系统移动抗病机理，对培育玉米抗病毒新品种具有重要意义[16]；定位了来自偃麦草的抗赤霉病基因 Fhb7，大大提高了小麦的赤霉病抗性；克隆了响应高盐和干旱胁迫的 miR172a，证明了其能通过其靶基因 SSAC1 调控大豆的耐盐性[17]。

4. 作物育性控制分子遗传基础解析

围绕杂交稻育性调控，解析自私基因 qHMS7 介导的毒性—解毒分子机制在维持植物基因组稳定性和促进新物种形成中的分子机制，为实现籼粳交杂种优势的有效利用以及籼粳亚种间杂交稻品种培育奠定基础。在"杂交稻育性控制的分子遗传基础"研究方面，阐明了三系杂交水稻育种中的孢子体型和配子体型细胞质雄性不育及其育性恢复的分子机制，解析了水稻籼粳杂交不育与亲和性的分子遗传机理，提出了"双基因三因子互作"和"双基因分步分化"的分子遗传模型，是我国杂交水稻分子遗传基础研究上的重大突破[18]；成功克隆并解析了小麦的雄性不育基因 Ms1 和 Ms2，为将来实现小麦等作物的杂交制种创造了条件[19, 20]。

（三）作物育种技术创新加速了新品种培育

2015 年以来，创新完善了杂种优势利用、细胞及染色体工程、分子标记、基因组编辑等育种、转基因和合成生物学等关键技术，提升了我国育种自主创新能力，创制出一批育种新材料和新品种。

1）杂种优势利用技术：针对水稻籼粳杂交后代疯狂分离和纯合稳定时间长的制约因素，创制水稻规模化花药培养技术，可以实现籼粳杂交后代的快速稳定，加快强优势亲本的创制效率。将不饱和回交与花药培养相结合，发明了一种快速利用水稻籼粳杂种优势方法，对高效创制水稻强优势亲本具有十分广阔的应用前景。建立了二系杂交小麦配套高产高效制种技术，通过控制好父本的基本苗，使杂交小麦规模化制种产量突破 350 公斤 / 亩。通过远缘杂交，将从印度引入的芥菜型油菜 Moricandia 不育胞质转育到甘蓝型油菜中，选育出甘蓝型油菜 Moricandia 细胞质雄性不育系，并实现三系配套，为甘蓝型油菜杂种优势利用提供了新方法。建立了甘蓝型油菜萝卜细胞质雄性不育系统直播制种生产技术，有可能颠覆油菜杂交制种中通常采取的一定行比的父母本分行播种模式。

2）单倍体育种技术：利用先进的高油资源独创了玉米高油型单倍体诱导系，比国际上同类研究要早 10 年以上；通过诱导基因精细定位创建了国际领先的高频诱导系分子标记辅助选育技术，提出了利用油分花粉直感效应鉴别单倍体的思路及方法，研发出国际上首台单倍体自动化核磁筛选设备；利用工程化等方法使单倍体化学加倍技术达到国际先进水平，在国际上首先提出 EH 一步成系技术，获得关键核心技术。油菜小孢子幼苗水培快速繁殖技术体系[21]，有效解决了育种实践中规模化小孢子幼苗的越夏问题。

3）细胞染色体工程与诱变技术：建立了高灵敏度的分子细胞遗传学染色体分析技术，为分子染色体工程材料的精确鉴定提供了技术保障。创新了小麦外源基因组区段 / 基因快速追踪与多基因聚合的染色体工程高效育种技术体系[22]，获得了 77 份抗赤霉病的小片段易位系。通过体细胞融合的方法获得了甘蓝型油菜与白芥的属间杂种和耐菌核病、黄籽的油菜新品系。创建了多样化重离子诱变农作物育种平台和基于 TILLING、高分辨率熔解曲线（HRM）的高通量突变基因筛选技术体系，实现了大群体、高通量、标准化的基因型检测和对重要目标性状基因型的直接选择，获得了有育种价值的优异突变新材料 70 余份，育成审定优良突变新品种 40 余个。

4）分子设计育种技术：水稻高产优质性状形成的分子机理及品种设计技术为解决水稻产量品质协同改良的难题提供了有效策略。创建了直接利用自然材料与生产品种进行复杂性状遗传解析的新方法，揭示了影响水稻产量的理想株型形成的关键基因和分子基础，阐明了稻米食用品质精细调控网络，形成了高产优质为基础的水稻分子设计育种技术体系[23]。在全基因组水平上系统解析玉米产量和品质性状的遗传基础，并揭示影响玉米产量和品质形成过程中的基因互作和调控网络，建立全基因组选择育种模型，为玉米优质高产育种提供新的策略、技术和方法。

5）基因组编辑技术：建立了主要农作物 CRISPR/Cas9 介导的基因定点编辑技术体系，通过基因敲除，获得突变体材料进行功能分析等，已处于国际先进水平。建立了 CRISPR/Cas9 介导的同源重组技术，通过等位基因替换，加速农作物新型育种材料定向创制和新品种培育进程，获得了大量一代纯合的抗磺酰脲类除草剂水稻。我国率先报道了单碱基编辑技术[24]，并在水稻上获得预期定点突变植株。截止到 2019 年 3 月，我国已在玉米、水稻、小麦、大豆等 20 余种作物上实现了基因编辑技术创制突变，并在主要粮食作物的株型、生育期、品质与抗病性等多个重要农艺性状上创制了具有重要产业应用价值的突变体，正在逐步推向育种。中国科学院、中国农业科学院、华中农业大学等单位还基于基因编辑技术优化开发了双单倍体技术、单倍体诱导与基因编辑技术融合、无融合生殖杂种优势固定技术，其中双单倍体技术及其与基因编辑技术的融合应用已基本成熟，将成为提高育种效率的重要工具。

6）转基因技术：转基因育种技术有着性状改良、精确度高的特点，不仅可以节省时间，而且可以尽力不受物种界限的影响改变遗传特点。在转基因生物新品种培育重大专项支持下，我国转基因技术研发已跃居世界第一方阵。近些年来育成新型转基因抗虫棉新品种 159 个，累计推广 4.5 亿亩。具有预防心血管疾病功效的富含 ω–3 不饱和脂肪酸的转基因水稻已培育成功。发展高效、安全的新型遗传转化方法，一直是基因工程、分子生物学和遗传育种等领域的研究热点之一[25]。中国科学家通过利用磁性纳米粒子作为基因载体，创立了一种高通量、操作便捷和用途广泛的植物遗传转化新方法。该方法将纳米磁转化和花粉介导法相结合，克服了传统转基因方法组织再生培养和寄主适应性等方面的瓶颈问题，可以提高遗传转化效率，缩短转基因植物培育周期，实现高通量与多基因协同并转化，适用范围与用途非常广泛，对于加速转基因生物新品种培育具有重要意义，并在作物遗传学、合成生物学和生物反应器等领域也具有广泛应用前景[26]。

7）农作物合成生物学育种技术：农业合成生物学技术突破了生物工程产业的技术瓶颈，具有"跨物种"转移功能元件和基因模块以及重塑信号传导途径、代谢途径乃至新生命体的能力。研究建立主要农作物高产、广适、优质、多抗、抗逆、资源高效等生物模块设计、优化集成的理论与方法，实现各种生物元件和模块在农业底盘生物中的装配、系统优化；综合利用多种组学信息，发展整合育种技术；与常规育种紧密结合，创制突破性农作物新品种。

（四）作物材料创制与新品种选育取得重大进展

2015 年以来，以转基因、分子标记、单倍体育种、分子设计等为核心的现代生物技术不断完善并开始应用于农作物种质创新和新品种培育，育成了通过国家或省级审定的水稻、小麦、玉米、棉花和大豆新品种 8466 个，有效支撑了我国现代农业发展。其中，绿色、优质、专用等多元化品种类型比率逐年提高。2018 年通过审定的 3249 个主要农作物品种中，企业审定品种占 77%，以企业作为主体的育种能力正在全面增强。

我国先后实现了超级稻第三、四期育种目标，创造了百亩示范片平均亩产 1026.7 公斤世界纪录，引领了国际超级稻育种方向。培育"Y 两优 900"等多个全国大面积应用品种，解决了双季稻区水稻生产存在的"早熟与高产、优质与高产、高产与稳产"难协调的

技术瓶颈，在双季超级稻育种理论、品种选育、技术集成、示范推广等方面取得了重大突破。"龙粳 31"连续 5 年（2012—2016）为我国第一大水稻品种，创我国粳稻年种植面积的历史纪录。创新出"龙花 961513""龙花 97058""龙花 95361"等一批具有籼稻或地理远缘血缘的关键优异种质，解决了寒地早粳稻优异种质材料匮乏的难题。绿色超级稻项目重点围绕"少打农药、少施化肥、节水抗旱、优质高产"的育种目标，培育了具备绿色性状的水稻新品种 68 个，累计推广面积超过 1.5 亿亩。

小麦品种"郑麦 7698"带动我国优质强筋小麦品种产量水平迈上亩产 700 公斤的台阶，为提高我国大宗面制食品质量提供了新品种。利用与常规育种全程结合的多位点分子标记辅助育种技术体系培育了多抗广适高产稳产小麦新品种"山农 20"，创造了亩产超 800 公斤的高产，被农业农村部评为蒸煮品质优良的小麦。小麦与冰草属间远缘杂交技术及其新种质创制，攻克了利用冰草属 P 基因组改良小麦的国际难题[19]，实现了从技术研发、材料创新到新品种培育的全面突破。培育推广了一批平均节水超过 30% 的节水抗旱小麦新品种，实现小麦灾年不减产，丰年更高产，有利于破解华北漏斗区地下水超采的难题。2018 年国家审定的优质专用小麦品种比 3 年前增加了 50%。

"京农科 728""吉单 66"等品种成为我国第一批通过国家审定的适宜籽粒机械化收获的玉米新品种。在第三代杂交育种技术——玉米多控不育技术领域取得重要进展，新型 CMS-S 型不育系"京 724"已成功应用于"京科 968"的不育化制种。创制出具有诱导率高、结实性好等优良特性的玉米单倍体诱导系 6 个，创新选育出系列优良玉米品种 11 个。发现了控制玉米维生素 E 高含量主效 QTL 基因 *ZmVTE4*[20]，开发了提高维生素 E 含量的功能标记，筛选出高维生素的甜玉米新品种 5 个。

综合利用引进与收集的大豆资源，构建多样性丰富的核心种质和应用核心种质，鉴定抗病、优质等优异资源 949 份。利用多亲本聚合杂交及生态育种技术相结合培育成功了优质高产广适棉花新品种"中棉所 49"，解决了南疆棉花生产上出现的品种产量稳定适应性差、比强度低、枯（黄）萎病日趋严重等问题。

二、本学科国内外研究进展比较

本学科近年来在作物种质资源保护和创新、作物遗传基础研究、作物育种技术创新和新品种培育等方面进展明显，但在国外资源引进和保存、规模化表型鉴定、具有重大育种价值新基因的挖掘、原创性育种技术和多元化的产品等方面与发达国家还有一定差距。

（一）作物种质资源比较研究

我国作物种质资源研究总体上已达到国际先进水平。一是我国建立了较为完善的作物种质资源保存体系。种质库（圃）保存资源总量已经突破 50 万份，位居世界第二位；利用物理隔离方式建设原生境保护点 199 个，保护物种 39 个，利用主流化保护方式建立的作物野生近缘植物原生境保护点共有 72 个，保护物种 31 个，在世界上居领先地位。但我国的库存资源中国外资源的占有率较低、物种多样性较低，迫切需要加强国外资源引进，实现种质资源量与质的同步提升。二是我国作物种质资源精准鉴定评价水平和规模居国际第一方阵。"十三五"期间，对初步筛选出和从育种家新征集重要育种材料约 17000 份水稻、小麦、玉米、大豆、棉花、油菜、蔬菜等种质资源的重要农艺性状进行了表型和基因型精准鉴定评价，与美国规模和水平相近。但是，我国现有 50 万余份种质资源已开展深度鉴定的仅 4% 左右，种质资源表型精准鉴定、全基因组水平基因型鉴定需进一步加强。三是我国基于作物野生近缘种的创新利用应用研究相对走在世界前列。比如小麦族 23 个野生近缘种属几乎在我国都有报道完成与小麦的远缘杂交，并且获得以"小偃 6 号"为代表的骨干亲本，曾经培育出来的品种约 2/3 携带"小偃 6 号"的血缘，已对我国的小麦育种产生巨大影响。在水稻、棉花和油菜等作物的野生种资源利用上也取得了重大进展。但是，利用野生近缘种和地方品种的种质创新力度需进一步加强，基因编辑、单倍体、全基因组选择等高新技术在种质创新中应用不多，满足新形势下的作物育种需求的突破性新种质较为缺乏。四是作物种质资源基础研究达到国际先进水平，特别是在水稻、谷子、桃、梨、黄瓜等作物的驯化改良研究和优异种质资源形成规律方面处于国际领先地位。但近年来受国家项目支持的影响，大多数作物的种质资源基础研究还处于跟跑阶段。优异基因资源的发现及利用是育种的基础，近年，随着主要农作物基因组测序的完成，育种家和种质资源科学家越来越认识到种质资源表型鉴定的重要性。在未来的国家竞争中，种质资源作为一种战略性资源，争夺将更趋激烈。而表型组学作为挖掘种质资源利用广度和深度的有效手段，已经有了较全面的发展，欧洲、美国、日本、澳大利亚等发达国家和地区已先后建立作物表型组学研究机构，我国也正在筹建大型表型基础设施。我国农作物生产正在从注重数量向注重质量和有利于营养健康方向发展，因此种质资源优质性状研究应该得到更多的重视。

（二）作物新基因发掘比较分析

近年来，美国等主要发达国家深入开展作物复杂基因组遗传解析和重要性状形成基础研究，不断发掘重要性状的新基因。美国等发达国家深入开展复杂基因组遗传解析，相继阐析了水稻、小麦、玉米、大豆等主要作物的基因组结构变异、染色体重组特征、基因组选择与驯化机制、倍性演化机制、核心种质基因组变异与形成规律、基因同源重组等遗传基础。近年来，我国已建立基于连锁分析、关联分析、比较基因组学、基因表达等一系列的基因发掘新方法，鉴定出一批控制高产、优质、抗逆、抗病虫、养分高效等重要性状的基因组区段和基因，并系统解析了部分重要性状的分子调控机制，在国际上产生了重要影响。总体上看，我国在作物新基因发掘领域处于国际先进水平。

但是，在新基因发掘领域，我国还存在以下问题：一是具有重大育种利用价值的新基

因不多，理论上原始创新能力需进一步加强；二是针对重要育种性状的新基因发掘尚未规模化，目前从种质资源等自然变异中克隆的基因偏少，技术上的原始创新能力需进一步加强；三是针对50万份作物种质资源开展规模化等位基因发掘的工作还未起步，难以满足品种选育特别是基因编辑等生物技术育种对优异新种质和新基因的需求，把种质资源大国转变为基因资源强国还只是纸上蓝图；四是新基因发掘的作物研究对象不平衡，水稻研究一马当先，小麦紧随其后，新基因发掘国际领先，但其他大作物多数处于国际并跑阶段，在更多的作物上新基因发掘水平则还较为落后；五是新基因发掘后应用不够，开发的分子标记大多数未在育种上得到实际应用，获得的新基因大多数也未通过转基因或基因组编辑等途径变成现实生产力。

（三）作物育种理论与技术比较分析

美国等主要发达国家形成了以转基因、全基因组选择、基因编辑技术为代表的现代作物分子育种技术体系，提出了精准智能设计育种技术。我国作物分子育种技术紧跟国际前沿，但技术原创性不足，产业化应用严重滞后。我国在农业生物功能基因组学等基础研究领域取得了长足发展，相继完成了多种作物和微生物的基因组测序或重测序，在重要性状形成的分子机制与遗传网络调控研究方面取得了重要进展，克隆了一批具有重大育种价值的新基因，并逐步应用于品种改良。在部分重要农作物和牧草的杂种优势的利用，分子模块设计育种以及基于CRISPR/Cas9/Cpf1的基因编辑技术体系建立等领域的研究水平以达国际先进。但是，我国育种基础研究总体水平与发达国家还有很大差距，除水稻外，大部分作物的基础研究相对落后，农艺性状形成的遗传机理与调控网络研究不系统，具有重要育种价值的关键基因缺乏，基础研究与育种应用脱节现象较为严重。与国际同行相比，我国原创性技术研发仍然较少，如基因编辑原创技术缺乏，新的CRISPR系统的研发水平和实际应用相对滞后。实用分子标记开发和应用较少，育种大数据平台建设与软件研发、信息化以及相关系统开发与应用不够。表型自动检测设备、育种芯片设计与人工智能系统等缺乏，品种网络化测试与国际水平存在较大差距，系统集成明显不足。

（四）作物性状遗传改良比较分析

国外主要农作物性状遗传改良和品种研发呈现以产量为核心向优质专用、绿色环保、抗病抗逆、资源高效、适宜轻简化、机械化的多元化方向发展。随着人民生活水平的提高，培育具有优良食味、营养、加工、商品和功能型品质性状的农作物新品种备受重视。为满足农业生产方式变革需求，培育适应机械化和轻简化、适于特定种养与加工方式的新品种成为重要方向。

中华人民共和国成立以来，育成主要农作物品种2万余个，实现5~6次品种更新换代，良种覆盖率提高到96%，基本满足农业生产对品种的需求。然而，我国农作物育种缺乏统一布局和资源的有效整合，造成了育成品种遗传基础狭窄、同质化问题突出，同时当前的育种目标和生产及市场需求出现脱节，今后的育种工作应充分利用育种新技术和新方法，强化多性状的协调改良，创制目标性状突出、综合性状优良的育种新材料，以提高产量、改善品质、增强抗性为重点，培育优质、高产、高效、多抗、广适、适合机械化轻简化的重大新品种。

三、本学科发展趋势及展望

（一）战略需求

当前，我国农业发展已由主要满足数量需求向更加注重质量和营养健康、追求绿色生态可持续发展转变。在新的发展阶段，需要强化作物遗传育种科技创新，带动现代种业发展，确保农产品有效供给，支撑农业绿色发展和乡村振兴。

1）保障国家粮食安全。据预测，到 2030 年我国人口数量将达到 14.5 亿，粮食总需求量缺口将达 9000 万吨。在当前耕地、肥料、农药、水资源等增产要素的提升空间越来越小情况下，创新作物育种技术，加快培育重大新品种，大幅度提高产量和质量，是保障农产品有效供给的关键。

2）助力国民营养健康。新形势下，我国优质农产品存在巨大产需缺口，高端优质专用产品供给不足，现有品种难以满足市场多样化需求。改善膳食质量结构已成为提高人体营养健康水平和防治慢性疾病的有效途径。培育优质专用和功能型新品种，对于提升国民健康水平具有重大意义。

3）推进农业绿色发展。我国农业生产病虫害频发，干旱、盐碱胁迫呈现常态化，培育抗旱、耐盐碱、抗病虫、养分高效利用等作物新品种，是提高资源利用效率、减轻环境污染、实现高质量绿色发展的重要保障。

4）提升种业国际竞争力。种业竞争的核心是科技竞争。跨国种业企业在其国家的支持下，凭借着雄厚的资本、优势的产品和先进的技术，对尚处于市场化初级阶段的我国种业企业带来严峻挑战。提升作物种业科技创新能力，做大做强现代种业企业是提升我国农业竞争力的根本途径。

（二）战略思路

围绕世界作物种业科技发展前沿，面向我国农业经济建设主战场和国家重大需求，按照"强化自主创新，突出战略重点，创新管理机制，培育现代种业"的原则，着力攻克作物种业重大基础科学问题，突破作物基因编辑、全基因组选择、转基因等颠覆性技术，在原创基础理论、重要基因挖掘等战略必争领域抢占作物种业科技制高点；构建现代作物育种技术体系，加快战略性新品种培育，推进产业化，满足实施乡村振兴对多元化品种的重

大需求。到 2030 年，良种对农业增产的贡献率将达 60% 以上，作物种业科技整体水平跃居世界前列。

（三）优先方向和重点任务

1. 作物育种基础研究

开展作物种质资源形成和演化机制研究。系统解析高产、耐逆、优质、根系构型、群体光合、种子发育、生物固氮、资源高效利用等农艺性状形成的分子基础；建立关键基因的遗传调控网络，明确复杂性状及性状间的遗传调控互作关系。揭示杂种优势形成的遗传和表观遗传机理，探索固定杂种优势的方法和杂种优势利用新途径。明确作物宿主—微生物间互作的主要信息分子，揭示信息识别及解码的分子机制。鉴定调控作物细胞全能性、合子形成及受精等受体及其信号通路，解析作物细胞、组织及器官发育调控的分子基础。鉴定感受和适应环境信号关联的功能表观遗传位点和表观调控网络，阐明作物环境适应模式与胁迫应答机制。

2. 作物基因资源挖掘与种质创新

研制并建设具有自主知识产权的高通量、规模化表型及基因型鉴定平台，研制种质资源基因型鉴定和表型精准鉴定的质量控制体系，发掘携带优异基因资源种质材料。开发功能型分子标记，定向改良创制优质、抗逆、养分高效利用的新种质。建立高通量基因型—表型数据库，创建种质资源管理与共享平台。

3. 作物育种技术创新

研发不依赖受体基因型的高效遗传转化新技术，突破作物遗传转化瓶颈，进一步提高规模化转化效率。突破自交不亲和及亲本难以配套等技术瓶颈，创新新一代杂种优势利用技术。研发无外源基因、无基因型依赖以及特异性强或广适性高效基因组编辑技术，突破高效的单碱基定点突变、大片段定点插入、同源重组等精准定向编辑瓶颈。研发新型育种芯片和基因高效分型技术，构建预测精度大幅度提高的全基因组选择技术体系。研发染色体和染色体片段准确识别和跟踪技术，完善分子染色体工程育种技术体系，构建以远缘杂交材料和染色体片段渗入系群体为核心的育种材料平台。开展精准智能设计育种研究，突破生物大数据与人工智能交叉融合的关键技术，满足未来作物育种需求。

4. 作物新品种培育

以水稻、小麦、玉米、大豆、油菜、棉花、马铃薯等主要作物为对象，创新并集成分子标记、转基因、全基因组选择等技术，建立高效的育种技术体系。创制骨干育种新材料，培育环境友好（抗病虫、抗除草剂等）、资源高效（水、养分、光等）、优质和高附加值专用，以及适宜机械化生产方式等作物新品种，重点培育优质绿色超级稻、优质功能水稻、优质节水小麦、抗赤霉病小麦、耐旱宜机收玉米、抗虫耐除草剂玉米、优质蛋白玉米、高产高蛋白大豆、耐除草剂大豆、优质抗病马铃薯等重大新品种。

（四）对策措施

1. 高效的统筹协调机制

以科技部牵头，联合农业农村部、发改委、财政部等部门，建立部际联席会议制度，健全政府种业科技协商机制，促进科企之间、中央与地方之间形成职责明确、通力协作的新局面。强化国家目标需求和重大任务导向，顶层设计作物育种科技规划，优化资源配置，统筹基础研究、关键技术研发、产品创制与示范应用的有机衔接。

2. 有效的运行机制

逐步建立以科研单位为主体的育种基础理论、种质资源创新、高新技术和共性技术研究体系和以企业为主体的商业化育种体系。以物种和种业科技创新链条为主线，聚集优势科研院所、大学、企业人才，组建联合攻关团队，借助国家科技重大基础设施平台，形成"产学研"协同攻关模式，推进全国大联合和大协作。加强知识产权保护，推进种质资源共享共用。

3. 稳定的资金投入机制

加大种业科技财政投入力度，加快筹建种业创新基金，形成种业基金群，引导财政资金、信贷资金、风险投资基金等金融资本与社会资本投资种业科技创新与产业化。启动种业科技创新前启动、后补助资助工作，形成财政投入新机制。

参考文献

［1］刘旭，李立会，黎裕，等. 作物种质资源研究回顾与发展趋势［J］. 农学学报，2018，8（1）：1–6

［2］卢新雄，辛霞，尹广鹍，等. 中国作物种质资源安全保存理论与实践［J］. 植物遗传资源学报，2019，20：1–10

［3］Han H，Liu W，Lu Y，et al. Isolation and application of P genome-specific DNA sequences of *Agropyron* Gaertn. in Triticeae［J］. Planta，2017，245：425–437

［4］Wang W，Mauleon R，Hu Z，et al. Genomic variation in 3010 diverse accessions of Asian cultivated rice［J］. Nature，2018，557：43–49

［5］Milner S，Jost M，Taketa S，et al. Genebank genomics highlights the diversity of a global barley collection［J］. Nature Genetics，2019，51：319–326

［6］Zhang J，Chen L L，Xing F，et al. Extensive sequence divergence between the reference genomes of two elite indica rice varieties Zhenshan 97 and Minghui 63［J］. Proceedings of the National Academy of Sciences，2016，113（35）：E5163–E5171

［7］Du H，Yu Y，Ma Y，et al.，Sequencing and de novo assembly of a near complete indica rice genome［J］. Nature Communication，2017，DOI：10.1038/ncomms15324

［8］Ling H，Ma B，Shi X，et al. Genome sequence of the progenitor of wheat A subgenome *Triticum urartu*［J］. Nature，2018，557：424–428

［9］Sun S，Zhou Y，Chen J，et al. Extensive intraspecific gene order and gene structural variations between Mo17 and

2018—2019 作物学学科发展报告

[10] Shen Y, Liu J, Geng H et al. De novo assembly of a Chinese soybean genome [J]. Science China (Life Sciences), 2018, 61 (08): 3-16

[11] Xie M, Chung C, Li M, et al, A reference-grade wild soybean genome [J]. Nature Communication, 2017, 10: 1216

[12] Li S, Tian Y, Wu K, et al. Modulating plant growth-metabolism coordination for sustainable agriculture [J]. Nature, 2018, 560: 595-600

[13] Lu X, Xiong Q, Cheng T, et al. A *PP2C-1* allele underlying a Quantitative Trait Locus enhances soybean 100-seed weight [J]. Molecular Plant, 10: 670-684

[14] Li W, Zhu Z, Chern M, et al. A Natural allele of a transcription factor in Rice confers broad-spectrum blast resistance [J]. Cell, 2017, 170: 114-126

[15] Guo J, Xu C, Wu D, et al. *Bph6* encodes an exocyst-localized protein and confers broad resistance to planthoppers in rice [J]. Nature Genetics, 2018, 50: 297-306

[16] Liu Q, Liu H, Gong Y, et al. An atypical thioredoxin imparts early resistance to sugarcane mosaic virus in maize [J]. Molecular Plant, 2017, 10: 483-497

[17] Li W, Wang T, Zhang Y, et al. Overexpression of soybean *miR172c* confers tolerance to water deficit and salt stress, but increases ABA sensitivity in transgenic Arabidopsis thaliana [J]. Journal of Experimental Botany, 2016, 67 (1): 175

[18] Yu X, Zhao Z, Zheng X, et al. A selfish genetic element confers non-Mendelian inheritance in rice [J]. Science, 2018, 360: 1130-1132

[19] Xia C, Zhang L C, Zou C, et al. A TRIM insertion in the promoter of Ms2 causes male sterility in wheat [J]. Nature Communication, 2017, 8: 15407

[20] Wang Z, Li J, Chen S, et al. Poaceae-specific\r, MS1\r, encodes a phospholipid-binding protein for male fertility in bread wheat [J]. Proceedings of the National Academy of Sciences, 2017: 201715570

[21] 万何平, 李群, 高云雷, 等. 一种基于水培技术的高效低成本油菜小孢子继代培养方法 [J]. 中国油料作物学报, 2016, 38: 588-591

[22] Jiang B, Liu T, Li H, et al. Physical mapping of a novel locus conferring leaf rust resistance on the long arm of *agropyron cristatum* chromosome 2P. Frontiers in Plant Sciences, 2018, 9: 817

[23] Zeng D, Tian Z, Rao Y, et al. Rational design of high-yield and superior-quality rice [J]. Nature Plants, 2017, 3: 17031

[24] Li J, Sun Y, Du J, et al. Generation of Targeted Point Mutations in Rice by a Modified CRISPR/Cas9 System [J]. Molecular Plant, 2017, 10: 526-529

[25] 梁翰文, 吕慧颖, 葛毅强, 等. 作物育种关键技术发展态势 [J]. 植物遗传资源学报, 2018, 19 (03): 18-26

[26] Zhao X, Meng Z, Wang Y, et al. Pollen magnetofection for genetic modification with magnetic nanoparticles as gene carriers [J]. Nature Plants, 2017, 3 (12): 956

[27] Zhou S, Zhang J, Che Y, et al. Construction of Agropyron Gaertn. genetic linkage maps using a wheat 660K SNP array reveals a homoeologous relationship with the wheat genome [J]. Plant Biotechnology Journal, 2018, 16: 818-827

[28] Li Q, Yang X, Xu S, et al. Genome-wide association studies identified three independent polymorphisms associated with α-tocopherol content in maize kernels [J]. PloS One, 2012, 7: e36907

撰稿人：李新海　黎　裕　马有志　刘录祥　郑　军　王文生

作物栽培学发展报告

一、本学科近年研究进展

2015—2019 年，作物栽培学紧扣"确保谷物基本自给、口粮绝对安全"的新粮食安全观，围绕作物生产现代化，农业供给侧结构性改革，第一、第二、第三产业融合发展、乡村振兴、确保重要农产品有效供给的国家重大需求，依托国家实施的绿色高产高效创建、优质粮食重大工程，以及粮食丰产增效科技创新、化学肥料和农药减施增效综合技术研发等国家重大科技专项，主动适应经济发展新常态，优化基于新型经营主体的作物生产体系、经营体系与服务体系，突出"调结构—转方式"与"稳粮增收、提质增效、创新驱动"的协调统一，突破能显著提高土地产出率、资源利用率、劳动生产率的作物生产核心技术与关键适用技术。在作物优质高产协调栽培、农艺农机融合配套、减肥减药降污绿色栽培、肥水精确高效利用、抗逆减灾栽培、专用特种栽培信息化、智慧栽培，以及作物栽培耕作基础理论等方面取得了重要研究进展，进一步提升了藏粮于地、藏粮于技的可持续发展与竞争能力，为我国作物生产实现增产、增收、增效提供了技术支撑与储备。

（一）作物高产纪录不断刷新

针对区域生态特点，栽培工作者深入开展作物高产潜力探索，对作物产量形成认识不断深入，作物产量纪录不断突破，高产重演性得到极大提高。①水稻高产纪录突破 16.0 吨／公顷，实现超级稻第五期育种目标。2015—2017 年，超高产水稻品种"超优千号"在云南省个旧市连续 3 年创下 16.0 吨／公顷的攻关目标，并于 2018 年创下 17.3 吨／公顷的产量纪录；此外，江苏、浙江、安徽和湖南等地也均实现了百亩连片水稻 15.0 吨／公顷的产量突破[1-2]。②玉米高产突破 22.5 吨／公顷。由中国农业科学院提出的"增密增穗、水肥促控与化控两条线、培育高质量抗倒群体和增加花后群体物质生产与高效分配"的玉米高产挖潜技术，在新疆奇台总场连续 4 次打破全国玉米高产纪录，于 2017 年创造了 22.8 吨／

公顷的全国玉米高产纪录。③小麦高产突破 12.0 吨 / 公顷。2015 年，"烟农 1212"在山东创下了 12.1 吨 / 公顷的小麦产量纪录，刷新了山东省小麦亩产最高纪录；2019 年，"烟农 1212"高产攻关田更是创下了 12.6 吨 / 公顷的纪录，刷新全国小麦单产纪录。④大豆、花生等作物的高产纪录。2018 年，大豆品种"合农 91"和"合农 71"在新疆分别创造了 6.4 吨 / 公顷和 6.1 吨 / 公顷的产量纪录；在黄淮主产区，"中黄 301""郑 1307"等品种单产水平均达 5.0 吨 / 公顷水平。花生高产纪录方面，由山东农科院等单位集成的花生单粒精播节本增效技术，实现了花生实产 11.7 吨 / 公顷的产量纪录。

（二）作物优质高产协调栽培研究进展明显

我国作物生产更加突出保持产量的基础上大幅提高品质的目标[3]。例如，水稻作为我国重要的口粮作物，人们对优质食味稻米的消费需求与日俱增。2017 年修订颁布了"优质稻谷"国家标准（GB/T 17891—2017）。扬州大学张洪程院士团队广泛收集了包括江苏、浙江、上海等我国南方主要粳稻生产省市的粳稻品种（品系），依据产量和食味品质等指标，筛选出"南粳 46""苏香粳 100""武运粳 30 号"等一批高产（产量变幅8.1~8.8 吨 / 公顷）味优（食味值评分变幅 64~73 分）粳稻品种（品系）[4]；从机械化种植方式、氮肥运筹、镁锌微量元素追施时期等方面探讨了水稻调优增产的栽培途径[5-7]。各地还制定了地方特色的优质稻米标准。广东省在充分挖掘文化、梳理谱系、科学分级的基础上，汇聚品种标准、感官指标、加工质量指标、理化指标等要素，制定出了"广东丝苗米标准"。华南农业大学唐湘如团队研究发现脯氨酸氧化酶（或叫脯氨酸脱氢酶）为香稻香气 2-AP 生物合成的关键酶及其调控途径，建立了香稻增香栽培理论与技术，实现增香 15% 以上[8]。

我国北部和黄淮冬麦区小麦品质改良方面取得明显进展[9]，强筋、中筋品种主要品质性状基本达到相应国家标准要求，已具有良好优质小麦品种广泛种植的基础。我国西南冬麦区小麦品质改良也有了明显改善，部分品质参数高于全国平均水平，育成了"川麦104"等一批协同改良产量和品质品种[10]。在此基础上，已形成了黄淮海优质中强筋小麦种植区和长江中下游优质弱筋小麦种植区，各地围绕耕作模式、水肥管理等栽培环节探明了协同提高小麦产量和品质的调控措施[11-12]。

在玉米、马铃薯、高粱等作物优质高产协调栽培研究上也取得了一些进展[13-15]。如张淑敏等[14]研究表明，用黑白配色地膜和生物降解地膜替代普通地膜，可降低膜下杂草密度，创造更适宜的土壤温度和水分条件，利于马铃薯增产和品质改善。李嵩博等[15]在分析我国粒用高粱改良品种的产量和品质性状时空变化的基础上，建议今后高粱品种选育和栽培调控应把植株矮化和提高千粒重作为提高产量的重点策略，品质上向专用型发展。酿酒高粱应保证适当高淀粉含量、合理的蛋白质和脂肪含量范围，注重提高单宁含量；饲料高粱应保证高淀粉，注重降低单宁并提高蛋白质、赖氨酸含量。

（三）农艺农机融合程度进一步提高

1. 水稻栽培机械化

水稻全程机械化生产普及率低，尤其是南方多熟制条件下水稻种植这个基本生产环节的机械化严重滞后，已成为水稻生产全程机械化"卡脖子"的环节。近年来随着政府部门的支持和农技人员的不断攻关与创新，机插稻作方式已开始走进千家万户，逐渐走向成熟。纵观全国水稻主要产区，已基本形成了以毯苗机插为主、兼顾钵苗机栽和机直播等机械化种植方式与配套栽培技术[16]；并在机插条件下水稻分蘖成穗特性、养分吸收利用、株型、产量形成等方面研究取得了较大进展[17-19]。

扬州大学张洪程院士团队主持完成的"多熟制地区水稻机插栽培关键技术创新及应用"成果，针对我国南方多熟制地区水稻生产季节矛盾突出，传统机插稻秧苗龄小质弱，大田缓苗期长，水稻生产力不高不稳且加剧季节矛盾等重大实际问题，创立了机插毯苗、钵苗育壮秧"三控"新技术；阐明了毯苗、钵苗机插水稻生长发育与高产优质形成规律；创建了毯苗、钵苗机插水稻"三协调"高产优质栽培技术新模式，构建了相应的区域化栽培技术体系。该成果获 2018 年度国家科学技术进步奖二等奖。

华南农业大学罗锡文院士牵头完成的"水稻精量穴直播技术与机具"成果，针对水稻生产轻简高效栽培需求和人工撒播存在的问题，创新提出了同步开沟起垄穴播、同步开沟起垄施肥穴播和同步开沟起垄喷药/膜穴播的"三同步"水稻机械化精量穴直播技术；发明了适合水稻精量直播技术的机械式和气力式两大类 3 种排种器及 1 种同步深施肥装置；发明了水稻精量水穴直播机和水稻精量旱穴直播机两大类共 15 种机型，实现了行距可选、穴距可调和播量可控；创建了"精播全苗""基蘖肥一次深施""播喷同步杂草防除"的水稻精量穴直播栽培技术。该成果获 2017 年度国家技术发明奖二等奖。

2. 玉米栽培机械化

机械粒收是我国玉米机械收获的发展方向，但机械粒收过程中破碎率高，不仅造成收获损失大、玉米等级和销售价格降低，而且烘干成本增大、安全贮藏难度增加，成为我国玉米机械粒收技术推广的重要限制因素[20]。

中国农业科学院李少昆团队通过在我国 15 个省（直辖市）玉米产区的系统研究，明确了籽粒含水率高是导致玉米机收破碎率高的主要原因；提出了实现玉米机械粒收的关键技术措施，如选育适当早熟、成熟期籽粒含水率低、脱水速度快的品种，适时收获，配套烘干设备等[21]。黄淮海[22]、新疆[23]等地结合生产主推玉米品种熟期和脱水特性，确定了不同类型品种适宜播种期及其收获期持续时间，以实现机具利用效率和生产效益的最大化。

3. 棉花栽培机械化

由新疆农业科学院国家棉花工程技术研究中心牵头，联合新疆农业科学院、石河子大学、新疆农业大学等 9 个单位完成的"新疆棉花大面积高产栽培技术的集成与应用"成果，攻克和突破了棉花高产优质高效栽培、水肥高效利用耦合调控、重大虫害综合防治、关键机具和全程机械化、专用棉区域布局标准化生产等理论和技术的一系列重大难题，以传统"矮密早"实践为基础，创建了"适矮、适密、促早"、水肥精准、增益控害、机艺融合等为要点的棉花高产栽培标准化技术体系；建立了攻关田—核心区—示范区—辐射区"四级联动"的技术集成与推广体系，有力支撑了棉花产业技术的健康持续发展。该成果获 2015 年度国家科学技术进步奖二等奖。

4. 花生栽培机械化

青岛农业大学尚书旗团队与国内多家农机企业联合完成的"花生机械化播种与收获关键技术及装备"成果，研发了 8 种花生播种机型和 10 种花生收获机型，创建了花生机械化播种的技术体系，在单双粒精确排种、多垄联合作业技术上获得了新突破，发明了膜上苗带覆土技术及装置，解决了苗带覆土稳定性与均匀性差的问题，实现了筑垄、施肥、播种、覆土、喷药、展膜、压膜、膜上覆土等环节联合作业，提升了作业效率；创建了花生机械化收获的关键技术体系与理论。该成果获 2017 年度国家科学技术进步奖二等奖。

（四）作物肥水资源利用技术更加高效化

1. 作物肥料高效轻简化利用技术

1）水稻肥料高效轻简化施肥技术。在华南双季稻上的研究表明[24]，聚脲甲醛缓释肥可作为早、晚稻一次性施肥的技术载体，聚脲甲醛减氮 23% 一次性基施的施肥成本与常规分次施肥方式持平，可保证水稻充分的氮素营养，最终获得稳定且较高的产量和氮肥利用率。在采用缓释尿素进行一次性施肥时，可根据缓释尿素的养分释放期，与适当比例普通尿素配合使用，不仅可满足水稻生长前、中、后期对养分的需求，获得较高产量，而且可降低缓释尿素的施用成本[25]。

2）小麦高效轻简化施肥技术。冬小麦上控释氮肥配合其他养分底肥一次性施用技术方式较常规施肥方法在产量稳定性、提高氮效率及节本增收等方面优势明显，可在黄淮东部冬小麦生产上推广应用[26]。同时，与普通尿素分次施用相比，一次性基施控释氮素使小麦生长季 N_2O 排放量显著减少，并降低小麦收获期土壤硝态氮残留，减少了氮向土壤深层淋溶和向大气排放的环境风险[27]。

3）玉米高效轻简化施肥技术。黄淮海地区包膜尿素由一次性基施改为拔节期一次性施用，可增加玉米籽粒含氮量、延长植株氮素积累活跃期并保持较高氮素吸收速率；氮肥偏生产力、氮肥农学利用率和氮肥利用率显著提高，土壤氮依存率降低，增强了玉米对缓释肥养分的利用能力；保证满足夏玉米生长季节对养分需求，利于夏玉米高效轻简化生产[28]。此外，控释氮肥与尿素掺混施用可增加植株氮素吸收，促进春玉米获得高产；维持了较高的土壤氮素水平并减少损失，利于提高氮肥利用率[29]。

2. 作物水分高效利用技术

1）水稻水分高效利用技术。当前，水稻生产上较为常见的节水栽培模式有以下 3 大类[30]。第一类包括控制性湿润灌溉和干湿交替灌溉；第二类为"有氧稻"，根据水稻需水规律在生育期内多次补充灌溉，或关键物候期灌透水；第三类为覆盖栽培系统，即在"有氧稻"基础上覆草、覆秸秆或覆膜处理。上述 3 大类节水栽培模式通过降低水分渗漏和蒸发等途径，在生产上表现出较大的节水空间[31-33]。近年来，一些研究关注微灌供水栽培模式在水稻生产中的应用，结果表明，水稻通过滴灌供水模式可较漫灌供水模式（如淹灌、覆盖栽培系统和有氧稻）表现出更高的水稻产量、水分利用效率以及氮肥利用效率[34-35]。

2）小麦水分高效利用技术。测墒补灌和微喷灌模式是近年来研究的一种小麦节水灌溉新技术。测墒补灌方法依据小麦不同生育阶段的需水规律，测定土壤墒情进行补充灌溉冬小麦拔节期、开花期依据 0~40 厘米土层土壤相对含水量补灌至 65% 土壤相对含水量，是同步实现高产与节水的有效措施[36]。施氮量 240 公斤 / 公顷、拔节期和开花期补灌至土壤田间持水量的 60%，是黄淮海地区冬小麦适宜氮、水用量配置[37]。

微喷带灌溉是在喷灌和滴灌基础上发展起来的一种新型灌溉方式，利用微喷带将水均匀地喷洒在田间，设施相对简单、廉价[38]。微喷灌模式可在我国华北水资源匮乏地区因地制宜推广应用。与畦灌模式相比，微喷灌模式在同等产量水平下平水年节水潜力为 20~50 毫米，枯水年为 70~110 毫米[39]。此外，小麦拔节期和开花期进行微喷补灌具有按需补给、精确灌溉优势；灌溉水分布均匀系数 87.9%~97.0%、节水 21.0%~54.2%[40]。

3）玉米水分高效利用技术。玉米膜下滴灌技术在我国西北发展较快。北疆膜下滴灌玉米需水量和灌水次数的定量结果表明[41]，全生育期灌溉定额为 461~637 毫米；灌水次数 9~11 次，其中苗期 2 次、拔节期 2 次、抽雄期 2~3 次、灌浆期 3~4 次；平均灌水周期 10 天（抽雄、灌浆期 5 天一次）。滴灌条件下春玉米全生育期灌水 10 次、灌水定额为 420 立方米 / 公顷、灌溉定额为 4200 立方米 / 公顷的灌溉制度可实现节水、压盐、增效的综合效果[42]。

（五）作物耕作栽培技术研究取得重要突破

近年来，我国各地集成应用了保护性耕作栽培技术，取得明显的土壤改良、肥水高效利用、碳减排、增产增效效果。

黄淮海冬小麦—夏玉米两熟制农区示范的深耕 / 旋耕 / 旋耕轮耕模式可改善土壤耕层、增加耕层碳氮储量和根区酶活性，并降低农田碳排放[43]。黄土高原免耕、深松耕技术应用效果表明[44]，黄土高原中部和北部采用免耕更有利于提高春玉米产量和水分利用效率；东南部和西北部采用深松耕均有利于提高冬小麦产量和水分利用效率，且效果优于免耕。旱地麦田休闲期深松有利于蓄积休闲期降水，改善底墒；采用适期播种以及磷肥施用处理利于

形成冬前壮苗，构建合理群体，实现旱地小麦产量、肥水利用与籽粒品质同步提升[45-47]。

长期秸秆还田可改善东北地区白浆土不良物理性状，降低白浆层的容重、硬度，增加土壤总孔隙度和有效空隙的比例，提高水稻产量[48]。在西北地区的研究表明[49]，长期免耕秸秆还田能够有效降低农田土壤碳排放，提高农田土壤水分利用率及冬季土壤温度，促进土壤有机碳含量和作物产量的提高。小麦间作玉米与保护性耕作结合，可促进耗水更多转化为作物产量并降低在该转化过程中产生的碳排放，实现碳减排与水分高效利用的协同促进[50]。秸秆还田与少耕集成模式显著降低了小麦相对玉米的竞争力，提高了间作群体的相对拥挤指数，产量较传统间作模式提高 4%~12%，可作为西北干旱绿洲灌区优化小麦 / 玉米间作种间竞争力的理想耕作措施[51]。

中国农业科学院作物科学研究所赵明研究员主持完成的"玉米冠层耕层优化高产技术体系研究与应用"成果，针对玉米密植倒伏早衰问题，围绕着密植高产挖潜，创立了冠层耕层优化及二者协同的理论体系；以冠层耕层同步优化为目标，创新了"三改"深松、"三抗"化控及"三调"密植等关键技术；创新了"深耕层—密冠层""控株型—促根系"及"培地力—高肥效"的密植高产高效技术模式。该成果获 2015 年度国家科学技术进步奖二等奖。

中科院东北地理与农业生态所梁正伟研究员主持完成的"苏打盐碱地大规模以稻治碱改土增粮关键技术创新及应用"成果，针对制约区域农业发展的苏打盐碱地治理难题，提出了"以耕层改土治碱为基础、以灌溉排洗盐为支撑"的重度苏打盐碱地快速改良理论与技术路线，创建了盐碱地改土增粮关键技术，实现了盐碱地大规模增产增收和环境友好治理双赢。该成果获 2015 年度国家科学技术进步奖二等奖。

中国农业科学院周卫研究员主持完成的"南方低产水稻土改良与地力提升关键技术"成果，针对我国南方低产水稻土约占常年种稻面积 1/3 的实际，以黄泥田、白土、潜育化水稻土、反酸田 / 酸性田、冷泥田 5 类典型低产水稻土为研究对象，建立了涵盖生物肥力指标质量评价指标体系；研发出黄泥田有机熟化、白土厚沃耕层等一系列低产水稻土改良关键技术；创制了低产水稻土改良的高效秸秆腐熟菌剂、精制有机肥等一系列低产土壤改良新产品；集成了土壤改良、高效施肥、水分管理等一系列低产土改良增产技术，形成了不同类型低产水稻土改良与地力提升技术模式。该成果获 2016 年度国家科学技术进步奖二等奖。

辽宁省农业科学院与国内多家农业高校与科研院所联合完成的"东北地区旱地耕作制度关键技术研究与应用"成果，围绕耕作制度重大关键科学问题，取得了以下进展：①明确了全球气候变化对东北地区主要作物种植区划的影响，制定了基于气候变化的旱地耕作制度新区划；②以提高光、热、水、养分等资源利用效率为核心，构建了粮豆轮作、果粮间作等多种资源高效型种植制度；③系统集成了与生态环境相吻合的耕作制度综合技术体系，实现了粮食产量和效益的同步提高。该成果获 2016 年度国家科学技术进步奖二等奖。

（六）作物逆境栽培生理研究进一步深化

作物生产系统是响应气候变化非常敏感的系统之一。IPCC 第五次评估报告指出，气候系统的变化已对全球粮食生产造成了普遍影响，未来气候变化严重影响作物产量的风险也可能增长。我国作物栽培学界基于先进的模拟气候变化的试验平台（如 FACE 平台）、统计模型和作物生长模型来评估气候变化对作物种植区域布局、产量和品质形成的影响，在 *Nature Climate Change*、*PNAS*、*Global Change Biology* 等国际顶尖学术刊物发表一系列高质量文章，取得了重要进展。基于 FACE 平台模拟了未来 CO_2 浓度和温度升高对水稻和小麦产量的影响，结果表明，CO_2 浓度升高对水稻和小麦的增产效应不足以弥补温度升高所造成的产量损失；CO_2 浓度和温度均升高条件下，小麦和水稻产量分别减产 10%~12% 和 17%~35%[52]。当温度升高 1.5℃和 2.0℃时，我国双季稻的生育期天数将缩短 4%~8% 和 6%~10%，单季稻的生育期约缩短 2%[53]。一项集合网格作物模型、单点作物模型、统计模型和观测试验的研究表明，气温每升高 1℃可能导致全球水稻产量平均下降 3.2%[54]。

针对作物生产环节中自然灾害逆境频繁发生产生的不利影响，作物栽培科技人员在研究作物对逆境响应的机制和应对逆境的调控技术上，取得了重要进展，创建了一批抗逆减灾栽培技术。安徽农业大学程备久教授团队主持完成的"沿淮主要粮食作物涝渍灾害综合防控关键技术及应用"成果，针对我国粮食主产区沿淮地区降水时空分布不均、地势低洼、洪涝灾害频发等灾害长期困扰着粮食生产稳定性和增产潜力提升实际，揭示了沿淮"降水—汇流—入渗—涝渍"成灾机制，创建了农田快速排水工程技术与标准，创新了改土增渗降渍技术；攻克作物涝渍抗性和减产机理以及抗性评价方法瓶颈，创新了玉米和小麦抗涝渍栽培关键技术；在行蓄洪区首创"旱稻—小麦"结构避灾新模式和旱稻"精量机直播＋旱管"轻简栽培技术。该成果获 2018 年度国家科学技术进步奖二等奖。

（七）作物信息化与智慧栽培取得新进展

以计算机科学、卫星遥感技术、地理信息系统、全球定位系统、人工智能技术等为代表的现代信息技术正与现代稻作科学及农业机械相融合，推动作物栽培管理正从传统的模式化和规范化，向着定量化、信息化和智能化的方向迈进。这其中南京农业大学曹卫星教授团队、中国农科院农业资源与区划所唐华俊院士团队、北京农业信息技术研究中心赵春江院士团队等在这一领域做了一系列开拓性工作，并取得了一系列重要成果。南京农业大学曹卫星教授团队完成的"稻麦生长指标光谱监测与定量诊断技术"成果，构建了稻麦冠层和叶片水平的反射光谱库，明确了指示稻麦主要生长指标的特征光谱波段及敏感光谱参数，建立了多尺度的稻麦生长指标光谱监测模型，创建了多路径的稻麦生长实时诊断调控技术，创制了面向多平台的稻麦生长监测诊断软硬件平台，集成建立了稻麦生长指标光谱监测与定量诊断技术体系，为稻麦生长指标的实时监测、精确诊断、智慧管理等提供了理

论与技术支撑。该成果获 2015 年度国家科学技术进步奖二等奖。

在研究领域，基于无人机搭载多传感器平台解析田间作物表型信息优势明显，如技术效率高、成本低、适合复杂田间环境、田间取样及时等，在解析作物株高、叶绿素含量、叶面积指数、病害易感性、干旱胁迫敏感性、植株含氮率和产量等信息方面有着广泛的应用[55-58]，已成为辅助作物科学研究中进行高通量表型信息获取的重要手段。在生产领域，信息化与智能化技术的应用正加速推进作物全程机械化水平与"机器换人"计划。国内众多知名高校与企业加强合作攻关，在栽植、植保等"卡脖子"环节机械化方面得到破题，开发出了无人耕整机、无人插秧机、无人施肥施药机、无人联合收割机等智能化机械设备，推动智能制造技术向农业生产的转移转化，加速现代化精准农业建设。

（八）作物栽培基础理论研究达到新高度

随着现代植物生理和分子生物学的发展，基于形态、组织、细胞、分子等不同层面的作物栽培形态生理生化的基础理论研究成果颇丰，与基因组学、蛋白组学互相渗透交融，开辟栽培机理认识与调控新领域。诸多基础成果在作物栽培技术的创新与集成中起到了重要的理论支撑作用。如扬州大学杨建昌教授与香港浸会大学张建华教授组成的研究团队，针对水稻小麦生产中存在的光合同化物向籽粒转运率低、籽粒充实不良等突出问题，对促进稻麦同化物转运和籽粒灌浆的调控途径和生理生化机制进行了系统深入的研究。经过多年的攻关研究，获得了以下三方面创新成果：①首创了协调光合作用、同化物转运和植株衰老关系和促进籽粒灌浆的水分调控方法，为解决谷类作物衰老与光合作用的矛盾以及既高产又节水的难题提供了新的途径和方法；②探明了适度提高体内脱落酸（ABA）及其与乙烯、赤霉素比值可以促进籽粒灌浆，为促进谷类作物同化物转运和籽粒灌浆的生理调控开辟了新途径；③明确了 ABA 促进同化物装载与卸载及籽粒灌浆的生理生化机制。该成果经多年、多地验证与示范应用，示范地水稻增产 8%~12%、灌溉水利用效率增 30%~40%；小麦增产 6%~10%、灌溉水利用效率增加 20%~30%。该成果获 2017 年度国家自然科学奖二等奖。这是我国作物栽培学与耕作学学科首个获得国家自然科学奖的科研成果，标志着我国作物栽培学与耕作学的基础理论研究水平提升到一个新的高度。

（九）技术推广模式更"接地气"、促成效

近年来，作物栽培科技工作者们密切联系生产实际，扎实推进农业科技成果转化为生产力和效益，有效解决了技术推广"最后一公里"问题。由中国农业科学院牵头完成的"玉米田间种植系列手册与挂图"，联合国内 500 余位一线专家和技术人员，以现代玉米生产新理念、新技术、新模式为核心内容，以生产流程为轴线、生产问题为切入点、典型图片再现生产情景的表现形成编写，成为我国玉米产区重要的技术指导用书和培训教材，在传播现代玉米生产理念和技术方面产生了积极作用。该成果获 2015 年度国家科学技术

进步奖二等奖。

面对科技人员与农民脱节、科研与生产需求脱节和人才培养与社会需求脱节的困境，中国农业大学张福锁院士团队在河北省曲周县白寨乡建起第一个科技小院。通过科技小院，创新结合于当地的生产技术并将这些技术直接传授到农民手中，为农民提供"零距离、零时差、零费用、零门槛"的科技服务，推动农业发展。相关研究结果发表在国际顶级学术刊物 *Nature*[59]。目前，科技小院模式已在我国 23 个省区推广应用，在探索不同区域、不同优势作物、不同经营主体条件下农业转型的技术、应用模式和区域大面积实现途径方面发挥了重要作用。

二、本学科国内外研究进展比较

在国家重点研发计划、国家自然科学基金等一系列"国字号"科研项目资助下，本学科在作物优质高产协调栽培、基础理论和前沿技术研究、共性关键技术研发等方面进展明显，但与发达国家相比还有很大差距。主要体现在以下几方面：

（一）作物栽培基础研究体系不平衡，整体研究水平亟待提高

当前，国外涉农科研院所的作物栽培基础研究呈现出：①研究手段先进。利用分子生物学和基因蛋白组学等新技术，从激素、酶学、分子、纳米等微观角度开展作物生长发育、产量和品质形成规律及其生理基础等方面的研究，作物栽培理论研究有深度；②研究对象多样化。除在水稻、小麦、玉米等主要粮食作物栽培基础理论研究较深入外，在马铃薯、油料作物、大麦、麻类作物等基础研究方面也均取得明显进展。与之比较，我国作物栽培学科在研究方法上仍多以传统的基于现象的观察和相关的经典分析方法为主；此外，我国在主要粮食作物尤其是水稻、小麦、玉米栽培基础理论研究方面投入了大量人力和财力，发表了一系列有影响力的高水平论文，但在其他作物上的基础理论研究明显落后，制约了作物栽培学基础研究整体水平的进步和发展。

（二）全程机械化、精准化栽培我国仍有较大差距

以机械化、智能化为主要特征的精准农业技术已在欧美等主要发达国家普遍应用。通过农田信息采集与监测系统、农业专家系统、智能化农业装备等系统的有机集成，实现了发达国家农业生产的全程机械化和大数据管理，极大地提高了大面积农业生产力水平，在成本控制和产量收益方面极具竞争力。近些年，我国作物栽培学专家结合我国国情和各地生产实际，通过农机农艺相结合创新了作物轻简化、机械化栽培技术，提高了劳动生产率，但与发达国家相比，仍存在较大差距，其主要体现在：①信息技术及其装备薄弱。农业智能化机械装备的关键技术仍依赖从国外引进，而且国内设计的信息设备、装置等仍难

以配套，开发的机械设备实用性、应用性不高，智能化、精准性和稳定性较差，在作物全程机械化技术模式及配置系统等领域面临"卡脖子"问题；②发展思路不清晰。例如，在种植方面，水稻插秧与直播、油菜移栽与直播、玉米种植平作与垄作等，不同地区宜采取何种种植方式，缺乏农机、农艺、种植制度三者协同的科学论证；在收获方面，油菜、马铃薯的分段与联合收获技术路线不明确；丘陵山区高效机械化发展路径不明确等；③农机与农艺的联合研发机制尚未建立。一些作物品种培育、耕作制度、栽植方式不适应农机作业的要求，比如杂交水稻制种仍延续劳动密集型的生产方式，劳动强度大、比较效益低、供种保障难度大；适宜不同区域机械化的高产优质品种、高产高效标准化栽培模式和田间管理技术缺乏，机械化与规模化结合不紧密，又如再生稻全程机械化亟待突破。

（三）作物多目标生产关键技术创新与应用不足，突破性进展较缓慢

当前我国的栽培技术是在传统技术基础上的集成组装，缺乏关键原始创新和现代高新技术在作物生产技术上的创造性应用，技术更新换代不明显，特别是基于高产、优质、高效、生态、安全多目标的作物栽培。

技术研究创新与应用方面，突破性进展仍较为缓慢。欧美发达国家凭借土地资源优势、生态优势，并加强作物学与基因组学、生物信息学、生态学、环境科学、土壤学等学科的交叉融合，在作物对环境资源可持续利用、作物产量品质效益协同提高技术、环境友好和农产品污染控制等方面卓有成效。相比而言，我国复杂多变的生态环境、种植制度与经济条件下，在如何继续探索不同生态区作物产量突破与缩小产量差技术途径，不仅比欧美国家有更大的难题，而且需要更大的投入；围绕籽粒生产效率，如何转变生产方式，提高农产品质量和市场竞争力；如何控制农用化学品投入，降低残留对环境和农产品污染，保障环境生态安全和农产品质量安全等方面，与发达国家的研究水平还存在较大差距。

三、本学科未来5~10年发展趋势及展望

（一）加强作物优质高产协同理论及栽培调控技术研究

我国作物生产的主要目标正在从以产量为主转向在保持高产的基础上提高品质。作物高产和优质之间既有一致性，更有矛盾性，需利用栽培生理基本原理，从作物生产进程、干物质累积转化、激素调控、关键代谢、基因调节产量形成过程等方面揭示作物产量和关键品质形成规律及其生理生化基础。同时，外界环境因子（如生物和非生物胁迫）也是作物高产优质的关键影响因素，但是作物高产、优质与环境因子间的互作关系仍不清晰。因此，系统深入地解析作物优质、高产与环境互作的生物学基础，明确作物产量与品质协同提高的机制及关键参数指标，进而研究作物产量性状、品质性状与主要环境因子间的协调机制，最终构建作物优质丰产关键栽培和调控措施。

（二）加强作物绿色栽培关键技术研究

针对我国资源环境承载能力趋紧、农业资源利用强度过高和农业废弃物综合利用不充分并存的现状，倡导作物绿色清洁栽培，通过全程绿色清洁栽培管理，改善农田生境，促进农业生产环境与人居环境绿色协调。作物绿色栽培是以农业绿色可持续发展为核心，协同集约农作、高效增收、生态健康、气候变化、农业循环经济等农业生态学前沿理论与技术的快速发展；同时采取生态调控、物理调控、生物防控与精准高效施药相结合，有效减少化学农药用量，减控污染，促进作物生产向绿色高效方向转型。需深入探索作物生产与地域资源禀赋的匹配机制、农田生态系统主要物质循环与作物高效利用及其调控、农田生态系统物质循环过程与调控机理、土壤耕作制度构建与地力培肥机理、作物茬口协调与资源高效利用机理等，为发展绿色高效农业奠定重要基础。

（三）加强作物机械化智能化栽培技术研究

我国农业生产方式正在向"集约化、规模化、信息化、机械化、标准化"转变。这种转变要求将传统作物栽培理论技术与全程机械化、精确化技术进行融合，建立高度机械化规模化生产条件下的精确生产技术体系。要针对作物关键生产环节（耕作、播种、栽插、收获等）的工程技术和实用高效成套技术装备进行智能组装，应用信息感知、智能检测、大数据、智能设计等理论和方法，以适应我国农业生产复杂开放工况环境的智能化农业装备为研究对象，形成土壤、作物、环境及机器参数大数据，着重研究：①基于土壤—作物—机器系统自适应的农机优化设计理论与方法；②基于多元异构农田谱和作物信息的机器田间作业载荷谱获取与评价；③复杂开放工况环境下农田土壤—作物—机器互作规律及其影响机理；④田间管理的智能化研究。同时，着力推进"互联网＋农机"发展和"互联网＋农机管理服务"应用，打造一体式"智慧农机"大平台，加快推进作物栽培的"机器换人"步伐。

（四）加强作物生产系统对全球气候变化的响应与适应研究

我国幅员广阔，自然灾害频繁，研究灾害性天气逆境发生特点及对作物生长发育的影响机理，强化化学调控栽培的作用。通过历史气象数据和遥感等现代信息手段准确评估气候变化对作物生产的可能影响及其趋势，研究气候变化与重要农业灾害的成灾原因、危害及防控机理，制定适应与减缓气候变化不良影响的对策与措施；研究作物应对全球气候变暖、CO_2 和 O_3 浓度持续增高等单一或多个重大气候变化因子响应的生物学机制，提出应对气候变化的作物种质与耕作栽培技术创新原理、途径与新型农作制基础理论；研究作物栽培（模式）对温室气体排放的调控机理，建立作物高产低碳、节能减排栽培技术体系，加强农田碳循环和碳汇效应研究，明确主要农业措施对温室气体排放的影响机理及系统评

估，创新农田生态系统碳循环过程与调控机理；研究作物对盐碱、干旱等非生物胁迫的分子响应与耐性形成机理，作物群体对逆境的响应和抗逆机制，作物抗逆栽培理论及模式。

（五）加强专用、特种作物栽培技术研究

随着人们生活水平的日益提高，人们对作物产品提出了多样化的需求。因此，在确保水稻、小麦口粮作物生产能力基础上，要加大作物多样化栽培技术研究以满足市场需求。①优质特种食用作物栽培技术研究。比如，加强小杂粮、豆类高产高效生产技术研究，水稻上也有五彩米、香米、富硒米、富锌米、功能性的高直链淀粉米、低醇溶蛋白米等专用米。②工业用、饲用作物栽培技术研究。比如，作工业原料如制粉条、淀粉、味精、米酒、糕点等对稻米品质的要求与食用大米不同，一般要求直链淀粉含量较高；饲用标准，以蛋白质和维生素的含量高低作为主要的衡量依据。③净化环境、美化乡村的作物栽培技术研究。如彩色稻、多彩油菜、净化镉污染稻等。④新型轮作下的绿肥作物、饲草栽培技术研究。例如，高生物量（含芥酸）的绿肥油菜，不仅能作为饲草，而且减轻后季作物病虫害，培肥地力。

（六）加强作物多熟种植模式创新与高效配套栽培技术研究

我国农田发展的主要出路是充分利用土地、时空与相关资源，提高单位面积的产出量与效益，继续发挥我国作物多熟制特色优势，以机械化信息化改造提升传统模式，迫切需要耕作栽培制度上的创新与发展。在保护和改善现有环境资源的前提下，进一步发展农田不同类型的间作、套种、复种、综合种养，合理开发农田光热水资源。把目标从单一作物转向多种作物及生物，加强研究不同立体种植的高产高效结构和机理，实施轻简实用高效的标准化栽培。以上这些措施能显著提高农田的复种指数，提高耕地产出率，我国应力争在此研究领域继续保持世界领先地位。

（七）加强作物品牌标准化生产技术研究与集成应用

随着农业供给侧结构性改革的深入，充分利用两个市场、两种资源破解资源环境硬约束，调优作物产品结构、调精品质结构、调强产业结构，跟上消费需求升级的节拍，促进农产品供给侧走向高端化、品牌化、差异化，引领我国作物生产高质量发展。

根据作物生产规模化集约化以及产业一体化发展的需求，需围绕中高端品牌产品的生产，研究构建大田作物生产的全程质量控制标准化栽培技术体系。从生产基地条件、新品种布局，到秸秆还田、精细耕整地、播种育秧、肥水管理、绿色防控、机械收获、烘干、储藏、粮食精深加工与转化等环节形成一系列的生产标准，延伸粮食产业链，提升价值链，建成覆盖全产业的技术体系。同时，各地应发挥自身优势，探索本地优质高产栽培配套技术体系，制定品（名）牌农产品生产技术标准。

（八）加强作物栽培和其他学科交叉的理论与技术研究

引进不同学科的高新技术，拓展理论研究的深度和广度。例如，吸纳、借鉴先进的分子生物技术，从激素、酶学、分子、基因组学、蛋白组学、纳米等微观角度更深层次开展作物生长发育、产量品质形成及其生理生化机制、生态学机制的研究；重点结合现代作物生产需求新导向，着重研究作物优质丰产绿色高效的协同规律和机理；拓宽基础研究对象和领域，加强专用、特用、多用作物栽培基础研究；加强研究作物对气候变化和自然灾害频发的响应机制和应对途径；利用5G、人工智能、大数据等现代高科技，加强作物栽培信息和监测传感器、物联技术装备研发，从细胞到大田各层次上，提升快速、实时、无损、高效获取多性状参数、环境参数及其分析的能力。

参考文献

［1］Chang S Q, Chang T G, Song Q F, et al. Photosynthetic and agronomic traits of an elite hybrid rice Y–Liang–You 900 with a record–high yield［J］. Field Crops Research, 2016, 187: 49–57

［2］Wei H H, Meng T Y, Li X Y, et al. Sink–source relationship during rice grain filling is associated with grain nitrogen concentration［J］. Field Crops Research, 2018, 215: 23–38

［3］Xu Q, Chen W F, Xu Z J. Relationship between grain yield and quality in rice germplasms grown across different growing areas［J］. Breeding Science, 2015, 65（3）: 226–232

［4］胡蕾，朱盈，徐栋，等. 南方稻区优良食味与高产协同的单季晚粳稻品种特点研究［J］. 中国农业科学，2019, 52（2）: 215–227

［5］韩超，许方甫，卞金龙，等. 淮北地区机械化种植方式对不同生育类型优质食味粳稻产量及品质的影响［J］. 作物学报，2018, 44（11）: 1681–1693

［6］胡群，夏敏，张洪程，等. 氮肥运筹对钵苗机插优质食味水稻产量及品质的影响［J］. 作物学报，2017, 43（3）: 420–431

［7］李军，肖丹丹，邓先亮，等. 镁锌肥追施时期对优良食味粳稻产量及品质的影响［J］. 中国农业科学，2018, 51（8）: 1448–1463

［8］杨晓娟，唐湘如，闻祥成，等. 播种期对晚季香稻香气2-乙酰-1-吡咯啉含量和产量的影响［J］. 生态学报，2014, 34（5）: 1156–1164

［9］胡学旭，孙丽娟，周桂英，等. 2000-2015年北部、黄淮冬麦区国家区试品种的品质特征［J］. 作物学报，2017, 43（4）: 501–509

［10］李朝苏，吴晓丽，汤永禄，等. 四川近十年小麦主栽品种的品质状况［J］. 作物学报，2016, 42（6）: 803–812

［11］张礼军，张耀辉，鲁清林，等. 耕作方式和氮肥水平对旱地冬小麦籽粒品质的影响［J］. 核农学报，2017, 31（8）: 1567–1575

［12］雷钧杰，张永强，陈兴武，等. 新疆冬小麦籽粒灌浆和品质性状对滴灌用水量的响应［J］. 应用生态学报，2017, 28（1）: 127–134

［13］王仪明，雷艳芳，魏臻武，等. 不同轮作模式对青贮玉米产量、品质及土壤肥料的影响［J］. 核农学报，

2017，31（9）：1803-1810

[14] 张淑敏，宁堂原，刘振，等. 不同类型地膜覆盖的抑草与水热效应及其对马铃薯产量和品质的影响［J］. 作物学报，2017，43（4）：571-580

[15] 李嵩博，唐朝臣，陈峰，等. 中国粒用高粱改良品种的产量和品质性状时空变化［J］. 中国农业科学，2018，51（2）：246-256

[16] 张洪程，龚金龙. 中国水稻种植机械化高产农艺研究现状及发展探讨［J］. 中国农业科学，2014，47（7）：1273-1289

[17] 吕伟生，曾勇军，石庆华，等. 机插早稻分蘖成穗特性及基本苗公式参数研究［J］. 作物学报，2016，42（3）：427-436

[18] 谢小兵，周雪峰，蒋鹏，等. 低氮密植栽培对超级稻产量和氮素利用率的影响［J］. 作物学报，2015，41（10）：1591-1602

[19] 胡雅杰，曹伟伟，钱海军，等. 钵苗机插密度对不同穗型水稻品种产量、株型和抗倒伏能力的影响［J］. 作物学报，2015，41（5）：743-757

[20] 王克如，李少昆. 玉米机械粒收破碎率研究进展［J］. 中国农业科学，2017，50（11）：2018-2026

[21] 柴宗文，王克如，郭银巧. 玉米机械粒收质量现状及其与含水率的关系［J］. 中国农业科学，2017，50（11）：2036-2043

[22] 李璐璐，明博，谢瑞芝，等. 黄淮海夏玉米品种脱水类型与机械粒收时间的确立［J］. 作物学报. 2018，44（12）：1764-1773

[23] 张万旭，明博，王克如，等. 基于品种熟期和籽粒脱水特性的机收粒玉米适宜播期与收获期分析［J］. 中国农业科学，2018，51（10）：1890-1898

[24] 黄巧义，张木，黄旭，等. 聚脲甲醛缓释氮肥一次性基施在双季稻上的应用效果［J］. 中国农业科学，2018，51（20）：3996-4006

[25] 张木，唐拴虎，黄巧义，等. 缓释尿素配施普通尿素对双季稻养分的供应特征［J］. 中国农业科学，2018，51（20）：3985-3995

[26] 谭德水，林海涛，朱国梁，等. 黄淮海东部冬小麦一次性施肥的产量效应［J］. 中国农业科学，2018，51（20）：3887-3896

[27] 谭德水，江丽华，房灵涛，等. 控释氮肥一次性施用对小麦群体调控及养分利用的影响［J］. 麦类作物学报，2016，36（11）：1523-1531

[28] 孙旭东，孙浒，董树亭，等. 包膜尿素施用时期对夏玉米产量和氮素积累特性的影响［J］. 中国农业科学，2017，50（11）：2179-2188

[29] 王寅，冯国忠，张天山，等. 控释氮肥与尿素混施对连作春玉米产量、氮素吸收和氮素平衡的影响［J］. 中国农业科学，2016，49（3）：518-528

[30] 何海兵，杨茹，廖江，等. 水分和氮肥管理对灌溉水稻优质高产高效调控机制的研究进展［J］. 中国农业科学，2016，49（2）：305-318

[31] Zhang H，Yu C，Kong X S，et al. Progressive integrative crop managements increase grain yield，nitrogen use efficiency and irrigation water productivity in rice［J］. Field Crops Research，2018，215：1-11

[32] Yang J C，Zhou Q，Zhang J H. Moderate wetting and drying increases rice yield and reduces water use，grain arsenic level，and methane emission［J］. Crop Journal，2017，5（2）：151-158

[33] Zhang Y J，Cheng Y D，Wang C，et al. The effect of dry cultivation on yield，water，and iron use efficiency of rice［J］. Agronomy Journal，2019，111（4）：1879-1891

[34] He H B，Yang R，Wu L Q，et al. The growth characteristics and yield potential of rice（Oryza sativa）under non-flooded irrigation in arid region［J］. Annals of Applied Biology，2016，168（3）：337-356

[35] 李丽，陈林，张婷婷，等. 膜下滴灌对水稻根系形态及生理性状的影响［J］. 灌溉机械工程学报，2015，

33（6）：536-540

［36］闫丽霞，于振文，石玉，等. 测墒补灌对 2 个小麦品种旗叶叶绿素荧光及衰老特性的影响［J］. 中国农业科学，2017，50（8）：1416-1429

［37］金修宽，马茂亭，赵同科，等. 测墒补灌和施氮对冬小麦产量及水分、氮素利用效率的影响［J］. 中国农业科学，2018，51（7）：1334-1344

［38］周斌，封俊，张学军，等. 微喷带单孔喷水量分布的基本特征研究［J］. 农业工程学报，2003，19（4）：101-103

［39］董志强，张丽华，李谦，等. 微喷灌模式下冬小麦产量和水分利用特性［J］. 作物学报，2016，42（5）：725-733

［40］徐学欣，王东. 微喷补灌对冬小麦旗叶衰老和光合特性及产量和水分利用效率的影响［J］. 中国农业科学，2016，49（14）：2675-2686

［41］翟超，周和平，赵健，等. 北疆膜下滴灌玉米年际需水量及耗水规律［J］. 中国农业科学，2017，50（14）：2769-2780

［42］王增丽，董平国，樊晓康，等. 膜下滴灌不同灌溉定额对土壤水盐分布和春玉米产量的影响［J］. 中国农业科学，2016，49（11）：2343-2352

［43］于淑婷，赵亚丽，王育红，等. 轮耕模式对黄淮海冬小麦 - 夏玉米两熟区农田土壤改良效应［J］. 中国农业科学，2017，50（11）：2150-2165

［44］魏欢欢，王仕稳，樊晓康，等. 免耕及深松耕对黄土高原地区春玉米和冬小麦产量及水分利用效率影响的整合分析［J］. 中国农业科学，2017，50（3）：461-473

［45］任爱霞，孙敏，王培如，等. 深松蓄水和施磷对旱地小麦产量和水分利用效率的影响［J］. 中国农业科学，2017，50（19）：3678-3689

［46］薛玲珠，孙敏，高志强，等. 深松蓄水增量播种对旱地小麦植株氮素吸收利用、产量及蛋白质含量的影响［J］. 中国农业科学，2017，50（13）：2451-2462

［47］雷妙妙，孙敏，高志强，等. 休闲期深松蓄水适期播种对旱地小麦产量的影响［J］. 中国农业科学，2017，50（15）：2904-2915

［48］王秋菊，常本超，张劲松，等. 长期秸秆还田对白浆土物理性质及水稻产量的影响［J］. 中国农业科学，2017，50（14）：2748-2757

［49］王维钰，乔博，Kashif Akhtar，等. 免耕条件下秸秆还田对冬小麦 - 夏玉米轮作系统土壤呼吸及土壤水热状况的影响［J］. 中国农业科学，2016，49（11）：2136-2152

［50］胡发龙，柴强，甘延太，等. 少免耕及秸秆还田小麦间作玉米的碳排放与水分利用特征［J］. 中国农业科学，2015，49（1）：120-131

［51］殷文，赵财，于爱忠，等. 秸秆还田后少耕对小麦 / 玉米间作系统种间竞争和互补的影响［J］. 作物学报，2015，41（4）：633-641

［52］Cai C，Yin X Y，He S Q，et al. Responses of wheat and rice to factorial combinations of ambient and elevated CO_2 and temperature in FACE experiments［J］. Global change biology，2016，22（2）：856-874

［53］Chen Y，Zhang Z，Tao F L，et al. Impacts of climate change and climate extremes on major crops productivity in China at a global warming of 1.5 and 2.0 ℃［J］. Earth System Dynamics，2018，9（2）：543-562

［54］Zhao C，Liu B，Piao S L，et al. Temperature increase reduces global yields of major crops in four independent estimates［J］. Proceedings of The National Academy of The Science of The United States of America，2017，114（35）：9326-9331

［55］Guo W，Fukatsu T，Ninomiya S. Automated characterization of flowering dynamics in rice using field-acquired time-series RGB images［J］. Plant Methods，2015，11（1）：1-15

［56］Li J，Zhang F，Qian X，et al. Quantification of rice canopy nitrogen balance index with digital imagery from

unmanned aerial vehicle［J］. Remote Sensing Letters，2015，6（3）：183-189

［57］ Li W，Niu Z，Chen H，et al. Remote estimation of canopy height and aboveground biomass of maize using high-resolution stereo images from a low-cost unmanned aerial vehicle system［J］. Ecological Indicators，2016，67：637-648

［58］ 刘建刚，赵春江，杨贵军，等. 无人机遥感解析田间作物表型信息研究进展［J］. 农业工程学报，2016，32（24）：98-106

［59］ Zhang W，Cao G，Li X，et al. Closing yield gaps in China by empowering smallholder farmers［J］. Nature，2016，537：671-674

撰稿人：戴其根　韦还和　高　辉　张洪程

作物种子科技发展报告

粮安天下，种铸基石。种业是国家战略性、基础性核心产业，在促进农业长期稳定发展和保障国家粮食安全方面发挥重要作用。与发达国家相比，目前我国的种业竞争力尚处于劣势地位，未来发展面临严峻挑战和巨大压力。这种劣势已经引起国家领导人的高度重视，中共中央总书记习近平同志强调"一粒种子可以改变一个世界，一项技术能够创造一个奇迹，要下决心把民族种业搞上去，真正让农业插上科技的翅膀"；国务院总理李克强同志和国务院原副总理汪洋同志也在相关工作会议中着重强调提高种子质量对现代种业发展的极端重要性。

种业竞争的核心是良种，即优良品种的优质种子。在过去相当长的一段时期里，我国的育种工作获得了飞速发展，培育了很多优良品种，特别是在水稻、玉米、小麦三大粮食作物上，实现国产优良品种的主导地位；但对优质种子的重视程度却远远不够，因缺乏配套的种子生产和加工技术，很多优良品种的潜力无法得到充分发挥，成为现阶段我国种业发展的瓶颈。因此，发展种子科技，生产优质种子，成为现阶段我国种业迫切需要解决的问题。

种子科技是育种成果与农业生产的桥梁，主要包括种子的生产、加工、贮藏、检验等技术。2015—2018年，我国种子科技取得了一定的进步，如单粒播种技术，高活力种子生产、收获、检验技术，以及种子引发、包衣、丸粒化等增值技术的研发，为我国种业竞争力的不断提升做出了重要贡献。但与发达国家相比，还存在着较大差距，如种子科学的理论基础研究薄弱，种子技术研发能力不足、推广面窄，人才培养和学科建设规模小、层次低，拔尖创新人才及团队严重匮乏等。因此，未来迫切需要加快建设我国的种子学科建设，力争在"十四五"期间将种子学科建成国际先进水平，助力我国种业的健康快速发展。

一、本学科最新研究进展

2015—2018年，我国种子科学学科进入了快速发展时期，开设种子科学领域的本科、硕士、博士人才培养的院校不断增多，人才队伍不断壮大，科研条件得到进一步改善，取得了一系列重大成果。同时，我国种子学基础研究不断夯实，高活力种子生产、加工、检验等技术的自主创新能力明显提高，种子质量逐年提升，为我国种业的健康发展丰富了理论基础并提供了技术保障。

（一）回顾、总结和科学评价近年种子科技研究进展

1. 种子学基础研究不断夯实

（1）种子发育的基础研究

近5年来，我国在作物种子发育及贮藏物质积累的调控机制研究方面取得了巨大发展。在水稻上，克隆了多个调控种子粒型和粒重的基因，并阐明了部分作用机制。基因克隆方面，发现水稻 CYP78A13 编码区变异[1]、GL7 拷贝变异[2]、GS2 稀有等位基因[3]、GSE5 启动子区变异[4]、GS5 表达差异[5]调控了种子粒型和产量。机制研究方面，发现 OsMAPK6 和 OsSPL13 通过调控有丝分裂[6-7]、GL2 通过介导 BR 响应[8]、SLG 通过调控 BR 含量[9]、Big Grain1 通过影响生长素分布[10]，来调控种子粒型；并解析了水稻 OsmiR396-OsGRF4-OsGIF1 和 OsMKKK10-OsMKK4-OsMPK6 的信号途径在调控粒型和产量中的功能[11-14]。此外，还发现印迹基因、DNA 甲基化等表观遗传在调控水稻种子发育中的功能和机理[15-17]。在玉米上，发现线粒体相关蛋白在种子调控种子发育方面发挥着重要作用，如 PPR 家族的 Dek35 和 Dek37 蛋白[18-22]。在其他作物上，还发现大豆 Hub 基因参与种子发育过程中贮藏物质的积累[23]，小麦 TaGW2-6A 负调控 GA 合成并影响种子发育[24]。

（2）种子休眠和萌发的基础研究

近5年来，我国在作物种子休眠与萌发的基础研究方面也取得了可喜进步。在水稻上，利用组学技术分析了深度休眠与浅休眠种子的差异表达基因[25]，种子早期萌发相关的 MicroRNA[26]，以及胚和胚乳中与种子休眠和萌发相关的蛋白等[27-28]。利用图位克隆技术发现水稻编码液泡 H^+-ATPase 亚基 A1 的 OsPLS1 基因参与调控种子休眠[29]；PcG 类基因 OsEMF2b 通过影响 OsVP1 表达调控种子休眠[30]，精胺合成酶基因 OsSPMS1 参与调控种子萌发[31]，钙调磷酸酶基因 OsCBL10 调控淹水条件下的种子萌发[32]。在玉米上，连锁分析定位了多个控制种子低温和深播条件下萌发的遗传位点[33-35]。生理和分子生物学研究发现提高 ABA 失活基因 ZmABA8ox1b 的表达水平，能提高种子萌发的杂种优势[36]；外施精胺能通过提高激素、H_2O_2 含量等来提高甜玉米种子萌发[37]；诱导抗氧化系统和渗

透物质形成可提高种子萌发期的耐热性[38]。在小麦上，利用多组学技术鉴定到多个控制种子萌发的关键蛋白[39-40]，以及大量参与种子萌发过程中 ABA 和 H_2O_2 胁迫响应的基因[41]；并发现 miR9678 通过产生 Phased siRNAs 和介导 ABA/GA 信号途径调控种子萌发[42]。

（3）种子劣变和耐贮藏的基础研究

近 5 年来，我国在作物种子劣变和耐贮藏的基础研究方面取得了良好进展。在水稻上，明确了 L- 异天冬氨酰甲基转移酶 1 基因 *PIMT1*、脂肪氧化酶基因 *LOX3*、生育酚等在水稻种子寿命调控中发挥作用[43-45]；分析了水稻种子劣变关键节点的线粒体代谢和蛋白积累变化模式[46-47]；挖掘了多个人工老化条件下控制种子活力的候选基因[48]。在玉米上，揭示了棉籽糖家族寡聚糖（RFOs）及其合成基因在调控种子劣变中的核心作用[49]。连锁和关联分析定位了多个控制人工老化的种子活力相关位点[50-51]。小麦上，连锁分析的方法定位到多个控制种子活力的遗传位点[52]，组学分析了软质小麦和硬质小麦种子耐储藏差异的相关蛋白[53]。大豆上，发现同源异型盒（Homeobox）基因 *GmSBH1* 参与春大豆种子响应高温高湿胁迫[54]，金属基质蛋白酶基因 *Gm1-MMP* 和 *Gm2-MMP* 的过表达可减少发育种子中活性氧含量，从而提高种子耐受高温高湿的能力[55-56]；钙依赖蛋白激酶基因家族的 *GmCDPKSK5* 基因，能与 *GmTCTP* 基因互作，提高大豆种子耐高温高湿胁迫能力[57]；磷脂酶基因 *PLDα1* 通过影响不饱和甘油三酯和磷脂含量来影响大豆种子耐贮藏能力[58]。此外，也通过构建遗传群体等方法在大豆、油菜、棉花上定位到多个与种子老化相关的遗传位点[59]。

总之，在作物种子科技基础研究领域，我国在过去几年取得了可喜成绩，克隆了多个控制种子发育、休眠、萌发和劣变的基因，并在水稻中解析了两个基因调控网络。但鉴于种子性状的复杂性，被成功克隆到的基因和揭示的调控网络依然非常有限，仍然有很多关键的候选基因有待于进一步被研究，特别是在玉米、小麦、大豆等基因组较为复杂作物上。

2. 种子相关技术自主创新能力明显提高

（1）种子生产技术

在高活力种子生产技术方面，过去 5 年最突出的成绩是形成了玉米和水稻的适时早收技术。中国农业大学研究表明玉米种子在完熟前 5 天收获活力最高[60-63]，同时湖南农业大学研究发现水稻种子在黄熟度 75%~90% 时活力最高[64]。进一步研究发现种子活力最高的收获时期受到种子发育过程中的积温影响，而与施肥和灌水等栽培措施关系不大[62-63]。适时早收技术的应用能有效避免早秋低温冻害和雨水对种子质量的影响，抑制霉变和穗萌的发生，并延长后续加工时间和减缓加工压力，具有重要生产应用价值。

在高纯度种子生产技术方面，针对玉米种子生产中亲本特性难以保持、亲本不纯等问题，山东农业大学研究制定了《玉米高质量杂交种生产技术规程》和《保持玉米亲本特征特性种子生产技术规程》，适用于高质量玉米杂交种种子生产。

在机械化种子生产技术方面，浙江大学以机械化辅助授粉与喷施赤霉素为突破口，开展农艺与农机相融合的机械化配套栽培技术研究，形成全程机械化水稻制种技术体系。同时，机械化制种与雌性不育恢复系制种模式相结合，形成适于机械化制种的水稻恢复系创制方法。

此外，在小麦上明确了不同栽培技术措施对种子活力的影响，提出生产高活力小麦种子的适宜地区、干燥温度、取种部位以及适宜的空间隔离距离等。在棉花上，明确了长江流域高活力种子的形态特征和适宜的种植密度、收获时期、收获部位等。

（2）种子加工技术

常见的种子加工工艺流程包括预清选、干燥、脱粒/去壳、精选、计量包装、入库等几个环节。干燥环节，我国种子科技工作者研究了利用低温循环式干燥机进行水稻种子烘干的技术工艺，以及不同烘干温度对不同含水量玉米种子活力的影响，分析了水稻玉米种子烘干温度和种子含水量的关系，形成了安全高效的变温烘干技术。但鉴于我国当前的烘干机械自动化程度较低，缺乏对种子温湿度进行自动检测和自动调节温湿度的烘干设备，变温烘干技术难以推广，未来急需与农机结合，开发高智能的机械化烘干设备。

在脱粒和精选环节，研究建立了提高玉米种子活力和均匀度的玉米种子机械脱粒和精选分级技术，获得了"一种玉米种子精选分级方法"和"种子精选分级试验筛操作平台"专利，并与农机合作，自主研制出一批适合国情的种子精选机械设备[65]。

（3）种子增值技术

近几年我国在种子增值技术方面的研究取得了新的突破。在种子引发方面，研究了多种化学试剂如硝普钠、硫化钠、多胺、褪黑色素等对提高种子发芽力，增强植物非生物胁迫耐受性的引发效果。开发了以气体为介质的磁力引发、超声引发和电浆引发等技术，有效避免以水为介质引发时的吸胀和回干过程对种子造成的损伤[66]。

在种子包衣方面，利用高分子材料，使包衣的种子具备感应环境温度或水分变化的能力，达到种衣剂的温控智能释放或水分智能储释，提高抗寒或抗旱效果，获得智能型抗寒种衣剂[67]。

在种子包装方面，提出了种子防伪的包装理论和方法，并组合多种防伪方法，形成种子双重防伪技术，进一步提高种子防伪的安全性和技术水平。

（4）种子检测技术

在种子纯度和真实性等传统检测项目上，建立以分子标记和机器视觉为基础的多种作物种子纯度的快速检测技术，如玉米种子高光谱图像品种真实性检测方法、基于种子贮藏蛋白和同工酶的电泳检测技术、基于高密度 SNP 芯片的玉米种子纯度分子检测技术等。种子净度检测方面，提出了基于声学特性的裂颖水稻种子检测方法。

随着国际种子贸易发展的需要，过去几年我国在种子活力检测方面取得了很大发展。针对农作物栽培种植区域的气候条件和土壤特征，研究并建立了不同作物的种子活力指标评价体系，如针对我国东北种植区域早春低温冻害等条件，制定了一套冷浸发芽检测玉米种子活力的方法[68]。此外，研究了机器视觉、光谱以及电子鼻等技术在种子活力检测上的应用[69]，在玉米上建立了脂肪氧化酶活性测定方法、种子生物力学信号测评系统、种皮穿透力学估测方法等快速测定种子活力的方法；在水稻上，开发了种子活力高光谱技术、Q2技术、胚根伸长计数法技术等种子活力测定方法。同时还开发了玉米、水稻、小麦高活力种子性状的分子标记，用于全基因组快速选择高活力种子材料。

在检验效率提升方面，开发了种子形态及幼苗自动化识别系统、推拉式垂直板种子发芽槽、数种取种发芽板、单粒种子收纳消毒发芽盒和喷淋发芽箱等多项技术和设备专利，即提高检验效率，又有利于促进检测方法的标准化。

（二）总结作物种子学学科在学术建制、研究平台、人才培养、重要研究团队等方面的进展

1. 学科建制

2002年，中国农业大学在国内首先设立了种子科学与工程专业，进行本科招生，2003年开始进行硕士和博士招生。截至2018年，全国共有45所院校开展种子科学与工程本科专业人才培养，其中中国农业大学、山东农业大学、西北农林科技大学等多个院校还进行硕士和博士人才培养。2010年，中国农业大学种子科学与工程专业被教育部批准为特色专业。2011年，种子科学与工程被教育部批准为作物学一级学科下的第三个二级学科。2012年，教育部建立"种业领域"专业硕士人才培养协作网并开始招收专业学位硕士生；2016年种业与作物、园艺、草业合并，形成"农艺与种业领域"专业硕士生培养方向，目前共有69所科研院校进行该领域的专业学位研究生培养。2018年成立"2018—2022年教育部高等学校种子科学与工程专业教学指导分委员会"。

2. 人才培养与学科队伍建设

种子科学与工程专业人才培养体系的构建与实践极大地推动了中国种子科技发展。自2011年成立中国作物学会作物种子专业委员会以来，每两年召开一次全国范围的学术和教学研讨会。"十二五"期间启动的两个农业部行业公益专项分别于2017年和2018年完成验收。中国农业大学主持的"主要农作物高活力种子生产关键技术研究与示范"提出了针对玉米和水稻的"适时早收"技术对策，并制定了玉米、水稻、小麦、棉花高活力种子生产技术规程；建立了15种种子活力测定技术体系，其中的玉米种子活力冷浸发芽测定法被审定（待批）为行业标准。浙江大学主持的"杂交制种技术与关键设备研制与示范"项目研制了水稻机插壮秧技术和混直播与机械插秧技术，筛选优化杂交制种脱水剂，开发了8台（套）杂交制种专用机械设备。2018年科技部"十三五"重点研发专项启动了三个种子科技项目"主要农作物良种繁育关键技术研究与示范""主要农作物种子活力及其保持技术研究与应用"和"主要农作物种子加工与商量质量控制技术研究与应用"。

作物种子专业委员会学术年年会的召开和种子科技重大研发项目的实施与启动，团结凝聚了中国农业大学、中国农业科学院、浙江大学、山东农业大学、南京农业大学、隆平高科、中种集团、大北农等几十家科研院所和龙头企业的一大批种业科技工作者，人才队伍不断壮大，截至目前，全国从事种子科学教学与科研人员 200~300 人，每年招收种子科学与工程专业本科生约 2000 人，硕士生约 300 人，博士生 30 多人。

3. 研究平台建设

中国农业大学、浙江大学、南京农业大学、山东农业大学、中国农业科学院作物所、浙江农林大学、东北农业大学等单位依托作物学科的国家和教育部重点实验室及研发平台，围绕玉米、小麦、水稻、大豆、棉花、油菜、烟草等作物，开展了种子生物学、高活力种子生产、加工、贮藏、检测等方面的基础研究、应用基础研究和技术研发，在国内形成了多个种子科学创新团队。中国农业大学承建了农业农村部农作物种子全程技术研究北京创新中心，山东农业大学、南京农业大学、华南农业大学、东北农业大学等高校加强了种子科学实验室建设，研究条件得到了进一步改善。

（三）2015 年以来种子科技重大成果介绍

1. 作物种子生物学机理研究重大成果

西北农林科技大学赵天永教授团队与中国农业科学院作物科学研究所王国英教授团队合作揭示了棉籽糖家族寡聚糖调节玉米与拟南芥种子老化的功能和机理[49]，发现玉米种子中仅含有棉籽糖一种寡聚糖，当棉籽糖合成酶基因 ZmRS 功能缺失后，植株不能合成棉籽糖但积累较多的肌醇半乳糖苷，使得种子不耐贮藏。和玉米不同的是，拟南芥种子中含有棉籽糖、水苏糖和毛蕊花糖几种寡聚糖，单独过表达 ZmRS 虽然增加了棉籽糖含量，却显著降低了种子老化活力，而共表达 ZmGOLS2 和 ZmRS 或单独过表达 ZmGOLS2 显著增加了总寡聚糖的含量，同时增强种子的活力。因而首次提出，不是某个寡聚糖，而是总寡聚糖含量调控了拟南芥种子的活力。

中国农业科学院作物科学研究所通过图位克隆、转基因互补和敲除等实验证实 FLO10 基因编码一个线粒体定位的 P 型 PPR 蛋白，该基因可通过影响水稻线粒体 nad1 内含子的剪接来维持线粒体功能和胚乳发育[70]。

西北农林科技大学和中国农业科学院作物科学研究所合作在小麦中鉴定了一种与拟南芥 JAZ3 同源的蛋白 TaJAZ1，机理研究发现 TaJAZ1 通过负调节 ABA 响应基因的表达，而作为正调节因子调控小麦种子萌发，从而揭示了 JAZ 对小麦种子萌发的调节作用模式[71]。

2. 作物种子生产技术集成重大成果

在种子生产技术研究方面，中国农业大学联合甘肃、新疆和辽宁的农科院系统，以提高玉米种子田间出苗能力的种子活力指标为研究目标，从种子影响种子活力的品种遗传因素、制种气候条件和水肥管理等多维度开展了联合研究，集成多年试验数据，提出"适时早收"的技术对策，建议制种玉米收获在生理成熟期前 5~10 天收获，以乳线达到 1/2 为判断依据，打破传统以黑层出现或乳线消失为依据的收获方式，不仅有效提高玉米种子活力，还降低了后续种子晾晒遭受低温冻害等风险。湖南农业大学在水稻上集成以"精选母本促苗匀、适当增密促产量、后期适控水肥促成熟、先低温后升温干燥防热伤害、低水分脱粒防机械损伤"为核心的高质量种子生产和加工技术体系，创建了以"一养"（养花、粒、穗）、"二早"（适期早收、早结束授粉）、"三适"（适地、适肥、适密）为特征的杂交水稻种子高活力制种技术。山东农业大学针对玉米秸秆还田导致的小麦制种田质量差、田间出苗不匀、不齐，弱苗多等问题，集成了以"培育合理群体、健壮个体，分期施肥防倒伏，适期收获、合理干燥"为核心的黄淮麦区冬小麦高活力种子生产技术体系。

3. 作物种子活力高效检验重大成果

在种子质量检测技术研究方面，中国农业大学、浙江农林大学、青岛农业大学、东北农业大学等单位联合攻关，系统研究了幼苗生长测定、逆境抗性测定、生理生化测定等方法在玉米、水稻、小麦、棉花种子活力检测上的应用，开发了适合不同作物种子活力相关性状快速智能化检测方法体系，并运用这些方法对我国市场上销售的主要农作物种子进行发芽率及活力普查。其中，形成的《玉米种子活力检测方法冷浸发芽法》已经通过农业农村部鉴定，即将发布为行业标准。

二、种子科技国内外研究进展比较

当前世界范围内以"生物技术+信息化"为特征的第四次种业科技革命正在推动种业研发、生产、经营和管理层面的深刻变革，发达国家的种子行业已发展成集科研、生产、加工、销售、技术服务于一体的完善、可持续发展的产业体系。我国种子科技虽已取得长足发展，但与发达国家相比，仍然比较落后，主要体现在种子科学基础研究薄弱，种子技术自主创新能力不足，标准化种子技术体系尚未建立等方面。

（一）国际种子科技发展现状、前沿和趋势

生物技术、信息技术等不断向种子科学领域渗透，促进了种子科学的不断发展。国际种子科技发展现状、前沿和趋势呈现以下特点。

1. 生物技术推动种子科学基础研究的发展

从当前国际上种子科学研究的现状来看，生物技术，特别是基因组学、蛋白质组学、生物信息学等学科的迅速发展，拓宽了种子科学研究的范畴。通过各种技术手段，克隆了若干控制种子发育、休眠、萌发、活力的相关基因，并解析了其作用功能。特别是在种子发育方面，有关小 RNA、表观遗传以及线粒体蛋白的功能机理研究已成为热点。在种子休眠方面，鉴定了调控小麦和大麦的种子休眠的关键基因，生长素和茉莉酸介导的种子休

眠调控亦被报道，其中的分子机制也得到进一步阐明。在种子萌发方面，主要围绕 ABA 和 GA 通路展开研究，进一步丰富了现有种子萌发的调控分子机制；在种子活力方面，克隆了多个控制作物种子发芽速度、逆境萌发特性以及种子耐衰老等基因，并阐明了作用机制。但有关农作物控制种子发育、休眠、萌发、活力等关键基因研究仍处于起步阶段，今后亟待继续挖掘关键基因并进行功能研究，为提升农作物种子质量奠定理论基础。

2. 现代科技应用于种子相关技术研究取得长足进步

近年来，国内外在作物种子发育、休眠、萌发、活力等相关生物学基础理论研究方面取得了长足的发展，为高质量种子生产、加工、贮藏、活力提升等提供了理论与技术支撑。比如，在种子引发技术方面，已针对多种化学试剂如硝普钠、硫化钠、多胺、褪黑色素的引发提高种子发芽力的效果开展了研究。在种子包衣方面，研发了种子双重防伪技术，进一步提高种子防伪的安全性和技术水平。此外，对种子生活力及活力的检测技术研究上，主要集中在非破坏性和快速两个方面，主要通过 X 光、红外光、可见光，及电子鼻、红外光谱技术、近红外光谱技术、高光谱技术等对种子性状、颜色、大小及种子热力图、挥发性气体、物质含量的监测，判断种子生活力及活力的高低。在杂交种生产方面，美国杜邦先锋公司通过将转基因技术、花粉败育技术和荧光色选技术相结合，形成了 SPT 技术，实现了细胞核雄性不育在玉米杂交制种领域的应用。

（二）我国种子科技发展水平与国际水平对比分析

近年来，在国家科技计划支持下，我国作物种子科学理论与技术研究水平有了大幅度提升，在种子休眠、萌发和活力关键基因挖掘、功能研究及种子加工处理与活力检测技术等方面取得了一定成绩，但我国种子科学理论仍然处于起步阶段，突破性、创新性研究成果明显不足，与发达国家相比还有很大差距，主要表现在以下四个方面：①种子科技研究力量薄弱，缺少稳定的科研项目支持；②与种子性状相关的种质和基因挖掘广度和深度不够；③种子新技术创新和应用比较薄弱，高通量、规模化、标准化种子技术体系尚未建立；④公益性基础研究滞后，权威性学术期刊、创新平台和公共检测机构严重缺乏。

为缩小与种业强国在种子科技水平方面的差距，国家应大力加强种业领域人才培养力度；在国家科技重大专项和国家重点研发计划等科技计划体系内，加强种业公益性研究的资助力度；建设国家种业领域协同创新中心，从基因挖掘、种质创新、育种、种子生产、加工、检验等领域共同开展工作，推动我国种子科技水平的提升。

三、我国种子科技发展趋势和展望

纵观我国种子科技近 5 年的发展，要缩短与国际先进水平的差距，国家必须高度重视种子科学学科的建设，特别是在人才队伍和平台建设方面给予大力支持。与此同时，要加大种子科学与技术领域的研发力度，尤其在种子科学的基础理论研究和高质量种子生产、加工、检验技术研发等方面加大投入力度，以促进我国种子科技的持续快速发展。

1. 加强种子科技基础研究，积累种业发展后劲

理论研究是种业振兴的根本。未来 5 年，我国种子科学研究，需在高质量种子分子遗传机理方面寻求突破，重点从以下方面开展工作：①研究高活力种子形成的分子机理，重视表观遗传学在该领域可能发挥的重要作用；②研究种子快速发芽、耐病菌侵染以及耐盐碱、干旱、低温和耐深播萌发的分子遗传机理；③研究种子耐贮藏性的遗传机理，进一步明确棉籽糖、游离脂肪酸等化学物质在种子耐贮性方面的作用机理；④加强高活力种质资源的创制、鉴定与评价，创制具有重大应用价值的新种质。

2. 补齐种子技术短板，形成种子生产、加工、增值集成技术，全面提升我国种业竞争力

围绕国家社会和经济发展对作物种子科技的需求，以主要粮食作物、纤维作物、油料作物等种子为对象，实施种子生产、加工、处理、贮藏等全产业链联合科技攻关。在种子生产环节，通过肥水等栽培措施以及生长调节物质的施用，提高适期收获种子的初始活力水平；通过化学处理调控异交作物节间长度的技术措施，降低机械化去雄导致的产量损失；通过化学处理降低种子收获时含水量的技术措施，提高种子活力并降低制种成本；通过常规种子分级与光谱技术相结合，建立高活力种子分选技术；通过色选技术在种子加工过程中的应用，提升种子质量。

3. 重视种子检验技术研究，提升种子质量检测能力和效率

加强种子生产、加工、流通全过程的种子质量检验，对于保障农业生产获得高质量种子具有重要意义。借助现代生物技术、传感技术、光谱、质谱等技术手段，研发高通量、无损种子质量检测技术及装备，以便实现对种子活力、种子健康、品种纯度等质量性状进行快速检测。建立标准化、专业化、集约化的检验技术平台、信息系统和质量管理体系，全面提升种子检验效率。

4. 加快人才队伍和平台建设，全面提升种子科技创新能力

种子科技发展要始终贯彻"自主创新"的指导方针，坚持行业导向；牢牢把握学科特色，加速基础理论研究和应用技术体系构建；加强国际交流与合作，促进学科间交流，重视青年人才的培养。加快 ISTA 认证实验室的建设，使种子质量管理工作与国际接轨，扭转中国种子企业在进出口贸易中的被动地位，提升国际竞争力，促进种子产业发展。

参考文献

[1] Xu F, Fang J, Ou S, Gao S, Zhang F, et al. Variations in CYP78A13 coding region influence grain size and yield

in rice [J]. Plant Cell and Environment, 2015, 38 (4): 800-811

[2] Wang Y, Xiong G, Hu J, et al. Copy number variation at the GL7 locus contributes to grain size diversity in rice [J]. Nature Genetics, 2015, 47 (8): 944-948

[3] Hu J, Wang Y, Fang Y, et al. A Rare Allele of GS2 Enhances Grain Size and Grain Yield in Rice [J]. Molecular Plant, 2015, 8 (10): 1455-1465

[4] Duan P, Xu J, Zeng D, et al. Natural Variation in the Promoter of GSE5 Contributes to Grain Size Diversity in Rice [J]. Molecular Plant. 2017, 10 (5): 685-694

[5] Xu C, Liu Y, Li Y, et al. Differential expression of GS5 regulates grain size in rice [J]. Journal of Experimental Botany, 2015, 66 (9): 2611-2623

[6] Liu S, Hua L, Dong S, et al. OsMAPK6, a mitogen-activated protein kinase, influences rice grain size and biomass production [J]. Plant Journal. 2015, 84 (4): 672-681

[7] Si L, Chen J, Huang X, et al. OsSPL13 controls grain size in cultivated rice [J]. Nature Genetics, 2016, 48 (4): 447-456

[8] Che R, Tong H, Shi B, et al. Control of grain size and rice yield by GL2-mediated brassinosteroid responses [J]. Nature Plants. 2015, 2: 15195

[9] Feng Z, Wu C, Wang C, et al. SLG controls grain size and leaf angle by modulating brassinosteroid homeostasis in rice [J]. Journal of Experimental Botany. 2016, 67 (14): 4241-4253

[10] Liu L, Tong H, Xiao Y, et al. Activation of Big Grain1 significantly improves grain size by regulating auxin transport in rice [J]. PNAS, 2015, 112 (35): 11102-11107

[11] Duan P, Ni S, Wang J, et al. Regulation of OsGRF4 by OsmiR396 controls grain size and yield in rice [J]. Nature Plants. 2015, 2: 15203

[12] Li S, Gao F, Xie K, et al. The OsmiR396c-OsGRF4-OsGIF1 regulatory module determines grain size and yield in rice [J]. Plant Biotechnology Journal, 2016, 4 (11): 2134-2146

[13] Guo T, Chen K, Dong NQ, et al. GRAIN SIZE AND NUMBER1 Negatively Regulates the OsMKKK10-OsMKK4-OsMPK6 Cascade to Coordinate the Trade-off between Grain Number per Panicle and Grain Size in Rice [J]. Plant Cell, 2018, 30 (4): 871-888

[14] Xu R, Duan P, Yu H, et al. Control of Grain Size and Weight by the OsMKKK10-OsMKK4-OsMAPK6 Signaling Pathway in Rice [J]. Molecular Plant, 2018, 11 (6): 860-873

[15] Huang X, Lu Z, Wang X, et al. Imprinted gene OsFIE1 modulates rice seed development by influencing nutrient metabolism and modifying genome H3K27me3 [J]. Plant Journal, 2016, 87 (3): 305-317

[16] Yuan J, Chen S, Jiao W, et al. Both maternally and paternally imprinted genes regulate seed development in rice [J]. New Phytologist, 2017, 16 (2): 373-387

[17] Xing MQ, Zhang YJ, Zhou SR, et al. Global Analysis Reveals the Crucial Roles of DNA Methylation during Rice Seed Development [J]. Plant Physiology, 2015, 168 (4): 1417-1432

[18] Sun F, Wang X, Bonnard G, et al. Empty pericarp7 encodes a mitochondrial E-subgroup pentatricopeptide repeat protein that is required for ccmFN editing, mitochondrial function and seed development in maize [J]. Plant Journal, 2015, 84 (2): 283-295

[19] Xiu Z, Sun F, Shen Y, et al. EMPTY PERICARP16 is required for mitochondrial nad2 intron 4 cis-splicing, complex I assembly and seed development in maize [J]. Plant Journal, 2016, 85 (4): 507-519

[20] Yang YZ, Ding S, Wang HC, et al. The pentatricopeptide repeat protein EMP9 is required for mitochondrial ccmB and rps4 transcript editing, mitochondrial complex biogenesis and seed development in maize [J]. New Phytologist, 2017, 214 (2): 782-795

[21] Chen X, Feng F, Qi W, et al. Dek35 Encodes a PPR Protein that Affects cis-Splicing of Mitochondrial nad4 Intron

1 and Seed Development in Maize [J]. Molecular Plant, 2017, 10 (3): 427-441

[22] Dai D, Luan S, Chen X, et al. Maize Dek37 Encodes a P-type PPR Protein That Affects cis-Splicing of Mitochondrial nad2 Intron 1 and Seed Development [J]. Genetics, 2018, 208 (3): 1069-1082

[23] Qi Z, Zhang Z, Wang Z, et al. Meta-analysis and transcriptome profiling reveal hub genes for soybean seed storage composition during seed development [J]. Plant Cell and Environment, 2018, 41 (9): 2109-2127

[24] Li Q, Li L, Liu Y, et al. Influence of TaGW2-6A on seed development in wheat by negatively regulating gibberellin synthesis [J]. Plant Science, 2017 (263): 226-235

[25] Wu T, Yang C, Ding B, et al. Microarray-based gene expression analysis of strong seed dormancy in rice cv. N22 and less dormant mutant derivatives [J]. Plant Physiology and Biochemistry, 2016 (99): 27-38

[26] He D, Wang Q, Wang K, et al. Genome-Wide Dissection of the MicroRNA Expression Profile in Rice Embryo during Early Stages of Seed Germination [J]. PLoS One, 2015, 10 (12): e0145424

[27] Xu HH, Liu SJ, Song SH, et al. Proteomics analysis reveals distinct involvement of embryo and endosperm proteins during seed germination in dormant and non-dormant rice seeds [J]. Plant Physiology and Biochemistry, 2016 (103): 219-242

[28] Liu SJ, Xu HH, Wang WQ, et al. Identification of embryo proteins associated with seed germination and seedling establishment in germinating rice seeds [J]. Journal of Plant Physiology, 2016 (196-197): 79-92

[29] Yang X, Gong P, Li K, et al. A single cytosine deletion in the OsPLS1 gene encoding vacuolar-type H+-ATPase subunit A1 leads to premature leaf senescence and seed dormancy in rice [J]. Journal of Experimental Botany, 2016, 67 (9): 2761-2776

[30] Chen M, Xie S, Ouyang Y, et al. Rice PcG gene OsEMF2b controls seed dormancy and seedling growth by regulating the expression of OsVP1 [J]. Plant Science, 2017 (260): 80-89

[31] Tao Y, Wang J, Miao J, et al. The Spermine Synthase OsSPMS1 Regulates Seed Germination, Grain Size, and Yield [J]. Plant Physiology, 2018, 178 (4): 1522-1536

[32] Ye NH, Wang FZ, Shi L, et al. Natural variation in the promoter of rice calcineurin B-like protein10 (OsCBL10) affects flooding tolerance during seed germination among rice subspecies [J]. Plant Journal, 2018, 94 (4): 612-625

[33] Shi Y, Li G, Tian Z, et al. Genetic dissection of seed vigour traits in maize (Zea mays L.) under low-temperature conditions [J]. Journal of Genetics, 2016, 95 (4): 1017-1022

[34] Liu H, Zhang L, Wang J, et al. Quantitative Trait Locus Analysis for Deep-Sowing Germination Ability in the Maize IBM Syn10 DH Population [J]. Frontiers in Plant Science, 8: 813

[35] Li XH, Wang GH, Fu JJ, et al. QTL Mapping in Three Connected Populations Reveals a Set of Consensus Genomic Regions for Low Temperature Germination Ability in Zea mays L [J]. Frontiers in Plant Science, 2018 (9): 65

[36] Sun Q, Ni Z. Up-regulating the abscisic acid inactivation gene ZmABA8ox1b contributes to seed germination heterosis by promoting cell expansion [J]. Journal of Experimental Botany, 2016, 67 (9): 2889-2900

[37] Huang Y, Lin C, He F, et al. Exogenous spermidine improves seed germination of sweet corn via involvement in phytohormone interactions, H_2O_2 and relevant gene expression [J]. BMC Plant Biology, 2017, 17 (1): 1

[38] Zhou ZH, Wang Y, Ye XY, et al. Signaling Molecule Hydrogen Sulfide Improves Seed Germination and Seedling Growth of Maize (Zea mays L.) Under High Temperature by Inducing Antioxidant System and Osmolyte Biosynthesis [J]. Frontiers in Plant Science, 2018 (9): 1288

[39] Dong K, Zhen S, Cheng Z, et al. Proteomic Analysis Reveals Key Proteins and Phosphoproteins upon Seed Germination of Wheat (Triticum aestivum L.)[J]. Frontiers in Plant Science. 2015 (6): 1017

[40] He M, Zhu C, Dong K, et al. Comparative proteome analysis of embryo and endosperm reveals central differential

expression proteins involved in wheat seed germination [J]. BMC Plant Biology. 2015 (15): 97

[41] Yu Y, Zhen S, Wang S, et al. Comparative transcriptome analysis of wheat embryo and endosperm responses to ABA and H_2O_2 stresses during seed germination [J]. BMC Genomics. 2016 (17): 97

[42] Guo G, Liu X, Sun F, et al. Wheat miR9678 Affects Seed Germination by Generating Phased siRNAs and Modulating Abscisic Acid/Gibberellin Signaling [J]. Plant Cell, 2018, 30 (4): 796–814

[43] Wei Y, Xu H, Diao L, et al. Protein repair L-isoaspartyl methyltransferase 1 (PIMT1) in rice improves seed longevity by preserving embryo vigor and viability [J]. Plant Molecular Biology, 2015, 89 (4–5): 475–492

[44] Xu H, Wei Y, Zhu Y, et al. Antisense suppression of LOX3 gene expression in rice endosperm enhances seed longevity [J]. Plant Biotechnol Journal, 2015, 13 (4): 526–539

[45] Chen D, Li Y, Fang T, et al. Specific roles of tocopherols and tocotrienols in seed longevity and germination tolerance to abiotic stress in transgenic rice [J]. Plant Science. 2016, 244: 31–39

[46] Yin G, Whelan J, Wu S, et al. Comprehensive Mitochondrial Metabolic Shift during the Critical Node of Seed Ageing in Rice [J]. PLoS One, 2016, 11 (4): e0148013

[47] Yin G, Xin X, Fu S, et al. Proteomic and Carbonylation Profile Analysis at the Critical Node of Seed Ageing in Oryza sativa [J]. Scientific Reports, 2017 (7): 40611

[48] Jin J, Long W, Wang L, et al. QTL Mapping of Seed Vigor of Backcross Inbred Lines Derived From Oryza longistaminata Under Artificial Aging [J]. Frontiers in Plant Science, 2018 (9): 1909

[49] Li T, Zhang Y, Wang D, et al. Regulation of Seed Vigor by Manipulation of Raffinose Family Oligosaccharides in Maize and Arabidopsis thaliana [J]. Molecular Plant, 2017, 10 (12): 1540–1555

[50] Liu YN, Zhang HW, Li XH, et al. Quantitative trait locus mapping for seed artificial aging traits using an F2: 3population and a recombinant inbred line population crossed from two highly related maize inbreds [J]. Plant Breeding, 2019, 138 (1): 29

[51] Han ZP, Bin W, Zhang J, et al. Mapping of QTLs associated with seed vigor to artificial aging using two RIL populations in maize (Zea mays L.)[J]. Agricultural Sciences, 2018 (9): 397–415

[52] Zuo J, Liu J, Gao F, et al. Genome-Wide Linkage Mapping Reveals QTLs for Seed Vigor-Related Traits Under Artificial Aging in Common Wheat (Triticum aestivum)[J]. Frontiers in Plant Science, 2018 (9): 1101

[53] Lv YY, Tian PP, Zhang SB, et al. Dynamic proteomic changes in soft wheat seeds during accelerated ageing [J]. Peer J, 2018 (6): e5874

[54] Shu YJ, Tao Y, Wang S, et al. GmSBH1, a homeobox transcription factor gene, relates to growth and development and involves in response to high temperature and humidity stress in soybean [J]. Plant Cell Reports, 2015 (34): 1927–1937

[55] Liu SS, Liu YM, Jia YH, et al. Gm1-MMP is involved in growth and development of leaf and seed, and enhances tolerance to high temperature and humidity stress in transgenic Arabidopsis [J]. Plant Science, 2017 (259): 48–61

[56] Liu SS, Jia YH, Zhu YJ, et al. Soybean matrix metalloproteinase Gm2-MMP relates to growth and development and confers enhanced tolerance to high temperature and humidity stress in transgenic arabidopsis [J]. Plant Molecular Biology Reporter, 2018, 36 (1): 94–106

[57] Wang S, Tao Y, Zhou YL, et al. Translationally controlled tumor protein GmTCTP interacts with GmCDPKSK5 in response to high temperature and humidity stress during soybean seed development [J]. Plant Growth Regulation, 2017 (82): 187–200

[58] Zhang X, Hina A, Song S Y, et al. Whole-genome mapping identified novel "QTL hotspots regions" for seed storability in soybean (Glycine max L.)[J]. BMC Genomics, 2019 (20): 499

[59] Zhang GY, Bahn SC, Wang GL, et al. PLDα1-knockdown soybean seeds display higher unsaturated glycerolipid

contents and seed vigor in high temperature and humidity environments [J]. Biotechnol Biofuels, 2019 (12): 9

[60] 杨丽维，顾日良，成广雷，等. 不同成熟度京科 968 种子活力与种子物理化学特性的关系研究 [J]. 玉米科学，2019: 1-9

[61] 任利沙，顾日良，贾光耀，等. 灌浆期控水和施用控释肥对杂交玉米制种产量和种子质量的影响 [J]. 中国农业科学，2016, 49 (16): 3108-3118

[62] Gu R, Li L, Liang X, et al. The ideal harvest time for seeds of hybrid maize (Zea mays L.) XY335 and ZD958 produced in multiple environments [J]. Scientific Reports, 2017 (7): 17537

[63] Wang X, Zheng H, Tang Q. Early harvesting improves seed vigour of hybrid rice seeds [J]. Scientific Reports, 2018 (8): 11092

[64] 吕小明，罗凯世，李建华，等. 我国种子加工能力测算及相关问题研究 [J]. 中国种业，2019 (4): 1-3

[65] GuR, Huang R, Jia G, et al. Effect of mechanical threshing on damage and vigor of maize seed threshed at different moisture contents [J]. Journal of Integrative Agriculture, 2009, 18 (7), 1571-1578

[66] Sheteiwy MS, An JY, Yin MQ, et al. Cold plasma treatment and exogenous salicylic acid priming enhances salinity tolerance of Oryza sativa seedlings [J]. Protoplasma, 2019, 256 (1): 79-99

[67] Guan YJ, Li Z, He F, et al. "On-Off" thermoresponsive coating agent containing salicylic acid applied to maize seeds for chilling tolerance [J]. PLoS one, 2015, 10 (3): e0120695

[68] 郝楠，王建华，李宏飞，等. 种子活力的发展及评价方法 [J]. 种子，2015, 34 (5): 44-45

[69] 张婷婷，赵宾，杨丽明，等. 基于电子鼻技术的小麦种子活力鉴别 [J]. 中国农业大学学报，2018, 23 (9): 123-130

[70] Wu MM, Ren YL, Cai MH, et al. Rice FLOURY ENDOSPERM10 encodes a pentatricopeptide repeat protein that is essential for the trans-splicing of mitochondrial nad1 intron 1 and endosperm development [J]. New Phytologist, 2019, 223 (2): 736-750

[71] Ju L, Jing YX, Shi PT, et al. JAZ proteins modulate seed germination through interaction with ABI5 in bread wheat and Arabidopsis [J]. New Phytologist, 2019, 223 (1): 246-260

撰稿人：王建华　顾日良　赵光武　孙　群　李润枝　李　岩
王州飞　孙爱清　关亚静　李　莉　邱　宏

水稻科技发展报告

2015—2018 年，我国水稻生产在保持稳定增产趋势的同时，向绿色化优质化方向转变，水稻科技包括遗传育种、栽培技术、品种资源和分子生物学不断取得新的进展，为我国水稻产业稳定发展提供了科技支撑。近年来，我国水稻种植面积稳定在 3000 万公顷以上，稻谷总产量在 2011 年再次突破 2 亿吨大关后，连续保持 2 亿吨以上的总量，特别是 2017 年达到历史最高的 2.1268 亿吨，稻谷单产则在 2018 年达到 468.5 公斤/亩。

一、2015—2018 年我国水稻科技研究进展

（一）水稻遗传育种发展现状和进展

近年来，水稻育种技术及功能基因组研究的快速发展，为我国水稻遗传育种发展准备了大量的有重要利用价值的基因，水稻育种正迈向设计育种的新时代，水稻育种和新品种的创新发展保持和提升了我国在水稻育种领域的国际领先地位。

1. 水稻品种数量井喷、品种质量提升

2015 年以来，国家先后启用了品种审定的绿色通道和联合体试验渠道，品种试验的方式更加多元化，参试品种的数量因此迅速增加[1]，通过国家或省级审定的水稻品种/组合数目屡创新高，2015 年国家和地方审定水稻新品种 487 个次，2016 年审定 551 个水稻新品种，2017 年审定 676 个水稻新品种，2018 年全国审定品种数量 943 个。水稻审定品种的品质性状和抗性得到改善，如 2018 年国家审定的 268 个新品种中，优质米占比为50%；在抗性方面，国审品种中抗稻瘟病品种比例相对较高，有 38 个，占比为 14.2%；抗白叶枯病品种为 8 个，抗褐飞虱品种为 2 个；其他抗性品种：抗白叶枯病品种 71 个，抗稻曲病品种 57 个，抗纹枯病品种 76 个，抗条纹叶枯病品种 43 个[2]。水稻审定品种在数量大幅度增加的同时，也造成同质化更加严重的问题。2018 年和 2019 年，全国农业技术推广服务中心、国家水稻良种重大科研联合攻关组主办了两届全国优质稻品种食味品质鉴

评，分别评出 20 个和 30 个金奖品种（2018 年籼粳稻品种各 10 个，2019 年籼粳稻品种各 15 个），以推动水稻食味品质育种和应用发展。

2. 超级稻实现第五期育种目标

我国在超级稻理论方法、材料创制、品种选育等方面均取得了重大进展，育成了一大批超高产品种，在高产攻关和生产实践中表现出超高产潜力，2016 年已实现 16.0 吨 / 公顷的第五期高产目标，到 2019 年，经农业农村部认定的冠名超级稻的品种数目为 132 个（不含退出冠名的品种），其中常规稻 35 个，杂交稻 97 个，累计推广面积达 7000 多万公顷，目前年推广面积在 1000 万公顷以上。

3. 籼粳杂交稻实现区域性突破

采用"籼中掺粳"和"粳中掺籼"的策略，亚种间水稻杂交优势利用研究取得突破。浙江省宁波市农业科学院和中国水稻研究所等单位利用粳型不育系与籼粳中间型恢复系配组，选育出"甬优""春优""浙优"和"嘉优中科"等系列三系法籼粳亚种间杂交稻，在南方稻区显示出了良好的发展势头，杂种一代表现营养生长旺盛，生物学产量高，茎秆粗壮，抗倒性强，绝对产量高，增产潜力大[3]。截至 2018 年，先后有 38 个组合通过国家审定，其中 8 个组合被冠名超级稻。代表性品种"甬优 12"累计推广面积 27.7 万公顷。

4. 粳稻杂种优势利用取得可喜进展

受杂交粳稻品质、制种产量和竞争优势等问题的影响，三系配套在粳稻的杂种优势利用中还没有像南方籼稻那么普遍，杂交粳稻占粳稻种植面积的比例尚不足 3%。近年来，随着育种新技术的创新，创制了高异交特性和品质改良的"滇榆 1 号 A""滇寻 1 号 A"等一批稳定的滇型不育系和"辽 105A""辽 30A"等 BT 型不育系，育成"滇杂 31""云光 12 号""天隆优 619"等抗性强、品质优、产量高、抗倒伏的杂交粳稻新组合开始在生产中崭露头角[4]，尤其是"天隆优 619"的育成，使杂交水稻在寒地种植的梦想变成了现实。

5. 分子技术加速水稻育种精准化

中国科学院遗传与发育生物学研究所等对测序品种"日本晴和 9311"中的 28 个优良基因主动设计，以"特青"作为基因受体，再经过多年的聚合选择，最后获得若干份优异的后代材料和新品种。这些材料和品种充分保留了特青的遗传背景及高产特性，而稻米外观品质、蒸煮食味品质、口感和风味等均显著改良，所配组的杂交稻稻米品质也显著调高[5]。由中国科学院遗传发育所李家洋研究组与浙江省嘉兴市农业科学院合作，运用"分子模块设计"技术育成的水稻新品种"嘉优中科系列新品种"在江苏省沭阳县青伊湖农场获得了丰收，种植"嘉优中科 1 号"水稻品种的两块田实收测产表明，平均单产分别为 913 公斤 / 亩和 909.5 公斤 / 亩。李家洋院士领衔的"水稻高产优质性状形成的分子机理及品种设计"研究荣获 2017 年度国家自然科学奖一等奖。

6. 基因组编辑技术改良水稻获得进展

基因组编辑技术是指可以在基因组水平上对 DNA 序列进行定点改造的遗传操作技术，

其在水稻遗传改良方面具有重大的应用价值，利用 CRISPR/Cas9 技术获得水稻的每穗实粒数或着粒密度、粒长明显增加的材料[6]，低直链淀粉材料[7]；抗稻瘟病材料[8]，抗磺酰脲类除草剂材料[9]，粳型光敏核雄性不育系[10] 及温敏核雄性不育系[11]。2019 年，Wang和 Khanday 几乎同时通过基因编辑技术率先突破水稻无融合生殖研究，在杂交稻中建立无融合生殖体系，得到杂交稻的克隆种子[12-13]。

7. 多年生水稻扩大试种范围

云南大学胡凤益团队利用长雄野生稻（*Oryza longistaminata*）的地下茎无性繁殖特性培育多年生稻，经过 20 多年的探索，发现了控制地下茎遗传规律的原创性成果；多年生稻育种方法于 2017 获得了年国家发明专利授权；培育了一系列多年生稻品种（系），其中"多年生稻 23"（Perennial 23，PR23）于 2018 年通过了云南省审定，成为全球第一个通过官方审定的多年生作物品种；研发了颠覆性的多年生稻生产技术，以免耕方式实现了种植一次收获多年（次）的稻作生产方式，从第二年起不再需要种子、育秧、犁田耙田、移栽等生产环节；多年生稻技术目前已经在云南累计推广应用 8 万多亩，并在全国南方10 省、南亚东南亚 6 个国家、非洲乌干达等国家和地区试验示范。

8. 水稻种业发展竞争不断加剧

水稻种业发展竞争加剧，从卖产品到卖产品和服务并重。杂交稻制种面积从 2015 年的 145 万亩，不断提高到 2018 年的 169 万亩，种子产量提高到 2.9 亿公斤，市场竞争进一步加剧，杂交稻市场价格则有所下跌，常规稻种子平衡有余。截至 2018 年年底，全国持有效经营许可证的种业企业中，经营水稻种子企业 1036 个，种业上市公司中主营业务为水稻的 A 股上市企业有 6 家。水稻种业企业积极培育核心研发育种能力，不断增强专利保护意识，水稻种子企业市场集中度有所提高。水稻种子企业育成水稻品种数大幅度提高，2018 年我国审定的品种中，企业参与育成的品种占比高达 79.10%。我国杂交水稻种子出口 2015 年、2017 年下降较多，2018 年（2.03 万吨）恢复到 2014 年的水平，但出口价格则提高到 6965.60 万美元，比 2014 年高 9.89%。

（二）我国水稻栽培技术研究进展

水稻栽培技术正以前所未有的态势不断创新发展，进一步确立了我国在水稻栽培领域的国际领先地位。

1. 水稻超高产示范亩产超过千公斤

2015 年，安徽省白湖农场示范区的"甬优"1540 百亩攻关田平均亩产 1020.5 公斤，为该省历史上百亩连片水稻亩产首次突破 1000 公斤大关，同时也刷新了全国机插水稻高产纪录；2018 年，浙江省宁海县"春优"927 百亩示范片，平均亩产 1015.5 公斤，创造了浙江省水稻百亩示范片最高产量纪录；湖南杂交水稻研究中心选育的品种"超优 1000"，2015—2017 年在云南省红河哈尼族彝族自治州"超级杂交水稻个旧示范基地"连续 3 年产量突破16吨/公顷的高产攻关目标，并在2018年创下百亩片平均亩产1152.3公斤的纪录。

2.水稻机械化生产技术适应性不断增强

我国南方多熟制地区机插水稻普遍存在的"苗小质弱与大田早生快发不协调、个体与群体关系不协调、前中后期生育不协调"等问题，扬州大学联合南京农业大学等多家单位，经10多年攻关研究与集成应用，创立了"控种精量稀匀播、依龄控水精准旱育与化控"的机插毯苗"三控"育秧技术以及以"精准控种、控水与化控"为主要内涵的机插钵苗"三控"育秧技术，有效解决了上述问题，并在江苏、安徽、浙江、江西等省份大规模推广应用[14-15]，相关成果获2018年国家科学技术进步奖二等奖。

华南农业大学等单位研制了水稻精量穴直播机，提出了同步开沟起垄穴播、同步开沟起垄施肥穴播和同步开沟起垄喷药/膜穴播的"三同步"水稻精量穴直播技术。并在国内26省（市、区）及泰国等6国推广应用。与人工撒播相比，亩增产8%以上、增收100元以上，经济社会效益显著，为水稻机械化生产提供了一种先进的轻简化栽培技术[16]。"水稻精量穴直播技术与机具"获2017年度国家技术发明奖二等奖。

湖南农业大学研发了"杂交水稻单本密植机插高产高效栽培技术"，即通过光电比色筛选种子，包衣剂包衣种子，定位单粒印刷播种等技术的配套应用，实现了用种量较传统机插减少60%以上[17]。解决了杂交水稻机插秧用种量大、秧龄期短、秧苗素质差、返青时间长、早/晚季品种搭配难等生产问题，实现了杂交稻单粒播种成苗、大苗密植机插。

"水稻叠盘出苗育秧模式及技术"2018年在浙江省应用147.1万亩，新增稻谷6037.5万公斤，新增效益总额16863.6万元；预计在湖南、江西、江苏等省市应用超500万亩，取得显著社会经济效益，被推选为2018年浙江省十大农业科技成果之一，被列为中国农业科学院十大引领技术之一。

3.水稻绿色高产高效栽培技术得到青睐

双季稻"双季双直播"模式可以显著减少劳动力投入及劳动强度，有利于实现全程机械化种植；其周年产量可达15.0吨/公顷左右，相对一季中稻生产风险降低，有利于实现高产稳产；早、晚两季的生育期均较短，施肥次数减少和施肥量降低，有利于实现资源高效利用[18-19]。

稻田种养不仅提高了农业生产的经济效益，也为绿色可持续发展提供了巨大的潜力。"稻—虾"模式是目前发展势头最迅猛的稻田综合种养模式，水稻茎秆和叶片为小龙虾提供遮阴场所，水稻根系吸收水中的养分，净化水质；小龙虾一方面以稻田里的杂草和部分害虫为主食，另一方面其排泄物又增加了稻田中的有机质，两种生物在稻田中互利共生[20]。其他如"稻—鱼""稻—蟹""稻—鸭"等模式也具类似功能，在保障水稻稳产的基础上增加养殖效益，实现绿色高效可持续发展。

机收再生稻技术配套完善。华中农业大学等从再生稻高产优质品种筛选、农机农艺配套技术优化、肥水运筹管理、再生稻专用机械的研制等关键技术环节开展了系统研究，建立了"机收再生稻丰产高效栽培技术",并进行了大面试示范应用[21]。2011年至2017年,累计推广579.6万亩,增产稻谷(再生季)170万吨,增收节支55.5亿元,取得了显著的经济和社会效益。

水稻深施肥技术是国际上公认的水稻生产减少化肥施用量的有效技术措施之一(一种是以日本为代表的机插秧同步深施肥模式,一种是以欧美为代表的机直播同步深施肥模式),2018年被农业农村部列为十项重大引领性农业技术之一。目前,我国的深施肥技术尚处于起步阶段,技术研发与机具研制还有待加强和配套。

4. 水稻灾害防控技术可上线查询

中国水稻研究所等单位联合研发了水稻减灾保产相关技术,构建了水稻高低温、干旱、洪涝灾害等抗逆品种的评价方法,筛选了一批抗逆性好的水稻品种,制定了水稻品种花期高温热害鉴定与分级方法以及水稻季节性干旱灾害田间调查及分级技术规范农业行业标准;构建了水稻灾损评价方法及高温热害预警平台(http://monitor.ricedata.cn/main/main.aspx),并已在线应用;提出了缓解水稻高温灌溉方法(ZL201510600006.7、ZL201410051759.2),研发水稻高温灾害防控技术,连续6年列为农业部水稻主推技术。

(三)我国水稻品种资源研究进展

1. 水稻品种资源保存总量快速增长

农业部根据全国农作物种质资源保护与利用中长期发展规划(2015—2030)要求,于2015年启动第三次全国农作物种质资源普查与收集行动。自从该项目启动以来,我国新增收集水稻品种资源上万余份。截至2018年12月,国家农作物种质长期库共保存水稻品种资源87838份,其中野生稻资源6694份;广州、南宁两个国家野生稻圃保存有稻属21个种共11098份野生稻资源,在资源保存数量上首次超越印度,仅次于国际水稻研究所。同时,在海南、广东、广西、云南、福建、江西和湖南7个野生稻分布省(自治区)建立起野生稻原位境保存点(区)30个,已建成较为完善的水稻品种资源安全保存体系。

2. 水稻品种资源鉴定评价有质的提升

2016年,国家重点研发计划"七大农作物育种"重点专项"主要粮食作物种质资源精准鉴定与创新利用"启动,水稻品种资源评价从基本农艺性状鉴定,进入全方位的精准鉴定。精准鉴定以骨干亲本和主栽品种为对照,使用大样本群体,对农艺性状进行多年多点的表型考察,并集成表型与基因型数据综合分析资源利用潜力。

3. 基因组变异与遗传多样性研究成果登上《自然》杂志

截至2018年年底,中国学者已先后发表非洲栽培稻、普通野生稻、尼瓦拉野生稻、短舌野生稻、展颖野生稻、南方野生稻以及栽培稻品种"93-11""明恢63""珍汕97""蜀恢498"的全基因组序列,这些基因组序列为揭示水稻进化网络、解析遗传机制提供了必要的信息基础,为水稻精准育种提供了新材料。在科技部与比尔及梅琳达·盖茨基金会的共同支持下，由中国农业科学院作物科学研究所、华大基因与国际水稻研究所共同完成了 3000 份水稻种质基因组重测序项目，对亚洲栽培稻群体的结构和分化进行了更为细致和准确的描述和划分，相关结果于 2018 年 5 月发表于《自然》杂志[22]。

4. 水稻驯化研究揭示籼粳独立起源

亚洲栽培稻起源于普通野生稻，但关于亚洲栽培稻各亚种起源关系及起源地点的问题观点纷呈，学说颇多。2017 年，中国科学院遗传发育研究所以 203 份驯化品种和 435 份野生稻材料为对象，研究普通野生稻的遗传结构与起源关系，结果表明现代野生稻携带有大量的驯化位点，这些驯化位点可能来源于花粉或种子传播形成的基因反渗透，该研究首次提出野生稻是一个杂合集群，与栽培稻存在持续的基因交流[23]。2018 年，中国农业科学院作物研究所与华大基因及国际水稻研究所合作，通过对 3010 份水稻品种资源的 9 个重要驯化基因单倍型变异进行分析，发现尽管大量籼稻携带有至少一个粳稻类型的等位基因，然而仍存在较多的籼稻资源不携带任何粳稻类型的等位基因，据此认为籼粳独立起源[22]。

（四）我国水稻分子生物学研究进展

2015 年以来，中国水稻分子生物学持续稳步发展，在 CNS 三个国际顶尖期刊发表论文 9 篇，*Nature Genetics* 7 篇，*Plant Cell* 以上期刊 80 余篇，获得了一系列原始创新成果和新突破，如水稻广谱抗病的遗传基础及机制、杂种优势的分子遗传机制和耐受寒害机制、调控植物生长——养分代谢平衡的分子机理、自私基因维持植物基因组稳定性调控育性的分子机制和大规模种质资源的全基因组变异的解析。

1. 应用全基因组关联等技术挖掘出一批水稻基因资源

全基因组关联分析已广泛用于解析水稻复杂农艺性状的遗传基础。2016 年中国科学院上海生科院植物生理研究所韩斌课题组率先通过关联作图方法克隆到水稻粒型调控基因 GLW7，随后中国科学院遗传与发育研究所和华中农业大学研究团队分别报道利用关联作图克隆水稻粒型控制基因 GSE5 和水稻中胚轴长度控制基因 GSK3[24-26]，证实利用关联分析分离功能基因具有可行性。

2. 逆境生物学研究为抗性育种提供基础

近几年，揭示水稻抗逆的分子机制研究亮点频出。发现了水稻新型广谱抗病基因 *Bsr-d1*、*bsr-k1* 和 *Pigm*[27-28]，以及 *IPA1* 单个基因既增产又抗病的平衡机制[29]。克隆了三个褐飞虱抗性基因 *BPH9*、*BPH14* 和 *Bph6*，耐冷基因 *COLD1*、*bZIP73*、*qCTB4-1* 和 *HAN1*[30]，耐高温基因 *OgTT1*、*TOGR1* 和 *EG1*，以及抗旱耐盐基因 DCA1，对抗逆分子机理剖析和抗性品种的选育具重要意义。

3. 重要农艺性状变异获得遗传解析

我国主要开展了株高、叶夹角、分蘖、根系、穗部和籽粒等性状方面的研究，发现

IPI1 对 *IPA1* 的泛素化特异性而精细调控株型。*IPA1* 等位基因 *qWS8/ipa1-2D* 精细剂量调控理想株型的形成，*IPA1* 与 *D53* 互作抑制 *IPA1* 活性起负反馈调节。由 miR156/miR529/SPL 和 miR172/AP2 通路组成控制水稻分蘖和稻穗分枝。还发现了一系列粒形调控基因，如 *BG1*、*GW5*、*OsBUL1*、*qTGW3/TGW3/GL3.3* 和 *GL7* 等。

4. 发现水稻育性遗传调控基因

发现光敏不育基因 *pms1* 能形成 phasiRNA 调控雄性不育；自私基因 *qHMS7* 调控水稻籼粳亚种间杂种不育[31]；其他不育基因 *tms10*、*Sc*、*WA352c* 和雄性不育恢复基因 *RF6*。

此外，在养分高效方面，水稻生长调节因子 GRF4 参与调节植物生长与碳—氮代谢之间的稳态[32]；土壤微生物群落参与籼稻氮高效基因 NRT1.1B 的利用。在基因组学方面，3K 水稻种质测序揭示了群体基因组变异结构[22]。66 个深测序品种构建了栽培稻和野生稻泛基因组数据集。从进化基因组水平揭示了水稻的去驯化形成杂草稻，以及水稻—草互作的代谢组机制。

二、水稻学科发展的国内外比较

（一）水稻遗传育种学科发展

国内超高产育种依然保持世界领先。2016 年，世界上水稻种植面积最大的 10 个国家中，中国单产水平最高，亩产 462.5 公斤，比最低的尼日利亚高出 327.4 公斤。不断提高水稻单产水平和总产量，仍然是我们育种的主攻方向，但发达国家的水稻育种研究更加注重生物技术与常规育种方法的密切结合，在育种目标上不仅注重产量同时也注重对生境和非生境胁迫的研究，加强了对抗虫、耐逆基因的挖掘及其育种利用。

在品质育种方面，国内往往注重于产量、品质、抗性、适应性"四性"的综合协调，而发达国家更加注重水稻的理化品质和食味品质。在功能性稻米的研究及其产业化方面，我国刚起步，而发达国家走在了前面，向具有营养保健功能的方向发展，如日本开发了低球蛋白米、花粉症减敏稻米、糖尿病改善米、血清胆固醇减缓米、气喘减敏米、阿兹海默疫苗米、辅酶 Q10 强化米、矿物质强化米、高氨基酸米、高维生素米[33]，印度培育出了适合糖尿病患者食用的水稻品种 ISM 的改良变种，该变种除了具有高产、抗白叶枯病等优良性状外，其血糖生成指数（GI）仅为 50.99。

（二）水稻栽培技术学科发展

欧美等工业化水平较高的国家，早在 20 世纪 60 年代就已实现从耕翻播种、田间管理、收获干燥等的全程机械化，着重于提高人均劳动生产率。西方发达国家水稻生产有以下几个特点：①计算机与激光技术结合的大型平地机高质量完成整地平地作业；②机械精控播量、播深，播种质量高；③水、肥、药管理均实现机械化、智能化，实现精准灌溉、施肥与打药；④水稻与大豆轮作补足土壤肥力等。值得注意的是，欧美等国水稻生产具有高产量、高效率、低人工投入的优势，这些优势主要依赖先进的农用机械、广袤肥沃的耕地、科学的休耕制度以及高昂的政府补贴。

发展节水灌溉对稳定水稻生产和水资源高效利用具有十分重要的意义。国外目前比较成熟的水稻节水灌溉技术包括：①湿润灌溉：技术要点在于控制土壤的水分限度，使土壤水分极度饱和，无须持续建立水层；②干湿交替灌溉：技术要点是在一段时间内田间建立浅水层，而后自然落干至土壤干裂不严重，复水，再落干，再复水，如此循环；③水稻旱作孔栽法：技术要点是在湿润免耕的田块用小巧的打孔播种器（机）在土中打孔、播种，播完后以土肥覆盖，并在孔中灌满水。其中，干湿交替灌溉技术在我国得到了大面积的推广应用。

保护性耕作是指用大量秸秆残茬覆盖地表，将耕作减少到只要能保证种子发芽即可，主要用农药来控制杂草和病虫害的耕作技术。目前，国外保护性耕作的主要技术措施包括：①残茬覆盖，在农田表面覆盖一层作物残茬，形成地表、阳光、降水、气流相互作用的缓冲带，以减少土壤水分蒸发，调节土壤温度、提高土壤肥力和控制土壤侵蚀。②免耕技术：美国的免耕技术保护环境效果最好。此外，还有留茬耕作模式、条带垄作模式、少耕模式、粮草轮作模式等技术。③深松技术：用凿式犁或深松机进行只松土而不翻转土层，仍保护熟土在上、生土在下的耕层状况。④免耕播种技术：使用特殊的专用免耕播种机，集开沟、播种、施肥、覆土、镇压于一体，国外保护性耕作机具的开发生产向专业化、复式化、大型化、产业化和智能化的方向发展。⑤杂草、病虫控制技术：国外重视非化学除草技术的研究，如机械除草、覆盖压制除草、轮作控制杂草、生物除草等。

（三）水稻品种资源研究

我国在水稻资源研究取得重大进展，尤其是基于基因组学的资源研究，但在一些领域与国际水平尚存在一定的差距。

1）我国基于基因组学的水稻资源研究已进入国际先进行列。近年来，我国在资源相关的基础科学方面，尤其在水稻起源与演化、全基因遗传变异和基因基因挖掘方面科研实力显著增强，在国际顶级期刊发文量稳步上升，标志着我国水稻基于基因组学的资源研究已经具备国际竞争力。

2）资源保存数量与质量的不平衡。我国水稻品种资源保有数量虽然已位居世界第二，但其中约80%均为国内资源，国外资源占比低，特别是 aus、rayada、香稻这3类资源保有量极为稀少，说明资源收集保存仍然任重道远。

3）资源评价的系统性与新种质创制仍显薄弱。在鉴定评价方面，我国水稻品种资源由于数量庞大，缺乏评价层次的系统性，从而造成资源丰富却难以利用的矛盾，资源的价值未被充分挖掘。国际水稻研究所在20世纪已经系统地开展种质资源基于表型、生理及

遗传学的系统评价，在全球主要产稻国建立遗传评价网络，并培育了一大批可直接利用的骨干亲本，这些思路值得我们学习借鉴。

（四）水稻分子生物学研究

2015 年以来，我国水稻科学家，在三个国际顶尖期刊 CNS［《细胞》（*Cell*）、《自然》（*Nature*）、《科学》（*Science*）］发表水稻生物学方面的研究论文 9 篇、国外科学家发表 8 篇。中国的水稻生物学已在国际上起引领作用。*New Phylogists*、*Plant Physiology* 和 *Plant Journal* 三个植物主流期刊共发表水稻生物学论文 2520 余篇，其中中国 711 篇，所占比例已经快速上升至 28% 以上。中国作者发表的文章数量持续增长。

三、我国水稻科技发展趋势与展望

（一）我国水稻遗传育种发展趋势与展望

1. 提升新一代水稻育种技术

创新全基因组选择、基因编辑、诱发突变、杂种优势利用等育种技术，通过生物技术、信息技术和人工智能技术的交叉融合，以全基因组选择为主线，完善水稻分子设计育种，和智能设计育种，推动水稻育种逐渐向高效、精准、定向的育种转变。

2. 培育综合性状优良的重大品种

利用基因组学、遗传学等方法，系统开展变异组学研究，解析水稻种质资源形成与演化规律，规模化发掘有育种利用价值的等位基因；充分利用克隆的优质、高产、抗病虫、抗逆、养分高效等重要性状新基因，创制高产、优质、抗病、氮磷营养利用率显著提高、节水抗旱性明显增强的水稻育种新材料，培育米质优良、抗逆性强、氮、磷、钾等养分高效利用、重金属低吸收积累、产量高、适应性广、适于节本增效的机械化生产绿色超级稻新品种。

（二）我国水稻栽培科技发展趋势与展望

1. 加速发展实用轻简化生产技术

今后我国水稻的轻简化生产首要任务还是形成水稻轻简化生产的栽培体系，在体系形成的基础上逐步探索更合理、更经济有效的种植方式，逐步推广给农民，例如机直播、机插秧、少免耕、抛秧、再生稻、种养结合等技术。

2. 加速应用绿色高效生产技术

由于生产资料和劳动力成本逐年上升，种植效益逐年降低，水稻可持续生产面临重大挑战。未来水稻栽培需要因地制宜地通过模式创新和管理措施优化，解决高产与高效、高产与优质、用地与养地的矛盾，协调环境因素与高产、优质、安全之间的相互关系，寻求绿色高产高效的栽培技术，从而实现"少打农药、少施化肥、节水抗旱、优质高产"的绿色目标。

3. 加速开展逆境生物学研究

由于全球的温室效应和环境恶化，使得农业上自然灾害频繁发生，严重威胁水稻生产的稳定和发展。研究水稻对逆境响应的机制和应对逆境的调控技术已是水稻栽培学研究的一个重要任务。需要从群体、个体、组织、器官、细胞和分子水平上研究水稻对逆境的响应机制，揭示水稻对环境逆境响应和适应性机理。

（三）我国水稻品种资源发展的趋势与展望

1. 重视国外资源引进

实践证明引入国外品种是加快我国品种选育进程，拓宽国内资源遗传基础的重要途径。针对我国稀缺的资源类型，如秋稻、rayada、香稻以及印度等地区的水稻地方资源，应当重点引进。

2. 提高新种质创制效率

基于 CRISPR-Cas9 的水稻基因编辑技术日趋成熟，利用基因编辑技术定向创制优异种质资源，将是水稻资源研究的一项重要工作内容。目前，基因编辑技术已经在培育优质稻米，创制水稻无融合生殖体系等领域崭露头角，相信在未来该技术会对水稻资源研究带来更多的突破进展。

（四）我国水稻分子生物学研究发展展望

1. 高光效、合成生物学发展方向

高光效水稻和生物合成学是将来发展方向。一方面，目前高产水稻的光能利用率仅 $1.5\% \sim 2.0\%$，而理想的可达 $3\% \sim 5\%$，因而增加光能利用率尚有巨大的潜力。另一方面，抑制光呼吸的生物合成，能增加 C_3 作物的产量 40% 左右，具有广阔的应用潜力。

2. 水稻无融合生殖体系发展和完善

玉米 *MTL/ZmPLA1* 基因编辑诱导系诱导单倍体形成掀开了作物无融合生殖的序幕。水稻中也发现和利用了 *MATL* 的同源基因 *OsMATL*，基因编辑获得了无融合生殖杂交水稻的克隆株系。但是，简化和稳定的操作系统还有待进一步的发展和完善。

3. 大数据和表型组学发展展望

水稻已进入功能基因组和大数据的时代，需要建立更完整的水稻基因组大数据库和基因调控网络。而且分子大数据必须和表型组学（phenomics）相结合，高通量表型无损检测表型组学的发展有利于推动分子大数据在水稻遗传育种的应用。

4. 水稻分子设计育种展望

水稻有 4 万多个功能基因，目前已克隆的功能基因达 1000 多个，包括高产、优质、

抗逆的重要功能基因，而且，越来越多的功能基因将被克隆。如何高效聚合设计利用这些重要功能基因，设计和培育具有籼—粳杂种优势与理想株型的高产、优质、抗逆的绿色超级稻，是今后发展方向。

参考文献

[1] 石学彬，刘康. 我国农作物品种审定制度变革与现代种业发展刍议 [J]. 农业科技管理，2018（3）: 62-65

[2] 吕凤，杨帆，范滔，等. 1977—2018 年水稻品种审定数据分析 [J]. 中国种业，2019，2：29-40

[3] 林建荣，宋昕蔚，吴明国，程式华. 籼粳超级杂交稻育种技术创新与品种培育 [J]. 中国农业科学，2016，49（2）: 207-218

[4] 隋国民，杂交粳稻研究进展与发展策略 [J]. 辽宁农业科学，2018（1）: 51-55

[5] Zeng D，Tian Z，Rao Y，et al. Rational design of high-yield and superior-quality rice [J]. Nature Plants，2017，3: 17031

[6] Li M，Li X，Zhou Z，et al. Reassessment of the four yield-related genes Gn1a, DEP1, GS3, and IPA1 in rice using a CRISPR/Cas9 system [J]. Frontiers in Plant Science，2016（7）: 377

[7] Ma X，Zhang Q，Zhu Q，et al. A robust CRISPR/Cas9 system for convenient, high-efficiency multiplex genome editing in monocot and dicot plants [J]. Molecular Plant，2015，8（8）: 1274-1284

[8] WANG F，WANG C，LIU P，et al. Enhanced rice blast resistance by CRISPR/Cas9-targeted mutagenesis of the ERF transcription factor gene OsERF922 [J]. PLoS One，2016，11（4）: e0154027

[9] Shimatani Z，Kashojiya S，Takayama M，et al. Targeted base editing in rice and tomato using a CRISPR-Cas9 cytidine deaminase fusion [J]. Nature Biotechnology，2017，35（5）: 441-443

[10] Li Q，Zhang D，Chen M，et al. Development of japonica photo-sensitive genic male sterile rice lines by editing carbon starved anther using CRISPR/Cas9 [J]. Journal of Genetics and Genomics，2016，43（6）: 415-419

[11] Zhou H，He M，Li J，et al. Development of commercial thermo-sensitive genic male sterile rice accelerates hybrid rice breeding using the CRISPR/Cas9-mediated TMS5 editing system [J]. Scientific Reports，2016，6: 37395

[12] Wang C，Liu Q，Shen Y，Y. et al. Clonal seeds from hybrid rice by simultaneous genome engineering of meiosis and fertilization genes [J]. Nat Biotechnol，2019，37（3）: 283-286

[13] Khanday I，Skinner D，Yang B，et al. A male-expressed rice embryogenic trigger redirected for asexual propagation through seeds [J] Nature，2019，565（7737）: 91-95

[14] 胡雅杰，吴培，朱明，等. 钵苗机插水稻氮素吸收与利用特征 [J]. 中国水稻科学，2018，32（3）: 257-264

[15] 胡群，夏敏，张洪程，等. 氮肥运筹对钵苗机插优质食味水稻产量及品质的影响 [J]. 作物学报，2017，43（3）: 420-431

[16] Zhang M，Wang Z，Luo X，Zhang Y，Yang W，Xing H，Wang B，Dai Y. Review of precision rice hill-drop drilling technology and machine for paddy [J]. International Journal of Agricultural and Biological Engineering，2018，11（3）: 1-11

[17] Huang M，Zou Y. Integrating mechanization with agronomy and breeding to ensure food security in China [J]. Field Crops Research，2018（224）: 22-27

[18] 王飞，彭少兵. 水稻绿色高产栽培技术研究进展 [J]. 2018，30（10）: 1129-1136

［19］ Xu L, Zhan X, Yu T, et al. Yield performance of direct-seeded, double-season rice using varieties with short growth durations in central China［J］. Field Crop Res, 2018（227）: 49-55

［20］ 曹凑贵, 江洋, 汪金平, 等. 稻虾共作模式的"双刃性"及可持续发展策略［J］. 中国生态农业学报, 2017（25）: 1245-1253

［21］ Chen Q, He A, Wang W, et al. Comparisons of regeneration rate and yields performance between inbred and hybrid rice cultivars in a direct seeding rice-ratoon rice system in central China［J］. Field Crops Research, 2017（223）: 164-170

［22］ Wang W, Mauleon R, Hu Z, et al. Genomic variation in 3,010 diverse accessions of Asian cultivated rice［J］. Nature, 2018, 557（7703）: 43-49

［23］ Wang H R, Vieira F G, Crawford J E, et al. Asian wild rice is a hybrid swarm with extensive gene flow and feralization from domesticated rice［J］. Genome Res., 2017, 27（6）: 1029-1038

［24］ Si L, Chen J, Huang X, et al. OsSPL13 controls grain size in cultivated rice［J］. Nat. Genet., 2016, 48（4）: 447-456

［25］ Duan P, Xu J, Zeng D, et al. Natural Variation in the Promoter of GSE5 Contributes to Grain Size Diversity in Rice［J］. Mol Plant, 2017, 10（5）: 685-694

［26］ Sun S, Wang T, Wang L, et al. Natural selection of a GSK3 determines rice mesocotyl domestication by coordinating strigolactone and brassinosteroid signaling［J］. Nat Commun, 2018, 9（1）: 2523

［27］ Li W, Zhu Z, Chern M, et al. A Natural Allele of a Transcription Factor in Rice Confers Broad-Spectrum Blast Resistance［J］. Cell, 2017, 170（1）: 114-126 e115

［28］ Deng Y W, Zhai K R, Xie Z, et al. Epigenetic regulation of antagonistic receptors confers rice blast resistance with yield balance［J］. Science, 2017（355）, 962-965

［29］ Wang, J, Zhou L, Shi H, M. et al. A single transcription factor promotes both yield and immunity in rice［J］. Science, 2018b, 361（6406）: 1026-1028

［30］ Ma Y, Dai X, Xu Y, et al. COLD1 confers chilling tolerance in rice［J］. Cell, 2015（160）: 1209-1221

［31］ Yu X W, Zhao Z G, Zheng X M, et al. A selfish genetic element confers non-Mendelian inheritance in rice［J］. Science, 2018, 360（6393）: 1130-1132

［32］ Li S, Tian Y G, Wu K, et al. Modulating plant growth metabolism coordination for sustainable agriculture［J］, Nature, 2018（560）: 595-600

［33］ 杨玉婷. 日本稻米科技研究发展［J］. 农业生产产业季刊, 2016-05-17, 26-34

撰稿人: 程式华 胡培松 曹立勇 章秀福 魏兴华 郭龙彪 庞乾林

玉米科技发展报告

玉米是我国最重要饲料作物之一，而且是重要的食品和非食品工业原料，2018年我国玉米种植面积4.21千万公顷，总产达到2.57亿吨，面积和总产均列农作物第一位。随着生命科学和信息技术的飞速发展，玉米科学进入到一个新的发展时期。高通量的组学技术已经成为核心种质资源规模化鉴定的重要手段，显著提高了优良基因资源挖掘和程序化利用的效率。近年来随着全球气候的变化，各类极端灾害天气频发，更加重视选育和推广应用抗逆性强的稳产型品种。适宜全程机械化作业的优良品种培育已经成为玉米育种的主要方向之一。玉米高通量分子检测、单倍体、全基因组选择等技术迅速发展，形成基于信息技术、常规育种与生物技术集成的现代玉米育种技术体系。进一步探索高产潜力和技术途径，各地不断创造新的玉米高产纪录。农机农艺融合的研究与应用，特别是单粒精量播种和机械粒收技术推动了全国玉米生产机械化水平的不断提高。进一步优化绿色高效耕作制度、化肥农药减施增效技术，提升了玉米农田综合可持续生产能力。总之，我国玉米科学的进步，提升了玉米科技水平，促进了玉米产业的发展。

一、学科重大进展

（一）重大研究成果

1. 玉米冠层耕层优化高产技术体系研究与应用

研究探明了玉米密植倒伏、早衰的原因，创新了冠层生产力与耕层供给力的评价方法，确立了玉米不同产量目标（9.0~15.0吨/公顷）的定量指标，创立了冠层"产量性能"定量分析、冠层和耕层优化及二者协同的理论体系。研发出冠层耕层协同的深松、化控等关键技术，有效解决了玉米地上、地下部协同发展的生产问题，减低了密植带来的倒伏、早衰等风险。该成果2015年获国家科学技术进步奖二等奖。

2. 玉米田间种植系列手册与挂图

由国内 500 余位一线专家和技术人员联合创作，包括分区域手册 6 册和挂图 30 张，由中国农业出版社出版。以现代玉米生产新理念、新技术、新模式为核心内容，以生产流程为轴线、生产问题为切入点、典型图片再现生产情景的表现形式编写，手册重印 21 次，合计出版 91 万册；挂图重印 16 次，合计出版 165.4 万张，还被翻译为蒙古、哈萨克、维吾尔等民族语言及英文出版，在传播现代玉米生产理念和技术方面产生了积极作用。该成果 2015 年获国家科学技术进步奖二等奖。

3. 玉米重要营养品质优良基因发掘与分子育种应用

克隆了改善不饱和脂肪酸比值和含油量的两个主效 QTL。利用全基因组关联发现了 74 个油分相关基因，开发了相应功能标记并用于育种。首次克隆了玉米维生素 E 含量主效 QTL 基因 *ZmVTE4*，开发了相应功能标记，研制了高维生素 E 甜玉米新品种，维生素 E 含量比对照提高 17.5% 以上。克隆了玉米维生素 A 原含量基因 *-crtRB1*。首次揭示了该基因在热带/亚热带和温带玉米材料中分布的遗传规律，国际玉米小麦改良中心等单位应用该基因标记选育出系列新品种。该成果 2016 年获国家技术发明奖二等奖。

4. 东北地区旱地耕作制度关键技术研究与应用

从玉米田高产土壤耕层构建入手，系统提出了基于土壤理化性状的白浆土、黑土、棕壤和褐土的高产耕层主要物理指标参数阈值，建立了配套的土壤耕作方法，形成了较为系统的土壤耕作制度，在粮食主产区构建了高产高效型耕作制度模式与配套技术体系，实现了技术的制度化，大面积示范实现农田生产力平均提高 20% 以上，玉米产量增加 6%~11%，降水利用效率提高 4%~8%。该成果获 2016 年度国家科学技术进步奖二等奖。

（二）种质资源研究进展

1. 玉米种质资源表型鉴定

2016 年，由中国农业科学院作物科学研究所牵头对 2000 份玉米种质资源多种表型的精准鉴定，在主产区设 6 个点开展农艺性状精准鉴定（特别是配合力）和自然发病条件下的抗病性评价，同时对部分种质资源开展了抗旱性、抗病性（腐霉茎腐病、镰孢茎腐病、禾谷镰孢穗腐病、拟轮枝镰孢穗腐病）、氮利用效率、籽粒脱水、抗倒性、根系性状等的精准鉴定评价，同时利用表型组学设施对部分种质资源开展了苗期和成株期形态学性状鉴定，获得了一批重要种质资源。

2. 玉米种质资源基因型鉴定

近年来，北京市农林科学院玉米研究中心利用 MaizeSNP3072 芯片对 344 份材料进行了基因型鉴定，将其划分为 8 个类群，揭示出近年来我国又产生了一个新类群，即 X 群。中国农业大学再次提出我国玉米自交系中存在另一个独特的类群，即温—热群 I。中国农业科学院作物科学研究所应用重测序技术借助高密度基因型数据，对世界范围内的多

样性种质进行了分析，以骨干亲本为典型种质将其分为了 13 个亚群，并在基因组范围内检测到了 197 个亚群间分化的遗传区段，并发现大量的产量和适应性基因位点。还利用 MazieSNP50 芯片基因型数据，分别检测到玉米骨干亲本 B73、Mo17、207 和黄早四典型遗传区段。

3. 基于玉米种质资源的基因发掘

河南农业大学等多个科研院所和高等院校对不同性状开展了关联分析研究，例如雌穗相关性状、籽粒相关性状、籽粒灌浆速度和脱水速率、玉米苞叶相关性状、茎秆细胞壁组分和饲用品质、种子萌发相关性状、抗旱相关性状、芽期耐冷性、耐低磷相关性状、抗倒性、砷和汞积累能力、镉和铅积累能力、株高穗位高、根系、淀粉含量、结构和特性、氨基酸含量、维生素 E 含量等性状开展关联分析研究，获得了一些有价值的结果。

在优异等位基因发掘方面，西北农林科技大学对叶绿素相关基因 *non-yellow coloring1*、扬州大学对铁含量相关基因 *ZmYS1* 和淀粉合成相关基因 *ZmBT1*、四川农业大学对低磷响应基因 *ZmARF31* 研究取得了一定的进展。

（三）遗传育种及基因组学研究进展

1. 新品种培育进展

随着品种审定标准的修订以及联合体、绿色通道等品种试验渠道拓宽，玉米审定品种数量从 2017 年开始显著增加，2018 年审定品种数量达到 516 个，省审品种数量 1300 多个。随着新种质和新技术的应用、"登海 605""京科 968"等年推广面积千万亩以上的主导品种正在引领新一轮的品种更新换代。适合机械化籽粒收获的德美亚 1 号、KX 系列等已经在黑龙江和新疆等地大规模应用。2017 年有 8 个品种首批通过机收籽粒品种国家审定。

鲜食玉米品种近年来种植面积不断扩大，2018 年超过 2000 万亩，我国成为全球第一大鲜食玉米生产国和消费国。生产应用的甜玉米、糯玉米、甜加糯玉米等品种已达数百个之多。近年来甜加糯类型品种增长较快。全株青贮玉米目前已发展到 2000 万亩以上，淀粉含量都要达 30% 以上的全株优质青贮玉米品种成为奶牛养殖企业的重点需求。

2. 现代育种技术

中国农业大学证明了磷脂酶基因 *ZmPLA1/MTL/NLD* 是控制单倍体诱导率的关键基因[3]。中国农业大学、华中农业大学等发现单倍体诱导过程中存在单受精和染色体排除两种机制。中国农业大学在第 6 号染色体上定位到了控制单倍体雄穗育性恢复的重要 QTL 基因 *qhmf4*。中国农业大学利用分子选育技术成功选育出诱导率超过 15% 的高频诱导系。北京市农林科学院、河南农业大学、广西农科院等单位分别选育出了适合当地生态条件的单倍体诱导系。中国农业大学通过与企业合作改进了核磁共振自动化单倍体籽粒筛选设备。中国农业大学建立的幼胚组培工程化 DH 系生产技术，单倍体加倍率可达 70% 以上。

随着高通量测序技术的飞速发展，为开展分子标记辅助育种奠定了基础。中国农科院、北京市农林科学院、中国农业大学等农业研究单位及种子企业已开展大规模 SNP 基因分析。基于 KASP 基因分型技术，北京市农林科学院、隆平高科分别实现了对玉米抗茎腐病、抗灰斑病基因的高通量检测。

中国农业大学用分子标记辅助育种改良当前全国种植面积最大的杂交种"郑单 958"，油分提高 26.5%。云南农科院将高维生素 A 原的优良等位基因通过分子标记技术导入玉米优质蛋白自交系，选育了高维生素 A 原自交系。中国农业大学克隆了玉米丝黑穗病、茎腐病、甘蔗花叶病毒病等玉米主要病害的抗病基因，开发了分子标记，选育出抗玉米丝黑穗病、抗茎腐病的优良自交系和杂交种。中科院植物所克隆了玉米苗期耐旱基因，导入旱敏感的自交系，耐旱性得到提高。

3. 基因组学技术和平台

中国农业大学完成了玉米骨干自交系 Mo17 的高质量参考基因组[4]，北京市农林科学院玉米研究中心构建了中国玉米骨干自交系黄早四高质量基因组图谱，揭示了黄早四及其衍生系的遗传改良历史。中国农业科学院公布了基于 1218 个玉米自交系的第三代多态性数据（HapMap3）。中国农业科学院和北京市农林科学院共同建立了 B73 背景的 EMS 突变体库，发现约 20 万个突变位点，涵盖 82% 的玉米基因。华中农业大学开发了基因精细定位和克隆的新流程 QTG-Seq；发明了一种单细胞 DNA 甲基化检测方法 scBRIF-seq。

中国农业大学通过 RIL 大群体鉴定到包含多个已知株型基因位点，克隆了玉米株高主效 QTL 基因 $qph1$。华中农业大学利用 ROAM 群体鉴定到株型相关性状的 800 个 QTLs，验证了 5 个主效 QTLs 并精细定位了一个株高主效 QTL（$qPH3$）。河南农业大学利用 4 个 RIL 群体鉴定到不同密度下株型性状的 165 个 QTLs，其中 60% 的 QTLs 在两种密度下均被鉴定。鉴定并克隆了控制玉米穗行数的 QTL $KRN4$ 并阐明了其在玉米驯化和改良过程中的分子演化；分离了控制花序分支的重要基因 $GIF1$ 和 $UB3$ 并阐明了其调控花序分支的分子途径。

中国科学院、上海大学等单位发现了醇溶蛋白基因的新转录因子 ZmMADS47 和 ZmbZIP22；发现了 O2 和 PBF1 协同调控醇溶蛋白合成和淀粉合成的机制。克隆了两个蛋白品质突变体，其中 Opaque10 是一个新的醇溶蛋白转运蛋白，而 Floury3 是有基因印记效应的 PLATZ 转录因子。研究了位于经典突变体 Opaque7 下游的 OCD1 的生物功能，揭示了草酸代谢影响蛋白品质的机制。克隆了高品质蛋白玉米（QPM）硬粒性状的主效 QTL 位点 q γ 27。

中国农业大学相继克隆到若干玉米主要抗病 QTL，包括抗茎腐病的 $ZmCCT$ 基因，兼抗茎腐病和穗腐病的 $ZmAuxRP1$ 基因，抗甘蔗花叶病毒病的 $ZmTrxh$ 和 $ZmABP1$ 基因。利用生物组学的方法研究了玉米抗大斑病、灰斑病、穗粒腐病、瘤黑粉和细菌性褐斑病的分子机制，发现抗病过程中各种防御相关的代谢途径和信号传导被激活[1]。

中国科学院植物研究所克隆了玉米关键抗旱基因 $ZmVPP1$，在干旱胁迫下表达量提高，增强抗旱性[2]。华中农业大学阐述了玉米 ABA 信号通路关键调控因子 PP2CA 和 PYL 家族基因的抗旱功能。四川农业大学发掘了玉米应答干旱胁迫的非编码 RNA，并揭示了干旱胁迫下小 RNA 和组蛋白修饰在自然反义转录本表达调控中的潜在影响。中国农业大学克隆了一个玉米抗盐 QTL 基因 *ZmNC1 / ZmHKT1*，以大刍草 /W22 渗入系为材料，克隆了另一个抗盐 QTL 基因 *qKC3 / ZmHKT2*。

中国农业大学利用根系特异重组自交系群体，利用定位到的重要 QTL 成功改良了根系性状并实现氮磷效率的提高。克隆到玉米根系高亲和钾转运蛋白基因 *ZmHAK5* 和 *ZmHAK1*。中国农科院作科所还发现了 ZmmiR528–ZmLAC3/ZmLAC5 网络调控木质素的合成，从而影响高氮下玉米的倒伏表现。

4. 玉米生物技术

近年来，我国玉米转基因技术有了长足的进步。玉米最高转化率超过 40%。此外，已对 10 多个重大转基因玉米转化体开展了系统的安全评价。创制了抗病虫、抗除草剂、抗逆、优质、高产和营养高效转基因玉米新材料数百份，其中，进入中间试验阶段的事件达到 280 个，进入环境释放 20 多个，3 个抗虫与耐除草剂转基因玉米具备了产业化条件。

以玉米为受体物种，发展了基于病毒介导的基因编辑机制胞内递送、熟化了基于 CRISPR 原理的 Cas9、胞嘧啶编辑器（CBE）与腺嘌呤编辑品（ABE）等基因编辑技术体系。利用 CRISPR/Cas9 基因编辑技术定点突变在创制玉米紧凑株型、孤雌生殖单倍体诱导系、淀粉（高支链、高直链与抗性淀粉）、病害（大斑病）与产量性状上也取得进展。

（四）栽培耕作学研究进展

1. 玉米栽培与耕作理论突破

中国农业科学院提出了"增密增穗、水肥促控与化控两条线、培育高质量抗倒群体和增加花后群体物质生产与高效分配"的玉米高产挖潜技术途径，在新疆奇台总场连续 4 次打破全国玉米高产纪录，2017 年创造了 22.76 吨 / 公顷（1517.11 公斤 / 亩）的全国新纪录。中国农业大学运用作物模型和农业区域的方法进一步论证了中国玉米主产区的产量潜力和产量差，并指出了不同生态区的主要气候限制因子。吉林省农业科学院揭示了高产群体养分"阶段性吸收差异"规律，为松辽平原玉米定向调控技术创新提供了理论依据。

基于长期定位试验，采用 Meta 分析，明确了免耕对旱地农田温室气体排放的影响特征及其调控机制，为深入理解农田温室气体减排的农田状况与技术效应提供了参考。基于长期施肥定位试验，明确了南方双季玉米体系下的温室气体排放规律及其调控机制。

2. 玉米栽培与耕作关键技术创新

玉米生产全程机械化技术是近年栽培研究的重点。2012 年，我国玉米机械收获率从 2012 年的 42.5% 快速上升到 2018 年的 69%。在耕种管各环节中，精量点播和机械粒收技术发展迅速。其中，围绕玉米籽粒机械收获，中国农业科学院与各地相关单位协作，系统开展了适合区域籽粒收获品种的筛选，研究了玉米籽粒脱水特征、水分预测模型以及影响籽粒收获质量的因素，制定了"玉米籽粒直收田间测产验收方法和标准"和不同区域玉米籽粒收获生产技术规程，在全国玉米主产省区示范推广。

中国农业大学在不同生态区建立了可持续集约化的高产玉米技术。在实现 13.0 吨/公顷以上产量的基础上，仅使用氮肥 180~237 公斤/公顷，远低于农民习惯施肥量。吉林农科院提出了东北半湿润区机械化和半干旱区滴灌"续补式"减量施肥技术，研制出全液压自走式高秆作物施肥机与配套专用肥料，实现分次精量施用，化肥利用效率提高了 11.5%。创立了"全量秸秆带状深还、错位播种技术"，实现了耕层养分扩库增容和持续供给，耕层土壤有机质提高 12.4%，耕层厚度增至 35 厘米，土壤含水量增加 5 个百分点，出苗率提高 3 个百分点，增产 8.9%。山东农业大学通过长期定位试验研究表明，通过改麦套为直播、适当增加密度等综合农艺管理，在减氮 16% 基础上，增产 27%、提效 63%，实现了夏玉米的高产高效。

四川农科院开展了氮、磷肥对不同耐低氮磷玉米品种生长发育的影响研究，并构建了氮、磷肥高效品种鉴选指标；提出了不同区域玉米肥料减施技术。针对西南坡耕地水土流失、土壤瘠薄、水肥利用率低等问题，在不同生态区开展以少免耕和秸秆还田为主的旱地保护性耕作技术研究。山东农业大学研究提出，黄淮海区域小麦玉米周年统筹耕作即冬小麦播前深耕或深松、夏玉米播前免耕，可改善土壤理化特性，促进根系生长发育，实现小麦玉米周年丰产高效。

在农业农村部、全球环境基金（GEF）和世界银行的共同努力下，我国首个气候智慧型农业项目"气候智慧型主要粮食作物生产"获得批准，并于 2015 年正式实施。该项目围绕玉米、水稻、小麦等三大作物，麦—玉轮作以及稻—麦轮作等两大生产系统，在安徽和河南建立示范区，重点通过开展作物生产减排增碳的关键技术集成与示范，提高化肥、农药、灌溉水的利用效率和农机作业效率，创建农田固碳减排与作物增产增效的生产体系。

3. 玉米栽培技术集成与应用

中国农业科学院在西北灌溉玉米区的新疆生产建设兵团 71 团通过实施玉米密植高产全程机械化绿色生产技术，种植密度提升到 105000 株/公顷，2017 年创造万亩（10500 亩）18.447 吨/公顷的全国玉米大面积高产纪录，劳动力投入下降到每亩 0.2 个工，高产纪录田块亩净利润分别达到 16659.75 元/公顷，实现了高产高效的协同提升，树立了现代玉米生产的典型。

吉林农业科学院在松辽平原地区创新"全量秸秆带状深还、错位播种技术""续补式减量增效施肥技术"等关键技术，与玉米品种优化、精量补墒播种、密植抗倒防衰等技术结合，构建了松辽平原半湿润区"秸秆带状深还—机械精量追肥—生物防螟"技术模式和半干旱区"秸秆带状深还—滴灌精量施肥—生物防螟"技术模式，形成了独具特色的区域

生产技术体系。

山东农业大学针对黄淮海区域夏玉米生产问题，集成创新了以秸秆还田培肥地力、种肥同播、合理密植、抗逆稳产为关键技术的夏玉米全程机械化稳产高效生产技术模式，近3年在山东、河南、河北、安徽等地进行示范应用，实现降低生产成本10%~15%，提高生产效益15%~20%。

四川农业科学院研究提出了贴茬两熟"三全"机械化种植模式，以不同生态区机播技术及配套播种机具研发与选型配套为重点，建立了以"宜机品种、贴茬两熟、适期晚收、机播机收"为核心的西南区玉米机械化生产技术，支撑丘陵山地玉米规模化生产。

二、国内外比较分析

（一）种质资源研究的对比分析

1. 玉米种质资源鉴定技术对比分析

在种质资源表型鉴定方面，我国与国外处于并跑阶段。近年来，美国启动实施了G2F项目，墨西哥与CIMMYT合作启动实施了SeeD项目，我国也启动了相似的国家级课题，比如在多环境下对种质资源进行表型鉴定，阐明基因型与环境的互作关系。在种质资源基因型鉴定方面，我国逐步从利用SSR标记转向利用重测序技术开发的SNP标记，这比美国和欧洲利用简化基因组测序技术可获得更丰富的遗传信息，在技术水平上处于先进领先地位。例如，在美国农业部对2815份自交系进行简化基因组测序后，CIMMYT对544份自交系进行了基于同样技术的基因型鉴定。

2. 玉米重要种质资源挖掘对比分析

美国玉米种质创新专项（GEM）创制出一大批优异的育种组合群体，近年来，爱荷华州立大学与美国农业部科学家合作，把这些群体进行了DH化，然后利用这些DH系开展关联分析，获得了一些有价值的结果。德国霍恩海姆大学和慕尼黑理工学院也相继开展了利用地方品种的DH化工作，后者还在温带马齿型玉米和硬粒型玉米的基因组分化方面也做了系统研究，发现来自法国、德国和西班牙的地方品种对欧洲硬粒型玉米的形成起了重要作用。我国和国外差不多同时开展地方品种的DH（加倍单倍体）化，为地方品种的利用和研究创造了条件。总体来看，我国玉米种质资源挖掘技术水平已迈入世界第一方阵。在利用我国玉米种质资源开展多种性状的全基因组关联分析和候选基因关联分析方向取得了系列重要成果。

（二）遗传育种及基因组学对比分析

1. 新品种培育对比分析

科迪华（CORTEVA）、拜耳（BAYER）等国际种业巨头在玉米育种方面代表着全球领先水平。玉米品种选育均以高产为首要目标，突出抗性选择。这些公司非常重视种质资源研究，种质的系谱完整，血缘清晰，同时也非常注重生物技术的应用，其中转基因玉米品种的种植面积已达到90%以上。拜耳公司将8个抗虫、耐除草剂基因组合转到育种材料中［自我监测、分析及报告技术（Smart）］，转基因耐旱玉米通过大田试验并投放市场。利用基因组辅助育种技术开展抗病和品质育种，已在生产上应用。近年来，跨国公司在国内推广的玉米品种也逐渐增多，"先玉""德美亚"和"迪卡"系列玉米品种年种植面积呈快速增长趋势。目前，我国玉米育种在产品创新方面与发达国家种业企业还存在较大差距，同质化严重、原始创新不足，在抗病虫、抗旱、适宜全程机械化作业等新品种选育方面还需要大力提高。

2. 现代育种技术对比分析

先正达公司在单倍体诱导基因的克隆和应用方面也取得了很大进展，证明了磷脂酶基因 *ZmPLA1 / MTL / NLD* 是控制单倍体诱导的关键基因，并证明其同源基因在小麦、水稻上也有相似功能。先正达公司融合单倍体诱导与基因编辑技术具有广泛的应用前景。单倍体技术已在我国玉米育种全面铺开，成为育种的主导技术，与国外跨国公司处于同一水平。单倍体技术结合种质改良、分子预测、基因编辑等将为未来作物育种提供重要技术支撑，形成新型的快速育种技术体系。

在分子标记辅助育种方面，与Corteva、拜耳等国际跨国种业公司相比，分子标记辅助选择技术只在我国少数科研单位和企业得到推广应用，而且投入少、规模小。国内的一些研究单位及企业已经利用KASP技术进行基因分型，相比SNP芯片技术能够更加灵活、精准、高效地用于分子育种。但是与KWS、先锋等国际跨国种业公司相比，在规模和程度等方面还存在一定的差距。

3. 重要性状遗传学和基因组学对比分析

最近5年来，我国在玉米结构基因组、重要农艺性状遗传和功能基因组学等基础研究方面涌现出一批成果，整体已步入一个快速发展通道，进入全球第一梯队。同时，也要看到，我国的基础研究还缺乏高效的合作，研究领域同质性较高，原创性的关键技术缺乏，遗传研究资源不足，信息支撑还严重落后。相比而言，美国有政府资助、对外服务的各种遗传研究资源库，美国MaizeGDB包含的信息非常完整。我国需要加强玉米基础生物学研究领域的合作，在一些关键技术上取得突破，共建必备的资源库和整合的玉米信息网站。

4. 玉米生物技术对比分析

当前，跨国生物技术公司在玉米转基因技术与产品开发方面具有一定的优势，国内仍有一定的差距。Corteva联合几家国际生物技术巨头继续优化BABY BOOM和WUCHEL蛋白基因超表达介导的高效玉米转基因技术体系，转化效率达到25%~50%，且进一步克服了农杆菌介导的单子叶植物的转化受基因型依赖。国内当前有些探索性的研究也取得了可喜的进展。例如，中国农业科学院科研团队利用磁性纳米粒子作为基因载体，但尚需进一

步优化。我国转基因玉米研发能力不断提升，与美国等发达国家的差距逐步缩小，总体上进入了世界前列，但在转基因产品开发方面我国与美国等发达国家还存在差距。

我国的基因编辑技术水平无论从受体作物种类、目标突变类型、定向突变技术效率与精确性等技术要素均处于领先水平。与先进国家比较，我国在基因编辑技术领域的差距主要表现在技术的原始创新方面。展望未来，随着我国基因编辑方面的科研投入不断增加、将补齐原始创新上的短板，形成国际竞争力。

（三）栽培耕作理论与技术的对比分析

美国玉米生产以经济效益最大化为目标，并且非常重视资源高效利用和环境保护。长期以来，为保障粮食安全，我国玉米栽培研究目标以高产为主，今后应将提高产量与提高劳动生产效率、化学投入品与资源利用效率并重，开展玉米绿色持续增产增效技术的研究。

美国从1914年开始组织全国玉米高产竞赛，近年竞赛最高产量突破了2000公斤/亩，而我国2017年在新疆的最高单产（1517.11公斤/亩），高产水平与世界玉米生产先进国家相比还有较大的差距。基于作物模型的高产玉米体系，大幅度降低肥水投入，较国内以往仅注重高产或者水肥研究的效果不同。但与美国等国家相比，该技术体系在产量、养分效率等方面还有进一步的提升空间。

我国玉米保护性耕作体系取得了一定的进展，在土壤耕作技术、表土覆盖技术以及土壤养分管理方面均有所进展，但在保护性耕作技术的推广、应用以及标准制定等方面还存在不足，尤其是配套的农机具研发与应用欠缺，导致推广迟缓。

三、发展趋势与展望

（一）种质资源的发展趋势与展望

种质资源保护和利用是玉米遗传育种的基础，由于事关国家核心利益。在表型鉴定方面，不仅体现在对各种育种相关性状的系统鉴定评价，以及在对种质资源生理生化和代谢产物等性状的鉴定评价，而且还体现在对基因型与环境互作的深度分析；在基因型鉴定方面，从以前的不超过百个分子标记的鉴定，拓展至百万级标记的全基因组水平鉴定，同时利用关联分析方法，发掘能够满足现代育种需求和具有重要应用前景的优异种质和关键基因，规模化挖掘关键基因的优异等位基因将成为未来种质资源基因发掘的重点任务。种质创新的基础材料来源拓展到野生近缘种、地方品种、过时自交系等，种质创新的技术方法从常规方法拓展到分子标记辅助选择、全基因组选择、DH（加倍单倍体）化，甚至基因编辑等。

在新的形势下，我国玉米生产朝着绿色高效高质方向发展，资源高效利用及适应机械化作业将成为品种培育也就是种质资源工作的挑战。因此，在未来的种质资源工作中，在继续做好基础性工作的同时，需要把工作重心放在育种急需性状的精准鉴定评价、新基因发掘和种质创新上来。实现把种质资源转变为基因资源的战略目标，并把库存种质资源和新引进种质资源用好用活，为现代种业发展做出贡献。

（二）遗传育种及基因组学发展趋势与展望

现代农业的发展，提高玉米机械化种植水平已成必然的发展趋势。培育在东北、黄淮海玉米区机械化粒收、西南玉米区机械化粒收的品种是今后玉米育种发展的趋势。针对目前干旱等自然灾害多发、水资源短缺矛盾突出等问题，今后需要将抗病、耐旱、耐高温等作为重要的育种目标，选育推广应用抗逆性强的低风险品种。针对病虫害的危害，利用转基因技术、分子育种技术、基因编辑技术等培育玉米抗病虫品种是今后玉米生产发展的重要保障。为了适应市场消费升级，鲜食玉米育种需要综合考虑品种的产量、农艺性状、商品性、品质风味等。同时，今后也需要加强对优质青贮玉米新品种的选育，发展种植优质青贮玉米，提高我国奶业竞争力。

随着遗传学、基因组学以及生物技术的发展，关联分析已成为高效准确地鉴定复杂性状相关基因或功能位点的成熟方法。各种生物组学的发展、大数据的应用、新技术的不断涌现，将大力促进功能基因组学的发展。有助于优异种质资源的高效利用，将挖掘优异的等位变异，促使分子标记辅助选择技术从单个位点的选择向多个位点的聚合育种，从而实现目标性状的定向改良或协同改良。此外，随着双单倍体育种技术和基因编辑技术的成熟，整合分子标记辅助育种、双单倍体育种技术、基因编辑技术将加快目标性状的改良效率。

（三）栽培耕作理论与技术的发展趋势与展望

针对玉米生产效率低、成本高、竞争力弱等突出问题，应尽快转变玉米生产发展方式，将玉米生产目标由"单产"转变为"籽粒生产效率"[5]，将产量提高与降低生产成本、提高劳动生产率和资源利用效率并重，提高产品质量，通过多学科融合，阐明作物优质高产高效协同的生物学机制和栽培调控途径，研发资源节约型玉米生产新技术、新产品，实现"一控两减"（控水、减肥、减药），实现玉米的高产高效协同与可持续增产。以机收籽粒为突破，开展玉米全程机械化生产技术研究，建立适应现代玉米生产规模化种植的栽培技术体系，推动玉米机械化的发展。发展青贮玉米和鲜食玉米等，促进玉米生产向多元化方向发展；在光热资源不足的地区，促进玉米生产由粒用向"整秆青贮玉米"方向的适度转变，实现农牧的协同发展。

由于产量潜力大、产品用途广，玉米在未来粮食生产中的地位将更加突出。揭示玉米高产规律和潜力突破途径，创新高产技术，努力提高单产水平仍将是玉米栽培学科长期的主要任务与方向。全球气候变暖和极端性气候现象发生频繁严重影响了玉米生产布局、生长发育及稳产性，今后，需重点研究全球气候变暖对玉米生产的影响，灾害发生规律和玉米避减灾种植模式与技术，制订切实可行的防灾减灾技术预案。

随着现代网络、通信、空间、遥感和智能化关键技术的加速发展，对玉米生长发育规律、栽培措施的精确定量研究不断深入，以及土地流转政策的落实与玉米生产机械化程度的提高，精准智能化栽培将成为玉米生产发展的重要方向。当前，随着大数据、人工智能和机器学习的发展，基于作物模型的光温资源高效利用的高产玉米生产体系必将在未来得到进一步的发展。针对当前玉米生产中单一耕作措施（如旋耕）的弊病，以稳产增效为目标，针对我国不同地区的气候、土壤、社会经济发展等状况，建立少免耕、秸秆（作物）覆盖、合理轮作等保护性农业体系，结合养分管理与配套农机具，构建可持续发展玉米生产耕作体系。

参考文献

[1] Zuo WL，Chao Q，Zhang N，et al. A maize wall-associated kinase confers quantitative resistance to head smut [J]. Nat Genet，2015，47（2）：151-157

[2] Wang X，Wang H，Liu S，et al.. Genetic variation in ZmVPP1 contributes to drought tolerance in maize seedlings [J]. Nat Genet，2016（48）：1233-1241

[3] Liu CX，Li X，Meng DX，et al.. A 4-bp insertion at zmpla1 encoding a putative phospholipase a generates haploid induction in maize [J]. Mol Plant，2017，10（3）：520-522

[4] Sun S，Zhou Y，Chen J，et al.. Extensive intraspecific gene order and gene structural variations between Mo17 and other maize genomes [J]. Nat Genet，2018，50（9）：1289-1295

[5] 李少昆，赵久然，董树亭，等. 中国玉米栽培研究进展与展望 [J]. 中国农业科学，2017，50（11）：1941-1959

撰稿人：陈绍江　陈彦惠　李建生　李少昆　李新海　黎　裕　刘　亚　刘永红
　　　　卢艳丽　明　博　孟庆峰　秦　峰　宋任涛　宋振伟　汤继华　田　丰
　　　　王　群　王荣焕　王天宇　王永军　谢传晓　徐明良　严建兵　杨小红
　　　　袁立行　赵久然　张吉旺　张祖新

小麦科技发展报告

　　小麦是我国最重要的粮食作物之一，近年来播种面积和产量均占粮食总量的21%左右，占口粮消费的19%。在国家一系列惠农政策支持下，我国小麦种植面积持续稳定在2300万公顷以上，总产保持在12000万吨以上水平。过去30年，全国小麦平均单产由1980年的1914公斤/公顷提高到2018年的5266公斤/公顷，2018年小麦播种面积比1980年减少4336万公顷，但总产量从5521万吨提高到12323万吨（图1）。春麦区、西南冬麦区和北部冬麦区种植面积呈下降趋势，生产向黄淮麦区集中，其中，河南、山东、河北、安徽、江苏五省小麦产量占全国小麦总产量的78%。预计未来10年，小麦产量将以年均0.2%的速度缓慢增长，而消费量将以年均1%的速度稳步提升，国内小麦供需形势将由供需宽松转为基本平衡。然而，我国小麦生产仍面临着严峻挑战，气候变化加剧了冻害、干旱、高温等非生物胁迫和赤霉病、纹枯病等生物胁迫发生频率，严重影响产量稳定性。例如，2018年4月初春季低温使主产区小麦减产15%~20%；主产区赤霉病频发，

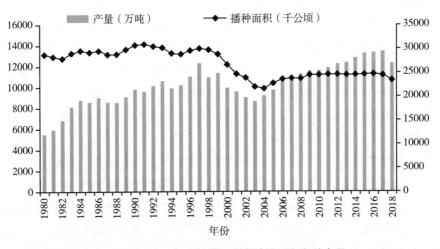

图1　1980—2018年我国小麦种植面积和总产量

仅 2017 年赤霉病发生面积约 1.1 亿亩，赤霉毒素超标，成为制约面粉行业发展的关键因素。另外，优质小麦生产仍不能满足于市场化需求，优质强筋和优质弱筋进口量约 400 万吨。随着作物育种和生物技术发展，小麦种质资源创制、栽培技术集成、基因编辑、育种芯片、分子标记、表型鉴定等前沿技术逐步得到创新应用，加快推进了小麦育种技术的提升，并将在未来小麦新品种选育方面发挥作用。

一、我国小麦科技研究进展

（一）小麦遗传育种发展现状和进展

杂交育种仍是支撑小麦新品种选育的主要手段。温室加代、异地加代、双单倍体技术缩短了育种年限，分子标记、品质分析等辅助选择技术提高了选择效率，多点试验、水旱同步鉴定有助于广适型小麦新品种培育。

1. 优质抗病稳产育种方向更加明确

我国冬小麦种植面积约占总播种面积的 94%，产量约占 95%。高产稳产优质型品种在生产中占主导地位，2018 年全国种植面积最大的冬小麦品种依次为"百农 207""鲁原 502""济麦 22""中麦 895""郑麦 9023""山农 28"等。"中麦 175"种植面积居北部冬麦区水地和黄淮旱地的首位，"宁麦 13"是长江中下游品种主要栽培品种，"新冬 20（冀麦 37）"在新疆各地区广泛种植，"宁春 4 号"仍然在河套地区优质订单品种中占主导地位。近些年，由于品种区域试验渠道拓宽，品种审定数量激增，2018 年通过国家审定品种数量 77 个，是 2017 年的 3 倍；24 个品种为企业审定，占 31%；由企业选育和企业与科研院所联合选育的品种占 52%，说明企业商业化育种趋势明显。值得说明的是，黄淮地区主栽品种的同质性很高，生产上缺乏突破性品种，黄淮北片多为"济麦 22"的改良系，黄淮南片多为"周麦 16"和"周麦 22"的改良系。

优质强筋育种方面，强筋品种"师栾 02-1"和"新麦 26"的面包加工品质优良，但因产量不高、易感病，推广面积不大。中国农业科学院作物科学研究所和棉花研究所联合育成的"中麦 578"、山东省农业科学院作物研究所选育的"济麦 44"和"济麦 229"是优质与高产结合的新品种，面包烘烤品质均达到国家一级标准，与加拿大进口小麦品质相当。田间种植表现抗寒性较好、综合抗病抗逆性突出，灌浆速度快，籽粒商品性好，产量高，得到种子企业和面粉企业广泛认可。

赤霉病抗性育种方面，当前小麦赤霉病危害连年发生，呈扩大趋势，仅黄淮冬麦区年均发生面积超过 8000 万亩。河南省 2016 年发生面积约 2600 万亩。感染赤霉病后小麦籽粒干瘪、产量和品质下降严重，且感病籽粒含真菌毒素如脱氧雪腐镰刀菌烯醇（deoxynivalenol，DON），不仅危害人畜健康，还严重影响食用和饲用价值[1]。目前，已定位约 100 个抗赤霉病 QTL，分布在小麦所有染色体，已被正式命名的抗病基因有 *Fhb1-*

Fhb7，其中，位于 3B 染色体短臂的 *Fhb1* 抗性最强且稳定，平均降低赤霉病严重度 20% 左右。抗赤霉病分子改良建议：①选择含 *Fhb1* 且农艺性状优良的抗病品种作亲本；②以高产广适综合农艺性状优良的品种为轮回亲本，回交 1~2 次，分子标记检测和抗赤霉病接种同时鉴定进行选择；③可借鉴小麦抗锈病和白粉病育种的成功经验，利用分子标记聚合多个微效基因，以提高品种的整体抗性水平。根据田间赤霉病抗病综合表现，当前新育成的"西农 511""光明麦 1311""华麦 1028""扬麦 28"和"扬辐麦 8 号"等品种均具有中抗以上水平。这些品种可作为抗赤霉病育种的供体亲本。

2. 分子标记发展应用提升育种定向改良效率

随着 DNA 测序技术的快速发展，快速、便捷、低成本的基因特异分子标记以及全基因组育种芯片逐渐得到广泛应用，成为传统育种选择手段的重要补充。KASP（kompetitive allele-specific PCR，即竞争性等位基因特异性 PCR）和 STARP（semi-thermal asymmetric reverse PCR，半热不对称反向 PCR）[2-3] 均使用通用的荧光探针，省去电泳检测，大大提升了鉴定效率，对单基因鉴定具有较好的应用前景。基于 122 个 KASP 标记、1000 多个性状连锁标记以及特异性较强的 SNP 标记开发 15K 育种芯片，单品种分型价格较便宜（每个品种 240 元），可用于品种和高代品系的全基因组遗传信息解析。此外，50K、55K、90K 和 660K 等小麦芯片正在遗传群体研究中广泛应用。

分子标记育种已取得重要进展。中国农业科学院作物科学研究所利用高分子蛋白位点 *Dx5*、*By8*、*Sec-1* 和面粉白度基因 *Ppo18* 辅助选择，成功将"豫麦 34"、Sunstate 携带的优质基因导入"轮选 987""豫麦 49"和"济麦 22"等品种中，成功育成了"中麦 1062""中麦 998""中麦 255""中麦 578"和"济麦 23"等新品种，部分品种正在大面积推广应用。南京农业大学利用赤霉病抗原望水白作为供体亲本，将其携带的 *Fhb1*、*Fhb2*、*Fhb4* 和 *Fhb5* 等 4 个抗赤霉病基因转育到主栽品种中，育成一批抗赤霉病新材料[4]。山东农业大学和中国科学院遗传与发育生物研究所分别将抗赤霉病基因转移给栽培小麦，培育了一批抗赤霉病新品系。

分子标记辅助育种的方法包括亲本选择和世代选择两个环节，亲本选择主要是从亲本圃中筛选具有目标基因的材料作为杂交亲本，世代选择主要是从杂交或回交分离世代中进行选择目标性状。具体操作方法：①回交群体尽量大，F_1 回交 30~50 穗，每个组合保证400~500 粒种子；②BC_1F_1 幼苗进行分子检测，选择优良农艺性状单株进行编号回交，每株回交 1 穗；③BC_2F_1 按照常规方式选择，选单株随机挑选 10 粒进行混合，分子检测目标基因，BC_2F_2 及后续世代常规方式进行，BC_2F_3 和 BC_2F_4 中选株行结合和面仪进行品质鉴定筛选；④高代材料同时进行产量鉴定、品质分析和基因型鉴定分析，淘汰产量低品质差品系，保留高产优质且携带目标基因材料。

3. 突破性成果为小麦育种后续发展奠定基础

2016 年中国农业科学院作物科学研究所小麦种质资源与遗传改良创新团队，荣获国家科学技术奖创新团队奖。2017 年山东农业大学完成的"多抗广适高产稳产小麦新品种山农 20 及其选育技术",荣获国家科技进步奖二等奖。2018 年中国农业科学院作物科学研究所完成的"小麦与冰草属间远源杂交技术及其新种质创制",荣获国家技术发明奖二等奖。2019 年河南农业科学院小麦研究中心完成的"高产优质小麦新品种'郑麦 7698'的选育与应用"、西北农林科技大学完成的"优质早熟抗寒抗赤霉病小麦新品种'西农979'的选育与应用",和山东省农业科学院原子能农业应用研究所、中国农业科学院作物科学研究所、山东鲁研农业良种有限公司共同完成的"广适高产稳产小麦新品种鲁原502 的选育与应用",荣获国家科学技术进步奖二等奖。

(二)小麦栽培技术研究进展

栽培技术研究与应用为我国小麦生产的持续稳定发展提供了重要技术支撑。小麦栽培技术主要根据区域生态特点和种植习惯,将品种选用、前茬秸秆处理、耕整地、播种、田间水肥管理、病虫草害防治、机械化收获等生产关键环节进行统筹考虑,通过技术集成,形成了区域特色的丰产绿色高效种植模式[5,6]。

针对黄淮冬麦区土壤肥沃、雨水充沛、灌排水条件优良的高产田,在适期早播、精量半精量播种的基础上,应提高整地和播种质量,确保苗全苗匀苗壮,并根据群体质量形成规律和需肥特性,采取精确定量施肥和促控措施,优化群体结构和幼穗发育进程,促进小麦高产高效。其中,小麦规范化播种技术、宽幅精播高产栽培技术、氮肥后移高产栽培技术、晚茬高产栽培技术等成为农业部主推技术,为该区域小麦高产高效提供重要技术支撑。2014 年,河南修武县种植的"周麦 27"百亩示范方,平均亩产达 821.7 公斤,创造了当年河南省小麦单产最高纪录;2014 年,山东招远创建的农业部小麦高产创建万亩示范区,烟农 999 亩产达 817.0 公斤,刷新山东省小麦亩产最高纪录;2019 年,山东桓台县创建的山农 29 高产攻关田,平均亩产 835.2 公斤,创全国冬小麦小面积单产最高纪录。

黄淮麦区北片、北部冬麦区及西北麦区干旱少雨日趋严峻,严重制约了小麦产量潜力的提升。节水灌溉栽培技术是基于品种遗传属性的基础上,改善栽培措施,减少灌溉,增强土壤蓄水能力,达到小麦丰产节水的目标。其中,冬小麦节水省肥高产技术、小麦深松少免耕镇压栽培技术、旱地小麦蓄水覆盖保墒技术等成为农业部主推技术。2014 年,河北藁城百亩攻关田,种植的小麦品种"石新 633",在春季浇 2 水的条件下,平均亩产721.2 公斤,刷新河北省小麦高产纪录。2015 年,甘肃省平凉市泾川县农经推广站在党原县徐家村示范种植"全膜覆土穴播"冬小麦"中麦 175",2 个示范种植田实打亩产 536公斤,创造了陇东旱塬区冬小麦高产纪录。2019 年,河北省深州市引导农民种植"衡观35",实行秋季抢墒播种,春季镇压,在拔节期仅灌 1 水条件下,亩产最高达 663.8 公斤,实现了小麦节水高产的生产目标。

长江中下游和西南麦区稻茬麦田存在土壤黏重、耕整地困难,水稻秸秆全量还田和小麦播种质量矛盾突出，小麦播种期降雨多、后期降温快等诸多问题，严重影响小麦的苗情质量。因此，确保小麦播种质量，保证小麦高质量的苗情基础，可为小麦丰产增效奠定基础。其中，稻茬麦免（少）耕机械播种技术、旱地套作小麦带式机播技术等成为农业部主推技术。2014 年，在江苏省高邮市小麦万亩片增产模式示范种植的"宁麦 13"，最高亩产为 693.2 公斤，比大面积小麦单产提升 50% 以上，创出了江苏淮南地区小麦高产攻关新纪录；2015 年，四川省广汉市万亩小麦高产示范田种植的"川麦 104"，平均亩产 634.9公斤，最高亩产达 687.6 公斤，创造四川省高产纪录。

（三）小麦种质资源研究进展

在抗病资源创新利用方面，新的条锈病菌生理小种条中 34（或称 V26）致病类群已经致使被育种家广泛用于抗病育种条锈病基因 *Yr10* 和 *Yr26 / Yr24* 丧失抗性，目前仅 *Yr5* 和 *Yr15* 两个主效抗条锈基因具有较好的抗性。在慢病性和持久抗性育种方面，中国农业科学院作物科学研究所利用分子标记辅助育种与常规育种和多点鉴定相结合，使产量和品质性状与持久抗性有机结合，育成 BFB10（鲁麦 21/ 百农 64）、CA17114（Stranpelli/5* 轮选987）等代表性品系，已释放到黄淮麦区作为抗病亲本利用。据报道，小麦品种"良星 99"和"济麦 22"因携带 *Pm52* 基因对白粉抗性较好，近年来在生产和育种中被广泛应用，然而 *Pm52* 的白粉致病小种在山东省小麦生产上频繁发现。目前抗谱最广和应用较多的白粉病抗性基因 *Pm21* 依然广泛应用，尤其是西南麦区。此外，生产上抗谱较广的抗白粉病基因有 *Pm12*、*Pm24* 和 *Pm36*，均对绝大多数生产上的白粉病主导生理小种表现高抗，但在育种中应用较少。山东农业大学定位了来自十倍体长穗偃麦草的 *Fhb7* 基因；中国科学院遗传与发育生物学研究所定位了来自二倍体长穗偃麦草尚未被命名的抗赤霉病基因[7]。南京农业大学转育了含多个抗赤霉病基因的推广品种材料，为抗赤霉病育种提供了材料支撑[2]。

在品质资源创新利用方面，中国科学院遗传与发育生物学研究所利用离子束诱变和化学诱变等方法创制多种减低 ω-黑麦碱含量的新材料，显著改善了小麦面包加工品质。通过人工诱变 1Ax1 亚基获得的 1Ax1G330E 突变体对提高普通小麦的面包加工品质具有实用价值。中国农业科学院作物科学研究所培育出了富锌小麦品种"中麦 175"，锌含量高出普通品种 30%，累计推广约 4000 万亩，目前正在北部冬麦区、黄淮旱肥地和西北春麦改冬麦种植区大面积种植。

（四）小麦基因组学进展

2017 年（发表是在 2018 年），以英国为主的研究小组利用精准大小的 mate-pair 文库和优化的组装算法，进一步提高了"中国春"基因组的组装质量和完整性，组装出来的基因组大约占完整"中国春"基因组的 78%[8]。随后，美国约翰霍普金斯大学利用二代

（Illumina）和三代测序（PacBio）技术，组装出来大约 15Gb 的物理图谱，约占"中国春"全基因组的 90%，是较为完整的"中国春"参考图谱，相关研究结果发表在 *Giga Science* 上[9]。同年，IWGSC 对外公开了中国春的参考基因组"IWGSC RefSeq v1.0"（https：// wheat–urgi.versailles.inra.fr/Seq-Repository/Assemblies），并在 *Science* 杂志全面介绍和阐述了中国春基因组的基本特点，为小麦遗传和育种研究全部跨入基因组学时代铺平了道路。

我国在麦类作物基因组研究方面也做出了突出贡献。基因组测序方面，中国科学院遗传与发育生物学研究所植物细胞与染色体国家重点实验室与基因组分析平台等合作，结合三代 PacBio 测序和最新基因组物理图谱构建等技术，完成了乌拉尔图小麦品系 G1812 的基因组测序和精细组装，绘制出了小麦 A 基因组 7 条染色体的分子图谱。基因组大小为 4.94 吉字节，组装的 Contig（无 N）序列总长为 4.79 吉字节，ContigN50 为 344 千字节；Scaffold（含 N）序列总长为 4.86 吉字节，Scaffold N50 为 3.67 兆字节。注释出了 41507 个蛋白编码基因，81.42% 的基因组序列为重复序列。通过比较基因组学研究，鉴定出了小麦 A 基因组在进化过程中发生结构变异，演绎出了小麦 A 基因组的进化模型，为小麦进化分析和基因克隆提供了一个高质量的参考基因组。相关研究结果发表在 2018 年 *Nature* 杂志上[10]。与此同时，中国农业科学院作物科学研究所贾继增研究员团队采用二代结合三代测序技术和 NRgene 组装技术，绘制完成小麦 D 基因组供体粗山羊草（*Aegilopst auschii*）的参考基因组精细图谱，并对重复序列的结构进行了系统的分析，研究结果分别发表在 2013 年和 2017 年的 *Nature* 和 *Nature Plant* 杂志上[11, 12]。

目前，六倍体小麦及其亲缘种 AA、DD、AABB 和 AABBDD 的精细基因组序列图谱均已绘制完成，这将进一步夯实小麦的功能基因组学、比较基因组学和进化基因组学的研究基础，提高科学家在全基因组水平上对小麦起源、驯化、人工选择、重要农艺性状形成的遗传网络以及表观遗传调控机制的认识能力，并对优异等位基因挖掘、功能标记开发和分子设计育种提供重要支撑。

值得一提的是，2019 年，西北农林科技大学首次完成了 93 个小麦及其近缘种材料重测序研究工作，测序材料包括 20 个野生二粒小麦、5 个粗山羊草、5 个硬粒小麦、29 个六倍体农家种和 34 个栽培种，并分析了 24 个转录组和 90 个外显子捕获测序数据[13]。该研究提供了六倍体小麦及其野生祖先的基因组变异集合，并筛选出来自多个野生小麦群体和远源物种的大量基因渗入，其中一些渗入片段在群体中出现的频率在驯化或是随后改良过程中发生显著增加。频率改变并与已知数量性状连锁区域重叠，提示这些片段在驯化和改良过程中可能发挥重要作用。相关结果有助于更深入理解小麦遗传多样性和进化历程，同时为进一步挖掘影响多种小麦表型相对应的功能变异提供了宝贵资源。

基因克隆方面，中国农业科学院、山东农业大学分别克隆了我国的特有资源太谷核不育基因，并对功能进行了验证[14, 15]。北京大学与首都师范大学合作克隆了雄性不育基因 *Ms1*，并对该基因的形成及作用机制进行了详细分析[16]。这些基因的克隆为进一步创制规模化杂交小麦制种新技术打下了坚实的基础，使通过分子设计创制新的规模化小麦杂交制种技术成为可能。在影响小麦籽粒产量三因素形成的关键基因上，中国农业科学院作物科学研究所和中国农业大学做了很好的工作。

基因编辑是在基因组水平对基因进行精确、定向修饰的一种生物技术方法。简单、高效的 CRISPR/Cas9 编辑体系的出现给生命科学带来了新的技术革命。由于小麦基因组复杂，遗传转化困难，很难实现基因高效编辑。中国科学院遗传与发育生物学研究所率先利用 TALEN 和 CRISPR/Cas9 技术，在普通小麦中成功实现了同时编辑 3 个同源等位基因，并由此赋予了小麦对白粉菌的遗传性抵抗力[17]。为了进一步简化 CRISPR/Cas9 编辑体系，研究人员通过在愈伤组织细胞中瞬时表达 CRISPR/Cas9 系统所需各个组分，成功诱导愈伤组织细胞再生出整个植株，并在 T_0 代获得无转基因成分且纯合的六倍体面包小麦和四倍体硬粒小麦基因编辑植株。该研究团队还开发了基于 CRISPR/Cas9 系统的单碱基编辑系统，可实现小麦单个碱基的定向改变。此外，山东省农业科学院作物研究所利用农杆菌介导的方式，成功实现小麦品质及产量基因的高效编辑并阐明遗传规律，为小麦品种改良奠定理论基础。基因编辑技术发展日新月异，相信该技术在未来将有更加广泛的应用[18]。

（五）小麦表型鉴定研究进展

田间表型分析是解释基因功能及其与环境互作效应的关键环节。高通量表型鉴定技术不仅有利于解析作物产量生理遗传机理，加速育种选择效率和进程，而且可在评估品种适应性上发挥重要作用。无人机搭载的光学系统可快速获取作物冠层光谱信息，动态解析发育特征，是传统生理性状测定的有力补充[19]。该技术具有五大突出特点：一是通量性。搭载光学传感器，单架次获取作物冠层光谱信息，作业 190 亩 / 小时；二是时效性。快速获取光谱影像数据，捕获冠层瞬时生理参数信息，并自动拼接影像；三是无损性。空间遥感光谱影像分析技术，减少人为行走和取样对田间试验材料的损耗；四是精准性。利用高分辨率数字影像和高精度定位系统解析群体发育动态生理性状，样本量充足，减少抽样和人为测量误差；五是可作为信息资料库，动态二维或三维影像图长期存储。随时回顾作物生长状态，验证数据质量；六是低成本。单人操作光谱设备且可采集时序性动态数据，较常规生理节省 40% 投入。

基于无人机平台的作物冠层生理的分析，可借助高分辨光谱信息，早期判断品种间动态发育的遗传差异，特别是在生物胁迫和非生物胁迫环境条件下，能够有效辅助群体选择，为高产稳产品种选育提供重要辅助手段。遥感指数中，如 NDRE（归一化差分红边）、NGRDI（归一化绿红差异指数）、NDVI（植被归一化指数）与小麦地上部生物量鲜重、籽粒产量呈显著正相关，其动态数据能够有效用于高产稳产类型小麦新品种的鉴定和选择[20]。

二、小麦学科发展的国内外比较

（一）遗传育种学科发展的国内外比较

澳大利亚和英国科学家提出快速育种方法，可以实现春小麦、硬粒小麦和大麦一年培养6代。实际上，河北省农林科学院早在20年前就建立了冬小麦一年5代快速育种技术，但该技术后续没有大范围推广应用。加拿大研究人员发现曲古柳菌素A能够诱导小麦孢子体的出愈率，并探索了不同培养条件下的最佳剂量，进而显著提高出愈率和绿苗产生率。日本烟草公司发明的"PureWheat"技术使农杆菌介导的小麦遗传转化的效率达到50%~90%，突破了小麦遗传转化的瓶颈，极大地促进小麦基础研究和转基因育种的发展。

（二）栽培技术学科发展的国内外比较

近些年我国在小麦高产高效栽培理论与技术研究等方面进展明显，但与发达国家小麦生产技术相比还有很大差距。一方面，我国小麦生产中种植、病虫害防治和灾害预警等主要环节科技水平仍较低，栽培技术和作业机械与规模化生产不相适应，农机装备及作业质量差、农机与农艺融合不高[21]。另一方面，对小麦优质和高产优质协同生产的关注力量相对较弱，优质专用小麦栽培技术以及高产优质协同生产技术的研发不足[22, 23]。此外，保护性耕作制度研究相对薄弱，特别是对用地养地结合的轮作轮耕体系缺乏系统研究；国外发达国家在土壤耕作周期、机械化配套技术、机理研究方面较为深入，模型构建较为成熟，理论研究与生产实践结合紧密，而我国仅在少免耕等耕作制度对小麦产量影响方面开展了相应研究[24]，但是在轮作轮耕等耕作制度研究内容创新性及方法手段创新度不够，对相关机械化配套技术研究不足。

（三）品种资源研究的国内外比较

我国小麦种质创新研究主要涉及簇毛麦属、冰草属、赖草属、鹅观草属、黑麦属、山羊草属、偃麦草属、新麦草属等近缘植物，在拓宽小麦遗传背景、提高小麦抗病抗逆性中发挥了重要作用。栽培小麦在长期进化与人工选择过程中，产量潜力水平已得到很大提高，生产水平与产量逐步提高，与此同时，有限优异基因被反复利用和固定，使育成品种的遗传背景日趋单一化，传统主效抗病抗逆基因抗性丧失，限制了品种适应性和生产潜力的突破性提升。小麦近缘种类型繁多，变异多样，具有丰富的遗传多样性，高抗白粉病、锈病、全蚀病和梭条花叶病等多种病害，具有抗旱、耐寒、分蘖力强、小穗数多和籽粒蛋白质含量高等优良性状。我国利用簇毛麦属、冰草属、偃麦草属和黑麦属物种创制了一批优良新种质，并育成一批在生产中有利用价值的新品种，有效解决了育种遗传基础狭窄与关键育种性状基因贫乏的难题[25]。与国际相比，我国在持久抗病、耐热和特有功能种质资源创制和研究方面，仍存在较大差距。随着极端气候的出现，小麦条锈病、白粉病和赤霉病等真菌病害频繁发生，且有暴发流行趋势，干旱、高温频发，相比墨西哥和澳大利亚等在应对气候变化研究起步较早的国家，我们对持久抗病和耐热种质资源的发掘力度还远远不够。

三、我国小麦科技发展趋势与对策

（一）小麦遗传育种发展趋势与对策

随着人民生活水平提高、劳动力和生产资料成本不断增加，当前，进一步降低生产成本、提高水肥利用效率和优质专用供给能力是小麦生产面临的主要问题。考虑我国人民群众持续提升的生活质量和健康饮食结构要求，不仅需要加强适合工业加工类型的馒头、面条、面包和糕点等多样化食品的优质专用小麦品种培育，而且需要在保证产量和成本收益的基础上不断提高小麦产品的营养成分和风味品质。此外、气候变化、过度种植、肥药调节剂施用过量、耕作模式不适宜和地下水开采严重等制约农业生产发展的问题，需要通过育种改良手段去应对解决[26]。在华北平原和黄淮小麦主产区地下水水位不断降低的情况下，利用遗传改良技术创制节水、耐旱型小麦品种是解决水分利用效率的主要手段，并需要结合节水、高产栽培技术措施，减少灌溉费用，降低成本，保护环境，并保证粮食产量。此外，极端天气变化和病虫害逐年呈现递增趋势，苗期干旱、春季低温、开花期阴雨、灌浆期持续高温或成熟期连阴雨等危害频繁发生，严重影响小麦产量和品质。尤其近年来气候变化和秸秆还田导致的赤霉病重发，且范围北移，白粉病、条锈病、叶锈病多发、频发，纹枯病常发。蚜虫、孢囊线虫等多种虫害区域性偶尔突发以及生长后期强对流风雨天气对品种的抗倒伏性和抗穗发芽能力要求越来越高。今后相当一段时间内，需要重视种质资源的原始创新，加强优异种质资源引入和利用，重点开展田间表型鉴定技术研究和平台建设，推进加速育种平台建设，强化优异多基因聚合，提高育种选择效率，加快新品种推广利用，推动品种更新换代，并结合适宜的栽培种植模式，稳固提升小麦生产能力。

（二）小麦产业发展趋势与对策

当前，大型育种企业尚未形成完善的"资源创新—品种选育—示范推广—产品"产业化链条。未来一段时间内，种质创新和新品种培育依然以科研院所和高等院校为主，企业将在新材料鉴定和新品种示范推广中发挥重要作用。但从种业长期发展趋势来看，科企联合将是未来育种发展的主要模式。随着育种企业研发基础条件和科研投入的不断增加完善，逐渐弥补科研院所和高校育种条件的不足，尤其是在品种比较试验、田间专业化管理和服务型示范种植方面，院企、科企合作将越来越广泛。同时，农业种植主体的改变也将

加剧小麦产业化融合发展，"种子企业—种植主体—粮食收储—面粉加工"的订单式种植模式正逐步形成，如强筋、弱筋、糯类、彩色等专化市场需求种类已初步建成订单种植模式，目前市场占比约 18%，未来增长趋势明显。

（三）小麦栽培科技发展趋势与对策

我国小麦生产的主要目标已从以产量为主逐步转变为提高优质品种供给结构上来，并保证农田得到休养生息。近年来，我国对优质小麦的需求不断提升，而多数主产区仅仅重视籽粒产量的提高，导致优质麦的种植和产量有降低，使得优质麦供需缺口呈扩大趋势。因此，一方面，调整品种种植结构、扩大优质麦种植和高产优质协同栽培技术的研发是小麦生产的重要目标。另一方面，小麦生产上施用农药、化肥严重过量施用，而且投入时期不适合，造成了农田生态环境的污染加剧。因此，应根据小麦的生长发育需求，重点开展化肥农药控量提效技术、减量替代技术和轮耕轮作技术等研究，以确保小麦产出和农田绿色生态共同得到发展。

（四）小麦品种资源发展的趋势与对策

实践证明，国外小麦种质资源的引入有利于拓宽我国小麦品种遗传基础，增加抗逆抗病亲本来源。针对我国小麦品种稀缺的资源类型，如抗纹枯病、腥黑穗病、赤霉病、持久抗病、耐热等小麦新材料，应当重点引进。利用外源基因导入和基因编辑技术定向创制优异种质资源，也将是小麦种质资源创新的一项重要工作内容。目前，转基因技术已获得了高叶酸和抗旱小麦材料，基因编辑技术已获得了抗白粉病、高面粉白度和抗除草剂小麦材料，相信在未来一段时间内该技术将会在小麦资源创新利用方面带来更多突破性进展。

（五）小麦分子生物学研究发展对策

在小麦基因组解析上，国际已完成二倍体、四倍体和六倍体小麦基因组序列的精细参考基因组序列图谱绘制。中国农科院等单位把近 30 年来三代分子标记和之前检测到的重要农艺性状基因和 QTL 定位到小麦 D 基因组上，获得一个整合图谱[12]。以色列科学家研究团队利用二代测序和 NRgene 组装技术解析了小麦四倍体祖先种野生二粒小麦的基因组序列[27]。国际小麦全基因组测序联盟（IWGSC）宣布六倍体普通小麦模式种"中国春"的物理图谱 RefSeq v2.0 构建完成。栽培小麦品种"矮抗 58"和"科农 9204"基因组序列已经组装完成，逐渐开始释放。因此，小麦已进入功能基因组、复杂遗传网络、表型组和大数据的时代。表型组研究方面，高通量高精准表型鉴定技术发展正在如火如荼，相关光谱和自动化行业发展势如破竹，我国应紧跟人工智能、影像识别等表型组相关技术融合步伐，强化学科建设，加快推动分子和表型鉴定技术在小麦育种辅助改良中的应用。基因组研究方面，当前小麦已克隆的优异等位基因数量偏少，育种家可用的基因及标记十分有限，且多局限于品质性状和抗病性基因，需要不断加强小麦重要性状功能基因克隆、优异等位变异发掘和功能标记开发，加强全基因组选择与常规育种技术结合。同时，需要持续优化小麦转基因和基因编辑技术体系，加快推进小麦产量品质性状相关的复杂基因调控网络解析，为小麦分子设计育种理论实施奠定基础。

参考文献

［1］ Rasheed A，Wen WE，Gao FM，et al. Development and validation of KASP assays for genes underpinning key economic traits in bread wheat［J］. Theoretical and Applied Genetics，2016，129：1843−1860

［2］ Long YM，Chao WS，Ma GJ，et al. An innovative SNP genotyping method adapting to multiple platforms and throughputs［J］. Theoretical and Applied Genetics，2017，130：597−607

［3］ 朱展望，徐登安，程顺和，等. 中国小麦品种抗赤霉病基因 *Fhb1* 的鉴定与溯源［J］. 作物学报，2018，4：473−482

［4］ Jia HY，Zhou JY，Xue SL，et al. A journey to understand wheat Fusarium head blight resistance in the Chinese wheat landrace Wangshuibai［J］. The Crop Journal，2018，6（1）：48−59

［5］ 刘宏胜，崔红艳，吴兵，等. 不同覆膜栽培方式对旱作春小麦土壤温度和籽粒产量的影响［J］. 麦类作物学报，2018，4：469−477

［6］ 赵凯男，常旭虹，张赵星，等. 地膜覆盖对小麦土壤水热状况及灌浆特性的影响［J］. 麦类作物学报，2018，10：1237−1245

［7］ Guo J，Zhang XL，Hou YL，et al. High density mapping of the major FHB resistance gene *Fhb7* derived from *Thinopyrum ponticum* and its pyramiding with *Fhb1* by marker assisted selection［J］. Theoretical and Applied Genetics，2015，128：2301−2316

［8］ The International Wheat Genome Sequencing Consortium（IWGSC），Appels R，Eversole K，et al. Shifting the limits in wheat research and breeding using a fully annotated reference genome. Science，2018，361（2403）：361

［9］ Zimin AV，Puiu D，Hall R，et al. The first near−complete assembly of the hexaploid bread wheat genome，*Triticum aestivum*［J］. Giga Science，2017

［10］ Ling HQ，Ma B，Shi XL，et al. Genome sequence of the progenitor of wheat A subgenome *Triticum urartu*［J］. Nature，2018，557：424−428

［11］ Jia JZ，Zhao SC，Kong XY，et al. *Aegilops tauschii* draft genome sequence reveals a gene repertoire for wheat adaptation［J］. Nature，2013，496：91−95

［12］ Zhao GY，Zou C，Li K，et al. The *Aegilops tauschii* genome reveals multiple impacts of transposons［J］. Nature Plant，2017，3：946−955

［13］ Cheng H，Liu J，Wen J，et al. Frequent intra−and inter−species introgression shapes the landscape of genetic variation in bread wheat［J］. Genome Biology，2019，20：136

［14］ Ni F，Qi J，Hao QQ，et al. Wheat *Ms2* encodes for an orphan protein that confers male sterility in grass species［J］. Nature Communications，2017，8：15121

［15］ Xia C，Zhang L，Zou C，et al. A TRIM insertion in the promoter of *Ms2* causes male sterility in wheat［J］. Nature Communications，2017，8：15407

［16］ Wang Z，Li J，Chen SX，et al. Poaceae−specific *MS1* encodes a phospholipid−binding protein for male fertility in

bread wheat［J］. PNAS, 2017, 114（47）：12614–12619

［17］ Wang YP, Chen X, Shan QW, et al. Simultaneous editing of three homoeoalleles in hexaploid bread wheat confers heritable resistance to powdery mildew［J］. Nature Biotechnology, 2014, 32：947–951

［18］ Zhang Y, Liang Z, Zong Y, et al. Efficient and transgene–free genome editing in wheat through transient expression of CRISPR/Cas9 DNA or RNA［J］. Nature Communications, 2016, 7, 12617

［19］ Hassan MA, Yang MJ, Rasheed A, et al. Time–Series multispectral indices from unmanned aerial vehicle imagery reveal senescence rate in bread wheat［J］. Remote Sensing, 2018, 10（6）：809

［20］ Hassan MA, Yang MJ, Rasheed A, et al. Rapid monitoring of NDVI phenology across the wheat growth cycle for grain yield prediction using a multi–spectral UAV platform［J］. Plant Science, 2018, 282：95–103

［21］ 胡梦芸, 张正斌, 徐萍, 等. 亏缺灌溉下小麦水分利用效率与光合产物积累运转的相关研究［J］. 作物学报, 2007, 33（11）：1884–1891

［22］ 李兴茂, 倪胜利. 不同水分条件下广适性小麦品种中麦175的农艺和生理特性解析［J］. 中国农业科学, 2015, 48：4374–4380

［23］ 李法计, 徐学欣, 肖永贵, 等. 不同氮素处理对中麦175和京冬17产量相关性状和氮素利用效率的影响［J］. 作物学报, 2016, 42（12）：1853–1863

［24］ Zheng CY, Jiang Y, Chen CQ, et al. The impacts of conservation agriculture on crop yield in China depend on specific practices, crops and cropping regions［J］. The Crop Journal, 2014, 2：289–296

［25］ Fleury D, Jeferies S, Kuchel H, et al. Genetic and genomic tools to improve drought tolerance in wheat［J］. Journal of Experimental Botany, 2010, 61（12）：3211–3222

［26］ Sikder S, Foulkes J, West H, et al. Evaluation of photosynthetic potential of wheat genotypes under drought condition［J］. Photosynthetica, 2015, 53（1）：47–54

［27］ Avni R, Nave M, Barad O, et al. Wild emmer genome architecture and diversity elucidate wheat evolution and domestication［J］. Science, 2017, 357（6346）：93

撰稿人：肖永贵　李思敏　刘　成　郑成岩　付路平　李法计
　　　　李吉虎　兰彩霞　殷贵鸿　李兴茂　崔　法　胡卫国

大豆科技发展报告

2015—2019 年，我国大豆相关遗传基础、品种改良和栽培技术等研究均取得了重要进展，总体上与世界先进水平差距不断缩小。大豆育种协作攻关成效显著，选育的大豆新品种产量潜力、稳产性都得到大幅提高。绿色轻简化生产技术研究进展迅速，全国各地连续多年创造出一批大面积高产典型。大豆基因组从头组装、生育期与产量等部分相关基因研究处于国际先进水平。由于生物技术育种、特别是转基因育种在我国还没有得到应用，我国大豆品种改良的效率及品种的技术水平还不高，大豆生产潜力与单产水平与世界先进水平的差距有继续扩大趋势。未来 5~10 年，我国迫切需要加快生物技术、精准农业等高新技术在大豆研究与生产中的应用，培育高产高蛋白大豆新品种，创新绿色高产高效生产技术，同时需要在基础理论方面继续进行突破，以支撑大豆品种与生产技术创新。

一、我国大豆科技最新研究进展

随着人民生活水平的提高，我国大豆的消费需求持续增长且对进口大豆的依赖度逐年增加，大豆科研与产业面临极其严峻的考验。近年来，为应对我国大豆巨大的供需矛盾，本学科加大了应用和基础研究的力度，在大豆种质资源收集、遗传育种、栽培技术及重要性状位点发掘等方面取得重要进展。

（一）大豆种质资源

1. 大豆种质资源收集保存和优异资源鉴定稳步推进

大豆种质资源收集数量持续增加。2015—2018 年新收集栽培大豆种质资源 5630 份，其中国内种质资源 4796 份，国外种质资源 834 份。从野生大豆分布稀少的黄土高原以及浙江、广东、甘肃、河南、安徽、山东、湖北和湖南等省市（自治区）收集野生大豆 222 份，促进了野生大豆的异位保护。吉林省农业科学院在建立野生大豆资源保护体系的基础

上，挖掘兼具 3 种优异性状的资源 10 份，粗蛋白含量达 56.53% 的资源 1 份；新构建抗胞囊线虫核心种质 1 套，发现 3 个胞囊线虫抗原新类群；创制重组自交系群体 11 个；创制新种质 12 个。"中国野生大豆种质资源保护与挖掘利用"2018 年度获吉林省科技进步奖一等奖。

大豆优异种质类型不断丰富。建立完善了大豆耐荫性、耐旱、耐热、抗尖镰孢菌根腐病等性状的评价技术，筛选出一批优异资源，包括抗病（抗菌核病、抗细菌性斑点病、抗锈病等）、抗虫（抗食叶害虫等）、抗逆（抗旱、耐盐、耐荫等）、优质（高脂肪、高蛋白、高活性成分等）、株型及高光效等优异资源。南京农业大学创建了全国统一的 SMV 株系划分体系，制定了品种抗性鉴定方法和标准；发现了菜豆普通花叶病毒和大豆花叶病毒重组的新 SMV 类型；利用分子标记辅助选择聚合 3 个优异抗原的抗性基因育成兼抗 20 个 SMV 株系的新种质。"大豆花叶病毒病鉴定体系创建和抗病品种选育及应用"2017 年获农业部神农中华农业科技奖科研成果一等奖。

2. 大豆基因资源挖掘与种质创新不断深入

大豆基因资源挖掘取得新进展。建立了表型精准鉴定与高通量基因型检测技术体系，精准鉴定了大豆核心种质群体和多个代表性种质群体，并对产量、品质、抗耐性及适应性开展全基因组关联分析，检测到显著关联位点；同时，加强全国骨干品种样本、东北三省品种群体、黄淮海品种群体系统研究，揭示了生育期、产量、品质、抗性等性状遗传变异特点，鉴定出百粒重、蛋白质、油脂、耐旱等性状 QTL 定位，解析了各个种质等位基因和最优亲本组配设计，为资源利用提供了依据。

中国农业科学院作物科学研究所所牵头，与东北农业大学、黑龙江省农业科学院合江分院和绥化分院以及呼伦贝尔市农业科学研究所等单位联合攻关，创建了大豆种质资源表型与分子标记相结合的鉴定技术体系，挖掘抗病、耐逆、高油等优异种质。通过构建和解析大豆基因组，挖掘抗病、耐旱 / 盐碱、高油等重要性状 QTL/ 基因，建立分子标记育种技术体系，创制抗病优质新种质。选育 17 个抗病、优质、高产新品种，其中国审品种 6 个，农业部主导品种 6 个。平均含油量超过国家高油标准 21.50%。2015—2017 年累计推广 2575 万亩。"大豆优异种质挖掘、创新与利用"2018 年获得国家科学技术进步奖二等奖。

大豆种质创新的类型更加丰富。创新 *ms1* 核不育基因种质基因库构建与轮回选择育种技术，全国 27 个省市进行大规模协作，将大批量优异种质聚集到一个基因库（群体）中，为解决大豆品种遗传基础狭窄问题奠定材料基础。创建染色体片段代换系、重组自交系群体以及 1015 份包括理想株型、叶色等变异的 EMS 突变体，为大豆遗传和功能基因研究创造条件。

（二）大豆遗传育种

1. 大豆育种协作攻关成效初显

大豆良种协作攻关取得实质性突破。一是探索出了联合攻关新模式。协作攻关联合体吸收全国有实力的育繁推一体化大豆种子企业和优势科研教学单位，广泛开展种质资源发掘、苗头品种测试等联合攻关。二是建立了资源有偿共享的新机制，加强了资源共享。三是选育推广了一批优良新品种，特别是高产稳产品种。2015—2018年我国育成了大豆新品种616个，包括国家审定81个和省级审定535个，仅主产区黑龙江省审定141个（其中，国家审定19个）。东北、黄淮、长江流域和华南地区均开展了大豆联合鉴定试验，筛选出一批高产稳产大豆新品种，超高产大豆品种"辽豆32""中黄301""郑1307""齐黄34""中豆41""冀豆17"等品种连续多年创造大面积平均亩产300公斤以上高产纪录，我国大豆品种产量潜力得到大幅提高。

中国农业科学院作物科学研究所王连铮研究员选育的"中黄13"，2018年累计种植面积超过1亿亩，是迄今国内纬度跨度最大、适应范围最广的大豆品种，自2007年起连续9年稳居全国大豆年种植面积之首。其突出特点如下：一是适应性广。先后通过国家以及9个省市审定，在全国14个省市推广种植，适宜种植区域29~42° N，跨三个生态区。连续9年被农业部列入国家大豆主导品种。是黄淮海地区唯一累计推广超亿亩的大豆品种。二是高产。在黄淮海地区曾创造亩产312.4公斤的纪录，在推广面积最大的安徽省区试平均亩产202.7公斤，增产16.0%，列参试品种首位。三是生育期适中。在黄淮海地区夏播条件下成熟期恰在9月底，为在"十一黄金周"收获大豆和抢种小麦创造条件。四是分枝调节能力强。对于解决麦茬直播大豆造成的出苗不匀的问题有重要作用。五是优质。蛋白质含量高达45.8%，籽粒大、商品品质好。六是多抗。抗倒伏，耐涝，抗花叶病毒病、紫斑病，中抗胞囊线虫病。

中国农业科学院油料作物研究所系统解析了大豆骨干亲本"中豆32"产量构成因子、抗倒伏、抗病等重要性状的遗传特征，在单株荚数、每荚粒数、抗倒伏、抗花叶病毒病、抗锈病等性状的遗传位点分析及基因功能鉴定上取得重要突破。培育出"天隆一号""中豆41"等高产、优质、多抗、广适等创新性突出的大豆新品种5个，"中豆41"创造了南方产区大面积亩产248.3公斤的高产纪录。"高产优质多抗大豆新品种的培育与应用"于2018年获得湖北省科技进步奖一等奖。

2. 大豆生物育种技术日趋成熟

建立了大豆基因编辑技术体系。通过基因编辑技术，获得了抗旱耐逆（*gma-miR160*）、晚花（*GmFT2a*和*GmFT5a*）等材料[1,2]，为生物技术育种与功能基因组研究奠定了基础。

大豆分子设计育种技术方兴未艾。以功能基因为基础的分子模块设计育种创新体系的

构建及应用，促进了新品种的培育。如将四粒荚优异等位变异 ln-C（分子模块）导入不含该模块的主推底盘品种"中黄13"和"科豆1号"中，培育出5个四粒荚比例和产量均明显增加的夏大豆新品系和新品种，其中"科豆17"于2018年通过河南省农作物品种审定委员会审定并示范推广。

杂种优势利用技术研究取得进展。在不育系创建、网室隔离蜜蜂授粉的不育系转育、提纯扩繁，组合配制、小批量杂交种生产，"三微"测交和恢复系鉴定等方面均进行了优化研发，实现了效率高、可操作性强的虫媒杂交制种。至2018年，我国已育成18个杂交大豆品种，其中在吉林和黑龙江省审定9个，普遍比对照增产10%以上。吉林省农业科学院大豆研究所育成了高异交率、高配合力杂交种骨干亲本，天然异交率达到70%以上；建立了网室隔离、驯化蜜蜂传粉、产量精准鉴定为基础的高优势、高异交率杂交种选育程序；明确杂交种高产生理特性，制定了调源、促库的配套栽培技术规程；确定了杂交种制种适宜生态区，制定了种子纯度检测方法和生产规程，制种产量最高达108.9公斤/亩。"高优势、高制种产量大豆杂交种创制及关键技术研究"2016年度获吉林省科技进步奖一等奖。

（三）大豆栽培技术

1. 大豆轻简化高产高效栽培技术日趋成熟

提出了按照气候条件的变化灵活运用"二密一膜一卡"模式化栽培技术，在黑龙江省不同年份和气候条件下实现了持续高产。针对黑土肥力退化、耕层变浅和犁底层变厚等问题，开发了秸秆间隔深埋还田技术，不仅打破了土壤犁底层、增加土壤耕层厚度、提高土壤肥力，还利于土壤透水透气与快速升温。黄淮海麦茬夏大豆机械化免耕覆秸栽培技术研发取得新突破，研发出大豆免耕覆秸精量播种技术及配套机具，可一次性完成侧深施肥、精量播种、封闭除草、秸秆覆盖等，在全面实现前茬秸秆还田的同时，有利于抢墒播种、提高播种质量，不仅解决了秸秆焚烧问题，还有显著的节本增收效果。2013年以来，中国农业科学院作物科学研究所等单位利用该技术已经多次取得实收亩产超过300公斤的高产纪录，实现了300公斤亩产的可重复。在西北绿洲地区，通过借鉴棉花栽培技术经验，完善了大豆膜上精量点播、膜下滴灌栽培模式。南方地区完善了大豆与其他作物带状复合种植技术，基本实现间套作大豆在玉米等主作物不减产或仅略有减产的基础上，增收一季大豆的目标。在大豆氮素营养研究方面，发现植株营养体建成期以土壤氮及肥料氮供应为主，荚果形成则以根瘤固氮为主（58.8%~70.6%）。发现根瘤菌竞争结瘤是多个蛋白协同作用的过程，并受不同菌株相互作用的影响。大豆与禾本科间套作时，禾本科作物可快速转移土壤中的氮，为大豆结瘤固氮排除"铵阻遏"，实现两种作物互惠增产。

2. 大豆绿色增产增效技术研发取得进展

研发了大豆绿色增产增效技术，研制了氮肥调控和磷肥活化与控释技术，提高氮、磷肥高效利用和根瘤固氮，集成配套与区域生产相适应的高效精准变量施肥模式；优化与融合畜禽粪肥利用、秸秆还田等有机替代土壤培肥技术，通过提升土壤有机质库容，改善了土壤环境，结合养分高效品种和高产栽培技术，形成粮豆轮作模式下技术规程，在各个产区逐步推广应用，促进了我国化肥的减施增效。

甘肃省农业科学院旱地农业研究所、四川农业大学、中国农业科学院等单位协同攻关，选育出耐密、抗旱、适宜间套作复合种植的大豆新品种"陇黄1号"和"陇黄2号"；研究制定了带状复合种植模式技术规程；探明大豆复合种植模式下增产增效机理，配套了大豆带状复合种植的农机具，实现了农机农艺融合，建立100亩以上的核心示范点46个。"甘肃不同生态区大豆带状复合种植技术研究与集成示范"2018年获得甘肃省科技进步奖一等奖。

（四）大豆分子生物学

1. 中国大豆品种中黄13和野生大豆高质量基因组发布

从头组装了国审大豆"中黄13"（Gmax_ZH13）的基因组，得到1.025 Gb基因组序列，包含20条核染色体和1条叶绿体染色体。综合单分子实时测序、单分子光学图谱和高通量染色体构象捕获技术，获得Contig N50为3.46 Mb，Scaffold N50仅51.87 Mb，这是目前连续性最好的植物基因组之一[3]。为大豆基础研究提供了重要资源，为优异大豆品种的培育奠定了基础。此外，完成了首个野生大豆高质量基因组的解析，基因组大小为1013.2Mb，N50为3.3Mb，获得55539个蛋白编码基因，为野生大豆基因挖掘和利用提供了重要工具[4]。

2. 大豆特异的光周期调控开花遗传网络解析

大豆是典型的短日照作物。长童期（long juvenile，LJ）的发现，突破了大豆在低纬度地区产量极低的限制，使大豆在低纬度（尤其是南美地区）得以快速推广。我国科学家首次克隆了J基因，揭示了大豆特异的光周期调控开花的PHYA（E3E4）–J–E1–FT遗传网络。为中高纬度地区优良大豆品种的定向改造并在热带亚热带地区种植提供了可靠的技术途径，对拓展大豆品种种植区域、发展低纬度地区大豆生产具有重大意义[5, 6]。

3. 大豆产量、品质等性状遗传机制解析

克隆了野生大豆中控制百粒重的优势基因大豆磷酸酶2C（PP2C-1），该基因通过磷酸化激活BR信号通路的转录因子，调控种子大小基因表达[7]；发现GmWRKY15a非翻译区中CT重复数目的变异影响其表达量，首次揭示了WRKY转录因子参与调控大豆种子大小[8]；鉴定到两个与粒重和油分含量相关基因GA20OX和NFYA，推测两个基因在野生豆和栽培豆中的转录水平的差异是长期驯化的结果[9]。克隆了控制叶柄夹角的基因GmILPA1，该基因编码APC8-like蛋白，基因表达水平与叶柄夹角大小呈显著负相关[10]；克隆了叶和花发育过程中的新型多效性调节因子GmCTP[11]。克隆了参与赤霉素

生物合成矮秆基因 *GmDW1* （*Glyma.08G163900*）[12]；克隆了控制大豆株高和株型的基因 *GmmiR156b*，该基因与 *GmSPL9d*、*GmWUS* 互作研究揭示了分枝形成和发育的新机制[13]，为高产大豆培育提供了理论依据。

克隆了与根瘤发育相关的重要基因，*GmEXPB2* 过表达可使根瘤数量与质量、固氮酶活性增加，提高了植物的氮、磷含量和生物量[14]；*GmTIR1*、*GmAFB3* 响应生长素的诱导，受 *miR393* 调控，在根瘤的发育过程中起到重要的作用[15]；*GsSnRK1* 能够与大豆根瘤组分互作并使其磷酸化，促进根瘤共生固氮[16]；*GmPHR25* 是大豆磷信号网络中的重要调控因子，能够调节大豆体内磷的稳态[17]；*GmPT7* 响应低磷诱导、参与根瘤对磷的吸收和转运[18]。克隆了可提高大豆种子油脂含量的转录因子 *GmZF351*[19]；证明 *GmMYB29* 对大豆异黄酮的生物合成具有正向调控作用，为大豆异黄酮分子育种提供新的基因信息[20]。

通过基因组重测序及关联分析，挖掘多个与大豆农艺性状和驯化相关的位点，为大豆重要农艺性状调控网络的研究奠定了重要基础[21]。对大豆在驯化和改良中的甲基化变异进行了分析，发现甲基化变异主要富集在碳水化合物代谢途径，为揭示甲基化与遗传变异之间的关系提供了线索[22]。通过对 809 份大豆栽培材料 84 个农艺性状间的遗传调控网络分析，解析了不同位点之间连锁关系与不同性状之间的耦合关系，为大豆分子设计育种奠定了坚实基础[23]。

4. 大豆抗逆性状遗传机制解析

克隆了响应盐胁迫和干旱胁迫的 *miR172a*，其靶基因 *SSAC1* 负调控大豆对盐分耐受性[24]；证明 *MiR172c* 能够通过调控 *Glyma01g39520* 提高大豆对胁迫的耐受性以及对 ABA 的敏感性[25]；克隆大豆耐盐基因 *GmCDF1*，其通过调控 Na^+ 和 K^+ 的离子稳态负调控大豆耐盐性，还影响 *GmSOS1* 和 *GmNHX1* 的表达水平[26]；发现大豆盐胁迫诱导基因 *GmSIN1* 既促进根的生长，又能提高大豆产量，证明 *GmSIN1* 能够通过直接促进 ABA 合成和 ROS 生成来调控盐胁迫早期信号放大和传导从而提高大豆耐盐性[27]。大豆 13 号染色体的 4 个与抗白霉病或者花青素合成相关的基因被定为抗病候选基因[28]。发现了受大豆疫霉菌诱导的乙烯反应因子 *GmERF5*[29]；发现大豆根腐病易感因子 *GmTAP1* 通过病原菌分泌的效应因子 PsAvh52 引发感病[30]。鉴定出一个控制大豆绿色种皮的基因 *G*，发现它及其同源基因在大豆、水稻和番茄的驯化过程中受到选择，且具有保守的控制种子休眠的功能，证明 G 蛋白通过与 NCED3 和 PSY 互作调控脱落酸合成，进而影响种子的休眠[31]。

二、大豆学科发展的国内外比较

在国家科研经费的支持下，我国大豆基础和应用研究取得了重要进展，但在种质资源的深入发掘、基于生物技术的遗传改良、精准农业等领域我国与国外相比还有很大的差距，提升我国大豆科研及产业化水平任重道远。

（一）国外大豆优异资源鉴定与种质创新不断深化，我国尚有很大差距

基因型与表型结合的规模化基因位点发掘已成为大豆种质资源研究的热点。美国国家种质库保存了22000多份大豆种质，包括1200余份野生大豆，利用50K SNP芯片鉴定了这些大豆资源，并在SoyBase网站共享基因型数据。全基因组选择技术已成为跨国种业公司育种的主要手段，显著提高了育种效率。美国和日本等国一直非常重视品质、抗病耐逆性优异资源发掘与创新。如美国新鉴定出抗褐色茎腐病PI 594638B、PI 594858B、PI 594650A，抗胞囊线虫2、3号小种PI 512322D、PI 522186、PI 567488B，抗龟蝽PI 567336A、PI 567598B，抗炭腐病PI 548414、PI 548302。日本鉴定出花期耐冷Maple Arrow、AC Proteus、Ceresia、Pelvoux、Silvia、Mazowia等资源。美国大豆育种家登记了高产、抗病虫及遗传基础拓宽的大豆创新种质。在大豆远缘杂交育种方面，伊利诺伊大学遗传学家成功将栽培大豆Dwight和多年生野生大豆杂交，培育出第一个抗大豆锈病、大豆胞囊线虫及其他病原体的大豆品种。

我国开展了大豆百粒重、株高等性状的全基因组选择研究，但利用该技术尚未选育出品种。值得强调的是，我国抗病虫鉴定远远满足不了育种对抗性亲本的需求。一些导致大豆严重减产的现象如"症青"等的诱因尚不明确。因此，大豆优异种质资源的表型精准鉴定评价、大规模基因型鉴定及种质创新等方面的研究需要进一步加强。

（二）国外转基因大豆新产品不断涌现，我国转基因大豆应用任重道远

世界首个耐旱转基因大豆获批。法国滨海大学和阿根廷国家科学与技术研究委员会合作将向日葵的一个抗逆相关转录因子 HAHB-4 导入到大豆，获得抗旱并适应盐碱地种植的大豆，该品种可使大豆在干旱环境中增产14%，阿根廷总统克里斯蒂娜·基什内尔（Cristina Kirchner）于2015年4月批准了该抗旱转基因大豆品种。多价转基因大豆也开始商业化应用。巴西技术安全委员会于2017年8月批准了新的Bt抗虫转基因大豆的种植，该转基因大豆同时抗三种除草剂（草甘膦、草丁膦和2，4-D）。美国开始商业化种植MS科技公司和拜耳公司的LibertyLink®GT27™大豆，该大豆可以同时耐受草铵膦（Liberty®）、草甘膦和异恶唑草酮[4-羟基苯基丙酮酸双加氧酶（HPPD）抑制剂类除草剂]。

CRISPR/Cas9基因编辑技术在大豆基因功能研究、遗传改良方面也发挥了重要作用。2019年3月，一款基因编辑的油酸含量高达80%大豆油在美国上市销售，这是第一种商业化销售的基因编辑作物。

2019年2月27日，北京大北农科技集团股份有限公司发布公告称，其研发的抗草甘膦和草铵膦特性的转基因大豆DBN-09004-6获得阿根廷政府的正式种植许可。标志着我国转基因大豆新品种产业化的开端。我国培育出了一批抗除草剂、高产、优质、抗病虫等

转基因大豆材料以及基因编辑材料，由于我国尚未允许转基因大豆商业化应用，转基因育种及应用与世界先进水平的差距越来越大，我国转基因大豆研究任重而道远。

（三）精准农业助力美国大豆发展，我国传统生产方式急需更新换代

精准农业技术已在美国普遍应用，集成信息、分析和决策等多项技术，可以解决多方面的问题。豆农在耕种过程中的种子、化肥、农药型号，施肥、灌溉的频率都能通过电脑得到分析，结果可以直接发送到农民农机上的电脑或手头的智能手机。农民可以及时掌握田间变量信息，高效做出农田管理决策，判断化肥和杀虫剂的使用量和施用时机，提高效率避免浪费，实现增产与节本增效。至 2017 年，美国 50% 以上的大豆田使用上精准农业技术，使大豆单产提升，成本进一步下降。生产技术的不断革新对促进美洲地区大豆生产发展具有决定性作用。

目前，我国大豆平均亩产约 120 公斤，与美国相同纬度的吉林省大豆平均亩产也仅为170~180 公斤，与美国的差距约 50 公斤。我国农业生产主要以农户为主，规模较小，不能采用大型机械，技术到位率低；种植品种为非转基因大豆，田间管理烦琐，品种产量潜力较低。此外，与美国几十年来的玉米大豆轮作相比，我国的土壤有机质含量较低，基础地力较差。因此，我国急需从传统农业生产方式向现代化、集约化方面转变。

三、大豆科技发展趋势与展望

未来 5~10 年，我国迫切需要加快生物技术、精准农业等高新技术在大豆研究与生产中的应用，培育高产高蛋白大豆新品种，创新绿色高产高效生产技术，同时需要在基础理论方面继续进行突破，以支撑大豆品种与生产技术创新。

（一）未来 5 年大豆发展战略需求与方向

1. 大豆高产高效生产技术

大豆产业发展迫切需要高产高蛋白大豆品种选育及绿色高产高效生产技术，同时需要在基础理论方面进行创新，以支撑大豆品种与生产技术创新。随着基因组测序技术的发展，全基因组选择育种技术将受到广泛重视；快速育种与多基因叠加的转基因育种、基因编辑等基因工程育种技术将成为生物育种研究的热点；在大规模表型精准鉴定和基因挖掘基础上，实现基于大数据的大豆分子设计育种；杂交大豆高效制种技术需要进一步熟化，加强育性稳定性研究，提升杂种种子质量。

2. 大豆新品种选育

加强培育聚合高产、优质、多抗、适合机械化生产等性状的大豆品种，以满足大豆产业化需求。我国大豆品种与国外品种存在较大差距，主要表现：一是国外品种基本是转基

因大豆品种，可抗多种除草剂，部分品种同时还具备抗虫、抗旱特性，而我国转基因大豆还处于研发阶段，产业化进程迟缓；二是国外大豆品种的产量潜力明显高于国内品种，美国大豆主产区利用常规种植技术，创造了 694.3 公斤 / 亩的世界大豆高产纪录，达到国内在西部干旱地区通过膜下滴灌技术才创造 423.77 公斤 / 亩的纪录，而常规技术高产纪录还没有超过 350 公斤 / 亩；三是国外品种的抗性水平明显更高，具有抗多种病虫害和非生物逆境能力，国内品种多为单抗品种。此外，缺少适合于轻简化生产的大豆品种和适合加工企业需要的专用品种。

3. 大豆栽培管理

美国等大豆主产国以抗除草剂转基因品种为技术载体，以喷施高效、低毒、低残留除草剂为主要田间管理手段，以免耕和秸秆还田为保水培肥措施，以大机械作业为生产方式，以规模化农场为基本生产单元，由农民协会和跨国粮商联合进行市场营销，形成了规模化、集约化、标准化生产技术体系。

我国目前生产全部为非转基因大豆，除草剂使用量大，东北北部连作地区个别地块存在除草剂残留严重等问题。我国黄淮海及南方产区大豆生产普遍采用免耕和秸秆还田为保水培肥措施，但东北地区因垄作等栽培方式限制，轮作技术体系尚不完善，秸秆还田压力较大。据中国科学院海伦农业生态试验站 21 年的定位试验，大豆—玉米轮作比连作玉米土壤有机质高 15.6%，大豆茬比玉米茬土壤水分含量提高 21.5%，速磷含量提高 16.3%；大豆茬口的土壤容重比玉米茬口小 16.3%，大于 0.25 毫米的土壤水稳性团聚体提高 21.4%。黑龙江省农业科学院土壤肥料研究所 18 年定位试验结果表明，大豆—玉米轮作时，大豆单产比连作 2 年的高 26.52%。大豆和玉米两区轮作使玉米增产 8.8%；玉米—大豆—小麦三区种植，玉米增产 14.1%。我国大豆生产单元规模较小，大规模机械化和精准农业技术应用困难，规模化、集约化、标准化生产技术体系有待建立。在高产高效生产技术方面，我国高产典型普遍存在于管理精细的示范田，大面积生产上新技术的到位率低，成为缩小中外大豆产量差距的最后一公里。

（二）研究目标和重点任务

1. 大豆新品种培育及产业化

1）研究目标：攻克大豆育种关键核心技术，培育重大突破性新品种，其中，高产高蛋白大豆新品种蛋白含量 43% 以上，比现有品种增产 10% 以上，杂交大豆产量比现有品种增产 20% 以上，抗除草剂抗虫转基因大豆新品种可大幅度降低生产成本，高油酸等功能型大豆可提高附加值。推进大豆新品种产业化，保障我国食用大豆的有效供给。

2）重点任务：构建覆盖大豆育种全程的公益性技术服务平台，创新集成快速育种与全基因组选择、基因编辑、转基因等育种技术，构建新型育种系统，促进大豆产量和蛋白质含量协同提高，创制高产、优质、株型和抗性改良的大豆育种新材料，创造产量潜力得

到大幅提升的大豆新种质，培育适于机械化栽培的耐密植、抗倒伏、高产高蛋白大豆，杂交大豆、抗除草剂抗虫转基因大豆、高油酸大豆等新品种。

2. 绿色高产高效生产技术研究

1）研究目标：立足主产区光温水土等资源禀赋，围绕绿色优质高产高效生产目标，建立以合理轮作为核心，以优良品种和大型机械为技术载体，以秸秆还田和有机质含量提升为耕层保育手段，以绿色防控为植保措施的生产技术体系，实现控肥减药增效 10% 以上，单产增加 10% 以上，成本降低 10% 以上。

2）重点任务：以优质食用大豆生产为目标，集成优质高产多抗品种选用、作物轮耕轮作模式优化、免耕覆秸精播、测土配方施肥、病虫害综合防治、除草剂安全施用、低损机械收获、品质全程监控等关键技术，建立大豆绿色高产高效生产技术体系。

3. 优异种质资源挖掘与利用

1）研究目标：阐明我国大豆起源、传播和演化规律，精准评价我国大豆资源优异特性，挖掘高产、优质、抗病虫、耐逆等育种急需的优异新基因，开发功能基因标记，提升我国大豆资源研究与利用水平。建设和完善我国大豆资源、品种、技术相关数据库，建立和健全数据共享机制，实现大豆数据共享。

2）重点任务：开展我国特有原始资源的基因组、表型组等组学研究，阐明大豆优异亲本形成的系谱特征及遗传演变规律，深入解析大豆的起源与进化路径；精细鉴定大豆资源的优异特性，发掘重要基因，建立高效检测技术；创制生产急需的优异新种质。综合各种组学数据及大豆育种核心资源数据，建立整合型公共数据库，健全评价体系和数据共享机制，实现实时性、系统性、高效性、公共性。

参考文献

［1］Cai YP, Chen L, Liu XJ, et al. CRISPR/Cas9–mediated targeted mutagenesis of *GmFT2a* delays flowering time in soya bean［J］. Plant Biotechnology Journal, 2018, 16（1）: 176–185

［2］Liu W, Jiang BJ, Ma LM, et al. Functional diversification of Flowering Locus T homologs in soybean: *GmFT1a* and *GmFT2a/5a* have opposite roles in controlling flowering and maturation［J］. New Phytologist, 2018, 217（3）: 1335–1345

［3］Shen Y, Liu J, Geng H, et al. De novo assembly of a Chinese soybean genome［J］. SCIENCE CHINA Life Sciences, 2018, 61: 871–884

［4］Xie M, Chung C, Li M W, et al. A reference–grade wild soybean genome［J］. Nature Communications, 2019, 10: 1216

［5］Yue Y, Liu N, Jiang B, et al. A single nucleotide deletion in J encoding GmELF3 confers long juvenility and is associated with adaption of tropic soybean［J］. Molecular Plant, 2017, 10（4）: 656–658

［6］Lu S, Zhao X, Hu Y, et al. Natural variation at the soybean J locus improves adaptation to the tropics and enhances yield [J]. Nature Genetics, 2017, 49 (5): 773–779

[7] Lu X, Xiong Q, Cheng T, et al. A *PP2C-1* allele underlying a quantitative trait locus enhances soybean 100-seed weight [J]. Molecular Plant, 2017, 10 (5): 670–684

[8] Gu YZ, Li W, Jiang HW, et al. Differential expression of a *WRKY* gene between wild and cultivated soybeans correlates to seed size [J]. Journal of Experimental Botany, 2017, 68 (11): 2717–2729

[9] Lu X, Li QT, Xiong Q, et al. The transcriptomic signature of developing soybean seeds reveals the genetic basis of seed trait adaptation during domestication [J]. The Plant Journal, 2016, 86: 530–544

[10] Gao JS, Yang SX, Cheng W, et al. GmILPA1, encoding an APC8—like protein, controls leaf petiole angle in soybean [J]. Plant Physiology, 2017, 174 (2): 1167–1176

[11] Zhao J, Chen L, Zhao TJ, et al. *Chicken Toes-Like Leaf and Petalody Flower* (*CTP*) is a novel regulator that controls leaf and flower development in soybean [J]. Journal of Experimental Botany, 2017, 68 (20): 5565–5581

[12] Li Z, Guo Y, Ou L, et al. Identification of the dwarf gene *GmDW1* in soybean (*Glycine max* L.) by combining mapping-by-sequencing and linkage analysis [J]. Theoretical and Applied Genetics, 2018, 131: 1001–1016

[13] Sun Z, Su C, Yun J, et al. Genetic improvement of the shoot architecture and yield in soya bean plants via the manipulation of *GmmiR156b* [J]. Plant Biotechnology Journal, 2019, 17: 50–62

[14] Li XX, Zhao J, Tan ZY, et al. GmEXPB2, a cell wall β –expansin, affects soybean nodulation through modifying root architecture and promoting nodule formation and development [J]. Plant Physiology, 2015, 169 (4): 2640–2653

[15] Cai ZM, Wang YN, Zhu L, et al. GmTIR1/GmAFB3-based auxin perception regulated by miR393 modulates soybean nodulation [J]. New Phytologist, 2017, 215: 672–686

[16] Song Y, Zhang H, You HG, et al. Identification of novel interactors and potential phosphorylation substrates of GsSnRK1 from wild soybean (*Glycine soja*)[J]. Plant Cell and Environment, 2019, 42: 145–157

[17] Xue YB, Xiao BX, Zhu SN, et al. GmPHR25, a *GmPHR* member up-regulated by phosphate starvation, controls phosphate homeostasis in soybean [J]. Journal of Experimental Botany, 2017, 68 (17): 4951–4967

[18] Chen LY, Qin L, Zhou LL, et al. A nodule-localized phosphate transporter GmPT7 plays an important role in enhancing symbiotic N$_2$ fixation and yield in soybean [J]. New Phytologist, 2019, 221: 2013–2025

[19] Li QT, Lu X, Song QX, et al. Selection for a zinc-finger protein contributes to seed oil increase during soybean domestication [J]. Plant Physiology, 2017, 173 (4): 2208–2224

[20] Chu SS, Wang J, Zhu Y, et al. An R2R3-type MYB transcription factor, GmMYB29, regulates isoflavone biosynthesis in soybean [J]. PLoS Genetics, 2017, 13 (5): e1006770

[21] Zhou ZK, Jiang Y, Wang Z, et al. Resequencing 302 wild and cultivated accessions identifies genes related to domestication and improvement in soybean [J]. Nature Biotechnology, 2015, 33: 408–414

[22] Shen YT, Zhang JX, Liu YC, et al. DNA methylation footprints during soybean domestication and improvement [J]. Genome Biology, 2018, 19: 128

[23] Fang C, Ma YM, Wu SW, et al. Genome-wide association studies dissect the genetic networks underlying agronomical traits in soybean [J]. Genome Biology, 2017, 18: 161

[24] Pan WJ, Tao JJ, Cheng T, et al. Soybean *miR172a* improves salt tolerance and can function as a long-distance signal [J]. Molecular Plant, 2016, 9 (9): 1337–1340

[25] Li WB, Wang T, Zhang YH, et al. Overexpression of soybean miR172c confers tolerance to water deficit and salt stress, but increases ABA sensitivity in transgenic *Arabidopsis thaliana* [J]. Journal of Experimental Botany, 2017, 68 (16): 4727–4729

[26] Zhang W, Liao XL, Cui YM, et al. A cation diffusion facilitator, *GmCDF1*, negatively regulates salt tolerance in

soybean［J］. PLoS Genetics, 2019, 15（1）: e1007798

［27］ Li S, Wang N, Ji D, et al. A GmSIN1/GmNECD3s/GmRbohBs feed-forward loop acts as a signal amplifier that regulates root growth in soybean exposed to salt stress［J］. The Plant Cell, 2019, 31: 2107-2130

［28］ Zhao X, Han YP, Li YH, et al. Loci and candidate gene identification for resistance to *Sclerotinia sclerotiorum* in soybean（*Glycine max* L. Merr.）via association and linkage maps［J］. The Plant Journal, 2015, 82: 245-255

［29］ Dong LD, Cheng YX, Wu JJ, et al. Overexpression of *GmERF5*, a new member of the soybean EAR motif-containing ERF transcription factor, enhances resistance to *Phytophthora sojae* in soybean［J］. Journal of Experimental Botany, 2015, 66（9）: 2635-2647

［30］ Li H, Wang H, Jing M, et al. A Phytophthora effector recruits a host cytoplasmic transacetylase into nuclear speckles to enhance plant susceptibility［J］. 2018, eLife, 7: e40039

［31］ Wang M, Li W, Fang C, et al. Parallel selection on a dormancy gene during domestication of crops from multiple families［J］. Nature Genetics, 2018, 50: 1435-1441

撰稿人：关荣霞　周新安　吴存祥　刘晓冰　田志喜　赵团结　王曙明

卢为国　喻德跃　陈庆山　王广金　韩英鹏　邱丽娟

谷子高粱黍稷科技发展报告

　　谷子（*Setaria italica*）、高粱（*Sorghum bicolor*）和黍稷（*Panicum miliaceum*）是我国干旱半干旱地区主栽的禾本科粮食作物，也是目前种植业结构调整和耕作制度改革所需的核心作物。谷子和黍稷均起源于我国，它们的驯化栽培历史在8000年以上，高粱在我国的栽培也历史悠久，它们均是中华北方农耕文明的载体作物[1]。谷子、高粱和黍稷是我国栽培主要禾谷类杂粮作物，系统梳理他们的科技发展，对生产和作物学发展有重要意义。

一、我国谷子高粱黍稷学科发展现状与新进展

　　2016—2018年，禾谷类杂粮作物新资源的引进、谷子高效遗传转化体系成功建立、黍稷完成了全基因组测序，中矮秆适应机械化作业的谷子和高粱品种得到大面积生产应用，杂粮作物的大众化食品研发也成果不断，谷子高粱黍稷学科在理论和生产实践等多个方面均取得了显著进展，提升我国杂粮作物的生产能力和科技竞争力。

（一）谷子高粱黍稷资源搜集、鉴定和创新取得新进展

　　2016—2018年，中国农业科学院作物科学研究所等单位从国外引进谷子资源372份，高粱资源266份，黍稷资源300余份，引进这三种作物的近缘种资源120余份，丰富了我国旱地禾谷类作物资源的家底[2]。全国26家单位开展了对谷子高粱黍稷抗旱、耐盐碱、抗病虫害的鉴定工作，鉴定出了谷子优质资源29份，抗旱耐盐碱资源117份；创制筛选出50份兼抗除草剂和抗病的优质谷子材料，70份优质矮秆抗除草剂谷子材料；完成715份高粱资源的抗性鉴定，鉴定出极抗旱和强抗旱材料97份，萌芽期耐盐性强的材料35份；鉴定筛选出免疫和高抗丝黑穗病的材料15份，抗黑束病的材料52份。在种质资源创新和利用方面，中国农业科学院作物科学研究所发掘出农艺性状综合优良且在我国谷子育种中

尚未利用的新材料"SSR41"，并利用这个材料培育出了多个产量性状有明显优势的新材料，该材料的发掘利用以及其和现有优良品种及育种材料的结合，有可能带来谷子育种新的突破，解决谷子产量育种多年爬坡不前的局面。中国农业科学院作物科学研究所发掘出四份高油酸谷子资源材料，并与河北省农林科学院谷子研究所合作开展了高油酸遗传和育种研究，为培育保质期长的加工专用品种奠定了技术基础。

（二）谷子高效遗传转化体系的构建和黍稷全基因组测序完成

谷子高粱黍稷均属于禾本科黍亚科黍族，均是 C_4 植物且表现了显著的抗旱耐逆特性，被国内外广泛认为是 C_4 光合作用和抗旱耐逆研究的禾本科模式作物。尤其是谷子和野生种青狗尾草（Setaria viridis），由于其基因组小（430 Mb）、二倍体、植株小且生育期短、自花授粉、单株结实数量多等特性，被国际上广泛认为是 C_4 光合作用和禾本科黍亚科的模式作物。2014 年，由国家现代农业产业技术体系谷子糜子体系首席科学家刁现民研究员发起并主持组织，中国农业科学院李家洋院长和美国国家科学院院士杰弗里·本内岑（Jeffery Bennetzen）为大会主席的首届国际谷子遗传学会议（International Setaria Genetics Conference，ISGC）在北京召开，大会的主题是启动谷子成为植物功能基因组研究的模式作物（Initiation of Setaria as a Model）[3]，2017 年我国参与组织的第二届国际谷子遗传学会议在美国密苏里州的丹佛斯植物研究中心召开，标志着谷子作为模式作物正走向深入[4]。作为模式作物的一个核心技术要求是高效遗传转化体系，中国农业科学院作物科学研究所吴传银创新课题组和刁现民创新课题组联合，鉴定出 7 个胚性愈伤组织容易获得的基因型，对其中的 Ci846 进行配套技术调整，构建了一套高效的谷子外源基因转化技术体系，最高转化效率达 21%，彻底解决了谷子转化效率低限制其作为模式作物发展的问题。同时，美国康奈尔大学和丹弗斯植物研究中心利用青狗尾草 Me34v，也取得了高的转化效率[5]。除上述基于组织培养的转化方法研究外，国外还开展了类似于拟南芥（Arabidopsis thaliana）的沾花转化研究，虽然文章报道获得了转基因植株，但还没有成功的重复例证，且效率很低[6]。高粱方面已成功建立起有效的成熟胚组织培养体系和 Tx430 幼胚基因枪转化体系，已将抗除草剂基因 Bar 和 ADDs、耐旱基因 KHA 和 KHB 等转化高粱 Tx430，获得了转基因植株。

2017 年由美国俄克拉荷马州立大学的 A·道斯特（A. Doust）教授和中国农业科学院作物科学研究所的刁现民研究员联合编撰的《谷子遗传与基因组学》在施普林格出版社出版，这是首部谷子遗传学和基因组学书籍，也是首部英文谷子学术书籍，该书系统介绍了谷子和其野生种青狗尾草遗传学和基因组学的新进展，推动了谷子和青狗尾草作为模式植物的发展[7]。2018 年中国科学院上海植物逆境研究中心完成了黍稷品种 00000390 的全基因组测序在 Nature Communication 上发表，获得其基因组 923Mb 的序列，覆盖整个基因组的 91.98%，注释了 55930 个编码基因。中国农业大学完成了黍稷另一个品种的高质量基因组测序，也发表在 *Nature Communication* 上[8, 9]。这些工作不仅为黍稷遗传育种研究提供了高质量的参考基因组信息，也为禾谷类作物比较遗传学提供了新内容，厘清了黍稷基因组变化的一些基本信息。

（三）谷子高粱重要性状遗传解析和耐逆研究取得显著进展

谷子高粱和黍稷均以抗旱耐逆著称，2016—2018 年这三种作物抗旱耐逆的一些基础性工作有不少报道，其中多数是表达谱分析[10, 11, 12]。谷子方面我国华大基因和张家口农科院等单位对张谷基因组进行了更新，提升了这个参考基因组的质量[13]。同时中国农业科学院作物科学研究所、河北省农林科学院谷子研究所和山西农科院谷子研究所等多家单位构建了多个谷子 RIL 群体和关联分析群体，对株高、生育期、穗部性状等开展 QTL 发掘，累计获得谷子重要农艺性状 QTL 位点 129 个，为深入解析谷子重要农艺性状的分子机理，发掘优势单体型用于育种实践奠定了基础[14, 15]。甘肃农科院作物所等单位，构建了首个糜子分子标记遗传学图谱[16]。中国农业科学院作物科学研究所刁现民团队构建了首个由 42000 个株系构成的 EMS 突变体库，并利用这个突变体库克隆了叶片颜色、穗发育、株高等多个方面的关键基因[17, 18, 19, 20]。谷子的抗旱性突出，被认为禾本科抗旱性研究的模式作物。中国农业科学院作物科学研究所、山西农业大学等单位，以表达谱分析为手段发掘了 79 个和抗旱相关的小 RNA，初步解析了安 04 等苗期旱敏感品种在胁迫下的表达调控网络[12]。高粱通过对微核心种质在内的 653 份资源的简化基因组分析，发现目前高粱粒用杂交种选育所用的恢复系只占中国高粱种质资源中很少的变异，这有利于扩展高粱粒用杂交种恢复系选育的种质基础。遗传研究方面完成了株高 *dw1-4*、熟期 *ma1-6*、糯性基因 *Wx*、单宁含量基因 *Tan*、耐铝毒 *SbMATE* 和低木质素基因 *bmr* 等已知重要性状的分子标记开发。采用 BSA 和 SLAF 技术将高粱分蘖与主茎株高一致基因定位于第九染色体上较小的区间内。利用全基因组关联分析，定位并克隆了高粱芒有无的调控基因[21]。

（四）谷子高粱中矮秆轻简栽培品种实现换代产量和效益显著提升

在国家谷子高粱产业技术体系的支持下，以中矮秆适应机械化作业为主要育种方向，2016—2018 年全国共培育出参加品种区域试验的谷子新品种 177 个，高粱新品种 123 个，黍稷新品种 31 个。为配合新种子法的实施，农业部对主要非审定作物施行品种登记制度。到 2018 年年底，完成谷子品种登记 255 个，高粱品种登记 280 个，为谷子高粱产业发展提供了品种保证。

谷子高粱育种在过去的三年突出了中矮秆适应机械化作业，谷子培育的代表品种"豫谷 31""中谷 9""冀谷 39""冀谷 42""龙谷 39""晋谷 40""长生 13""九谷 28""赤谷 K1"等；高粱培育的代表品种"龙杂 18""龙杂 19""龙杂 20""辽糯 11""晋夏 2842""汾酒粱 2 号""吉杂 156""吉杂 157""辽杂 48""金糯粱 1 号"等。谷子新品种选育另一个亮点是春夏间杂种优势在生产上成功应用。根据对品种资源的基因组变异分类，谷子分为春谷类型和夏谷类型。中国农业科学院作物科学研究所以培育春谷型不育系入手，利用夏谷型抗除草剂恢复系，培育的春夏间杂交种在春夏谷区均表现了良好的适应性和丰产性，以"中杂谷 5""中杂谷 16"和"中杂谷 39"等为代表，一批春夏谷间杂交种开始在生产上应用。

株高显著降低是新培育的谷子高粱品种的一个显著特点。高粱新品种株高平均降低 50 厘米左右，如龙杂 18 株高 87 厘米，龙杂 17 株高 108 厘米，晋杂 34 株高 135 厘米，辽杂 37 株高 140 厘米，彻底改变了原来高粱动辄 200 厘米甚至更高的状况。不仅株高降低，且主茎与分蘖高度及成熟期一致，适宜机械化收获，做到收穗、脱粒一次性完成。这些品种在生产上发挥了很好的作用，如山西孝义种植矮秆"高粱晋杂 34"，平均单产达 580 公斤 / 亩，比普通品种增产 8.2%[22]。

（五）农技农艺配套技术实现谷子高粱全程机械化生产

2016 年以来，国家谷子高粱产业技术体系在支撑产业发展的品种培育和技术集成方面，谷子以抗除草剂、优质、适合机械化作业的"豫谷 31""中杂谷""冀谷 39""冀谷 42""晋谷 40""张杂谷"和"长生 13"等为主，建立和完善了地膜覆盖精量穴播、精量条播、覆膜加滴灌、免间苗精量穴播等配套技术模式 5 项，每亩提质增效在 300 元左右，建设 100 亩以上示范区 37 个，新品种和新技术直接示范 10.17 万亩。高粱方面以酿造和籽粒饲用品种的机械化生产为主攻方向，以丰产型的"辽夏粱 1"和"吉杂 158""龙杂 19""龙杂 21"等 28 个品种为主，在高粱播种机、无人机喷药设备和病虫害防控等方面进行技术集成，直接示范面积 2.94 万亩，平均亩产 500~650 公斤，增产 10.0% 以上，亩增加效益 120 元以上。2016—2018 年，谷子高粱的播种机械、田间管理机械和收获机械的研发和改良取得显著进展，一批和品种配套的机械投入生产应用中，如 2B（F）-4（10）条播机、2BFG-6 谷子糜子穴播机、JF-4 双垄覆膜穴播机、AJ-7 双侧覆膜穴播机等的研发和应用，实现了谷子的精量播种，基本解决了谷子的人工间苗问题。同时，抗除草剂品种的应用和中耕机的配套管理，解决了人工除草问题。在谷子高粱收获机械方面，重点是对小麦等作物收获机械的改良，使之适合谷子高粱的联合收获。最成功的是对"约翰迪尔 W80"联合收获机的改良，其收获谷子的籽粒损失率降到了 3% 以下，对"常发佳联 CF505、CF504A"的改良也很成功。西北地区谷子糜种植在山坡丘陵地带，不适合大型机械作业，体系构建了分段收获的作业体系，研发了 4S-1.6 型谷子糜子割晒机和 5T-45/50 型谷子糜子脱粒机等机械。这样就完成了从播种到收获的全程机械化。到 2018 年我国谷子高粱在华北和东北地区基本实现了全程机械化生产，在西北地区以小型农机为主的机械化率也都显著提高。

（六）谷子高粱黍稷大众化食品开发和功能性成分发掘取得新进展

食品加工方面系统分析并明确了产地、品种、播期等因素对我国谷子营养成分分布的影响；分析不同产地谷子的营养组分，筛选了淀粉、赖氨酸、色氨酸含量高且糊化温度低、时间短的品种[23]。对谷子糜子面粉的动态流变特性、面团拉伸特性、消化特性等加工适应性进行了评价，使谷子糜子品质评价从传统感官描述上升到客观数据分析；分析了谷子糜子蛋白、淀粉加工、糊化、回生特性，确立了淀粉、蛋白特性和谷子常见食品感官评价的关系[24, 25]，为谷子糜子加工产品品质改进提供了基础理论支撑和客观依据。在谷子功能性成分挖掘方面，明确了小米的正丁醇、正己烷提取物的降糖效果，为谷子中脂溶性物质降糖效果研究奠定基础。通过糖耐量减低人群干预实验明确了不同加工方式下小米产品对人体血糖指数和胰岛素指数的影响，为指导糖尿病人群合理食用小米制品以及控制人体血糖水平提供了理论的依据[26, 27, 28, 29]。利用现代分析手段研究了谷糠多肽的功能特性，为产品开发提供理论依据，进一步采用酶解技术、包埋技术、溶剂萃取技术，开发谷糠多肽等功能性食品。

在谷子主食化加工方面，近几年采用营养复配、现代挤压等技术开发出小米面条、小米免煮面条、小米方便面等面条类制品，小米成分含量可高达90%以上，小米免煮面和小米方便面类产品已经上市[30, 31]。采用专用粉复配、二次醒发和智能成型技术开发出小米馒头主食类食品、小米添加量可达到50%，在唐山广野食品集团实现产业化生产[32, 33]，进一步推动谷子主食产业化发展。其他小米速食粥、小米饼干、小米胚芽软胶囊、米糠油、全谷类功能饮料、小米茶、小米营养乳、留胚粟米、小米营养馍片等主食类产品已取得技术研究突破，积极谋求成果转化和产业示范，为有效拉动谷子产业发展提供驱动力。

二、国内外谷子高粱黍稷学科发展的比较分析

同国外的同类研究相比，我国的禾谷类杂粮作物研究仍以应用研究为主，在谷子方面有一些基础研究的报道，而且谷子的基础研究处在和国外并跑的水平，并在遗传转化和谷子功能基因克隆方面处于国际领先，高粱方面和黍稷我国基本是应用研究。

（一）谷子和青狗尾草国外以基础研究为核心国内以遗传育种为主流

国外的谷子研究在2016—2018年也取得了很多进展，但重点是基础研究，特别在发展谷子和青狗尾草为 C_4 光合作用和禾本科黍亚科模式植物方面。美国以俄克拉荷马州立大学、丹弗斯植物研究中心、康奈尔大学、斯坦福大学和佐治亚州立大学等为主开展功能基因研究。这些实验室的工作主要以谷子和青狗尾草之间的RIL群体进行抽穗期相关的光

周期分析，并由此发展到谷子驯化和起源相关的研究[34]；同时利用全生育期拍照的表型鉴定平台发掘谷子生物量积累的动态信息及相关 QTL[35]；斯坦福大学则在以谷子为模式研究禾本科作物根系的建成及根系发育过程中对干旱等环境的响应反应[36]。美国加州大学德威斯分校则在发展类似于拟南芥浸花的谷子转化技术体系。2016—2018 年谷子和青狗尾草在国际上发表的 *PNAS*，*Plant Cell*，*Nature Plant* 和 *PLoS Genetics* 等高水平论文均来自美国，丹弗斯植物研究中心举办了第二届谷子国际遗传学大会[34, 35, 36, 37]，这些均说明美国在发展谷子和青狗尾草的遗传学方面走在世界的前面。但这些研究均为生物学的基础研究，而和谷子育种相关的农艺性状和经济性状几乎都是中国人的研究结果。这与谷子仅是区域重要性作物，主要种植在中国有关。随着谷子和青狗尾草模式体系引起的关注度的日益提升，澳大利亚、德国、英国、巴西等众多发达国家和发展中国家在过去几年均开始以谷子和青狗尾草为对象的分子生物学研究[38]。

（二）我国高粱的基础研究、育种技术和生产相比发达国家有较大差距

高粱主产国中，美国和澳大利亚育种水平较高，对高粱产量、品质及适应性研究较多，育种目标以抗逆饲料及生物能源为重点。技术方面，应用传统育种技术，结合分子标记辅助选择，加快了育种的进程。在美国、澳大利亚等高粱生产发达国家，栽培已实现全程机械化和大数据化管理，试图通过基因技术解决高粱耐旱、耐冷、抗病、抗虫等实际生产问题。我国目前高粱育种水平处于世界先进水平，但多以常规技术为主，分子技术应该较少，育种目标以优质、高产、广适的酿造高粱及饲用高粱为重点。栽培技术的研究和应用水平相对落后，机械化程度低。栽培生理、生化研究不够系统和深入，未能与高粱生产瓶颈问题和实际需求紧密结合。

（三）黍稷的研发国内外均以产业为主

黍稷在国际上的种植范围较谷子更为广泛，在美国中西部和东欧有较大种植面积。无论是国内还是国外，黍稷的品种选育多以系统选择为主，其他方法应用的较少。2017 年 8 月，第三届国际黍稷会议在美国召开，与会人员基本是以生产型为主。黍稷是全世界最古老的禾本科作物，也是最抗旱耐瘠薄的作物，这也引起了多个国家研究抗逆生物学的学者的重视，中国科学院上海抗逆植物学研究中心和中国农业大学就是在这样的背景下完成了黍稷参考基因组的图谱构建[8, 9]，相信黍稷的基础研究在未来会有一定的提高。

三、谷子、高粱和黍稷的学科发展趋势与政策建议

农业农村部提出了"一控两减三基本"的农业发展战略，最重要的"一控"就是控制和减少农业生产用水，说明谷子、高粱和黍稷等在未来农业生产发展中的巨大潜力；谷

子、高粱和黍稷同属禾本科黍族，可以联合起来形成一个模式研究体系，代表禾本科黍亚科。在生产方面，三种作物所面临的产业问题有各自的特点，需要分别处理。

（一）高度重视和加强谷子、高粱和黍稷的抗旱耐逆等基础研究

国内外对水分的利用效率和抗旱性研究的已有报道均认为谷子、高粱和黍稷是耐旱耐逆水分高效利用的作物，相关研究不仅可直接为这三种作物服务，也可为其他作物尤其是大宗禾谷类作物如水稻、小麦和玉米等服务，其未来的经济效益巨大影响深远。谷子、高粱和黍稷三种作物均有高质量的参考基因组，谷子已经建立起来了高效的遗传转化体系和EMS突变体库，初步形成了功能基因发掘的平台，为深入开展这三种作物的功能基因研究起到了领路作用。同时，谷子、高粱和黍稷同属禾本科黍亚科黍族，有着很近的系统演化关系，基因组序列同源性很高，可以形成一个体系来开展相关工作。但谷子、高粱和黍稷在我国是小作物，基础研究团队很薄弱，积累也不够，美国等发达国家明显走在我们的前面。高度重视谷子作为模式作物的发展方向，以项目为抓手，大力加强谷子、高粱和黍稷的基础研究，特别是抗旱耐逆节水的分子基础研究，为应对日益干旱和变暖的环境进行战略储备，保持农业生产的绿色可持续发展。

（二）品质和轻简栽培性状控制基因的研究是未来应该加强的方向

以杂交育种为核心的我国谷子现代育种走过了约40年的历程，谷子品种在产量性状上获得了大幅度提高，中矮秆抗倒伏品种基本实现了生产覆盖[39]，大型地块也基本实现了全程机械化生产。但谷子是以小米为主要消费品，其米粥和米饭的商品品质在很大程度上决定了品种的市场价值。目前占据主要市场的谷子品种如"晋谷21"和"黄金苗"等，均以小米的商品品质优良为主要特征。在一些地区商品品质优良的农家品种比高产的育成品种占有更大的市场，如内蒙古东部地区的"黄金苗""毛毛谷"和"红谷子"等。同时谷子株型目前仍以披叶垂穗的传统类型为主，不适应现代化生产的农机农艺结合要求，培养株型紧凑穗直立或短穗脖的品种是未来应该关注的方向。

（三）早熟和株型创新在高粱和谷子育种中越来越重要

无论是在东北地区高粱、谷子的种植区域向北推进，还是黄淮海地区种植业结构调整和油葵、马铃薯、大豆等作物的轮作与上下茬搭配，均需要培育的谷子、高粱新品种的生育期相对短。谷子、高粱主产区大多分布在干旱、半干旱地区，基本不具备灌溉条件，近年来冬春降水明显减少干旱日益严重，只能等雨播种，播种窗口期明显缩短。早熟品种可延长播种的窗口期。同时，机械收获比重逐年增加，而机收需要籽粒含水量达到20%以下，如果生育期过长，将不利于含水量下降，籽粒损失率和破碎率会明显加大，从而影响收获效果。因此，发展早熟谷子、高粱显得尤为重要。此外，早熟品种还可参与一年两熟

或两年三熟的种植体系，为种植方式改变提供了多种选择。在早熟性育种方面，高粱已有较好的成功案例，如黑龙江农业科学院作物育种所培育的极早熟品种"龙杂18"生育期只有97天，需 ≥ 10℃活动积温2060℃左右；"龙杂17"生育期100天，需 ≥ 10℃活动积温2080℃左右。这些品种的育成应用，使高粱种植向北推进1个纬度，到了北纬50°，为黑龙江省早熟区大豆产区调结构、转方式、避连作、增效益提供了新的路径[40, 41]。

叶片相对直立的株型育种是水稻、玉米和小麦等大宗禾谷类作物产量提升的一个主要途径，这些大宗禾谷类作物产量提升的绿色革命除矮秆外，紧凑株型也是一个主要因素。目前谷子和高粱基本实现了中矮秆化，但这些品种的叶片较多且肥大平展，分布不合理，容易造成群体郁闭，影响光能利用，从而影响产量，较多的叶片也不利于机械化收获。因此，谷子、高粱育种应该特别强调在现在的中矮秆的基础上，选育叶片短、窄且上冲的株型，适当减少叶片数目，从而改善群体内的光分布状况，增加光能利用率，增加群体密度提高产量，同时也适应机械田间作业和收获。

（四）增加黍稷的遗传多样性是黍稷未来发展的一个长时间任务

我国虽然保存有8000多份黍稷品种资源，但已有的研究报道表明，黍稷的农艺性状、植物学性状和SSR标记分析的基因组均表现相对低的多样性[42]。这不仅不利于黍稷新品种的培育，也不利于黍稷功能基因组研究。未来应该加强黍稷遗传多样性低的原因分析，解析其相对低的多样性的生物学机理，这本身也是个很有意思的生物学问题。同时，黍稷科技工作者，应该充分利用EMS诱变等理化诱变技术，或者远缘杂交技术，创制更多样的黍稷资源，这样才能保证黍稷遗传育种和产业的长远发展。

（五）谷子、高粱和黍稷学科发展的政策建议

旱作节水生态农业和健康食品市场的需求为谷子、高粱和黍稷等粟类作物带来了生产和产业市场，C_4光合作用和黍亚科功能基因解析促生的功能基因组研究模式作物为谷子基础研究发展带来了前途。这两个推力形成的合力正在使谷子、高粱和黍稷的学科发展遇到前所未有的好机遇，抓住这个机遇的关键是国家政策的支持。首先，国家应该加强对谷子、高粱和黍稷等作物的项目支持，特别是在重点研发项目和国家自然科学基金方面的支持。国家在重点研发项目设置时应该高度重视谷子、高粱等中小作物，改变以往项目设计时只重视大作物的习惯做法，给中小作物以适当的天地；谷子、高粱等小作物团队研究基础差，在国家自然科学基金的项目上应该适当降低标准，或者设立谷子、高粱和黍稷等小作物特殊基金，保证谷子等作物的基础研究，摆脱我国这方面基础研究落后于美国等国家的局面。其次，继续加强谷子、高粱和黍稷的现代农业产业技术体系建设，形成联合攻关局面。我国已建立了谷子、高粱现代产业技术体系，但岗位专家和综合试验站的数量远不能满足产业技术研发的需求，增加岗位专家的数量和综合试验站的密度，增强品种、栽培

技术、植保技术、加工技术等方面的攻关，对目前已有一定进展的免间苗技术、机械化收割技术等进行完善和成熟，在品种和技术上保证产业健康发展，充分发挥粟类作物的抗旱节水功能，为国家粮食安全和市场的稳定供给提供保障。

参考文献

［1］ Diao Xianmin. Production and genetic improvement of minor cereals in China［J］. The Crop Journal, 2017, 5（2）: 103-104

［2］ 刁现民主编. 中国现代农业产业可持续发展战略研究（谷子糜子分册）［M］. 北京：中国农业出版社. 2018

［3］ Diao Xianmin, Schnable James, Bennetzen Jeff I, Li Jiayang. Initiation of Setaria as a model plant［J］. Front. Agr. Sci. Eng., 2014, 1（1）: 16-20

［4］ Zhu, C, Yang, J, & Shyu, C. Setaria Comes of Age: Meeting Report on the Second International Setaria Genetics Conference［J］. Frontiers in plant science, 2017, 8: 1562. doi: 10.3389/fpls.2017.01562

［5］ Van Eck J. The Status of *Setaria viridis* Transformation: *Agrobacterium*-Mediated to Floral Dip［J］. Frontiers in plant science, 2018, 9, 652. doi: 10.3389/fpls.2018.00652

［6］ Saha, P, & Blumwald, E. Spike - dip transformation of Setaria viridis［J］. The Plant Journal, 2016, 86（1）: 89-101

［7］ Doust A, & Diao Xianmin. Genetics and Genomics of Setaria. Springer, Cham. 2017

［8］ Zou C, Li L, Miki D, et al. The genome of broomcorn millet［J］. Nat Commun, 2019, 25; 10（1）: 436

［9］ Shi J, Ma X, Zhang J, et al. Chromosome conformation capture resolved near complete genome assembly of broomcorn millet［J］. Nat. Commun., 2019, 25; 10（1）: 464

［10］ Sha Tang, Lin Li, Yongqiang Wang, et al. Genotype-specific physiological and transcriptomic responses to drought stress in *Setaria italica*（an emerging model for Panicoideae grasses）［J］. Scientific reports, 2017, 7,（1）: 10009

［11］ Yue H, Wang M, Liu S, et al. Transcriptome-wide identification and expression profiles of the WRKY transcription factor family in Broomcorn millet（*Panicum miliaceum* L.）［J］. BMC genomics, 2016, 17（1）: 343

［12］ Wang Yongqiang, Lin Li, Sha Tang, et al. Combined small RNA and degradome sequencing to identify miRNAs and their targets in response to drought in foxtail millet［J］. BMC genetics, 2016, 17（1）: 57

［13］ Ni X, Xia Q, Zhang H, et al. Updated foxtail millet genome assembly and gene mapping of nine key agronomic traits by resequencing a RIL population［J］. Gigascience, 2017, 6（2）: 1-8

［14］ Zhang K, Fan G, Zhang X, et al. Identification of QTLs for 14 agronomically important traits in *Setaria italica* based on SNPs generated from high-throughput sequencing［J］. G3: Genes, Genomes, Genetics, 2017, 7（5）: 1587-1594

［15］ Jia G, Wang H, Tang S, et al. Detection of genomic loci associated with chromosomal recombination using high-density linkage mapping in Setaria［J］. Sci Rep., 2017, 7（1）: 15180

［16］ Fang X, Dong K, Wang X, et al. A high density genetic map and QTL for agronomic and yield traits in Foxtail millet［*Setaria italica*（L.）P. Beauv］［J］. BMC Genomics., 2016, 17: 336

［17］ Zhang S, Zhi H, Li W, et al. SiYGL2 Is Involved in the Regulation of Leaf Senescence and Photosystem

II Efficiency in *Setaria italica*（L.）P［J］. Beauv. Front. Plant Sci., 2018, 9: 1308. doi: 10.3389/fpls.2018.01308

［18］薛红丽, 杨军军, 汤沙, 等. 谷子穗顶端败育突变体 sipaa1 的表型分析和基因定位［J］. 中国农业科学, 2018, 51（9）: 1627-1640

［19］Fan Xingke, Tang Sha, Zhi Hui, et al. Identification and Fine Mapping of *SiDWARF3*（D3）, a Pleiotropic Locus Controlling Environment Independent Dwarfism in Foxtail Millet. Crop Science, 2017, 57: 2431-2442

［20］Liu Xiaotong, Tang Sha, Jia Guanqing, et al. The C-terminal motif of SiAGO1b is required for the regulation of growth, development and stress responses in foxtail millet（*Setaria italica*（L.）P. Beauv）［J］. Journal of Experimental Botany, 2016, 67（11）: 3237-3249

［21］王瑞, 凌亮, 詹鹏杰, 等. 控制高粱分蘖与主茎株高一致性的基因定位［OL］. 作物学报, 网络首发: 2019-02-26

［22］韩小琴. 核桃林下种植矮秆高粱示范成效［J］. 农业技术与装备, 2016, 3: 81-81, 84

［23］李星, 王海寰, 沈群. 不同品种小米品质特性研究［J］. 中国食品学报, 2017, 17（7）: 249-254

［24］张爱霞, 赵巍, 刘敬科, 等. 不同品种小米粉流变学特性差异性研究［J］. 食品科技, 2018, 43（2）: 180-184

［25］范冬雪, 李静洁, 杨金芹, 等. 热处理对小米蛋白体外消化率的影响［J］. 中国食品学报, 2016, 16（2）: 56-61

［26］Xin Ren, Jing Chen, Chao Wang, et al. In vitro starch digestibility, degree of gelatinization and estimated glycemic index of foxtail millet-derived products: Effect of freezing and frozen storage［J］. Journal of Cereal Science, 2016, 69: 166-173

［27］Wenhui Zhang, Jing Wang, Panpan Guo, et al. Study on the retrogradation behavior of starch by asymmetrical flow field flow fractionation coupled with multiple detectors. Food Chemistry, 2018, 227: 674-681

［28］Xin Ren, Jing Chen, Mohammad Mainuddin Molla, et al. In vitro starch digestibility and in vivo glycemic response of foxtail millet and its products. Food & Function, DOI: 10.1039/c5fo01074h.2016

［29］Xin Ren, Ruiyang Yin, Dianzhi Hou, et al. The Glucose-Lowering Effect of Foxtail Millet in Subjects with Impaired Glucose Tolerance: A Self-Controlled Clinical Trial. *Nutrients*, 10: 1509. doi: 10.3390/nu10101509. 2018

［30］段伟, 吴月蛟, 沈群. 黄米挂面品质改善研究［J］. 中国食品学报, 2018, 18（4）: 162-168

［31］段伟, 吴月蛟, 沈群. 超微黄米粉挂面的研制［J］. 中国食品学报, 2018, 18（10）: 156-162

［32］张爱霞, 刘敬科, 赵巍, 等. 小米馒头质构分析和品质评价［J］. 食品科技, 2017, 42（6）: 156-161

［33］赵萌, 聂刘畅, 沈群, 陈燕卉. 乳化剂及保藏温度对小米馒头贮藏过程老化的影响［J］. 中国粮油学报, 2017, 32（6）: 52-56

［34］Hu H, Mauro-Herrera M, Doust A N. Domestication and Improvement in the Model C4 Grass, Setaria［J］. Front Plant Sci. 2018, 29（9）: 719

［35］Feldman M J, Paul R E, Banan D, et al. Time dependent genetic analysis links field and controlled environment phenotypes in the model C4 grass Setaria. PLoS Genet. 2017, 23; 13（6）: e1006841. doi: 10.1371/journal.pgen.1006841

［36］Sebastian J, Yee M C, Goudinho Viana W, et al. Grasses suppress shoot-borne roots to conserve water during drought［J］. Proc Natl Acad Sci U S A. 2016, 113（31）: 8861-8866

［37］Yang J, Thames S, Best N B, et al. Brassinosteroids Modulate Meristem Fate and Differentiation of Unique Inflorescence Morphology in Setaria viridis. Plant Cell, 2018, 30（1）: 48-66. doi: 10.1105/tpc.17.00816. Epub 2017 Dec 20. PubMed PMID: 29263085; PubMed Central PMCID: PMC5810575

［38］Huang P, Shyu C, Coelho C P, et al. *Setaria viridis* as a model system to advance millet genetics and genomics［J］.

Frontiers in plant science, 2016, 7: 1781

[39] 刁现民, 程汝宏. 十五年区试数据分析展示谷子糜子育种现状 [J]. 中国农业科学, 2017, 50 (23): 4469-4474

[40] 姜艳喜, 焦少杰, 王黎明, 苏德峰, 严洪冬, 孙广全. 极早熟机械化栽培高粱龙杂 18 的栽培技术 [J]. 中国种业, 2017, (9): 72-73

[41] 王黎明, 焦少杰, 姜艳喜, 苏德峰, 严洪冬, 孙广全. 早熟高粱新品种龙杂 17 机械化密植栽培技术 [J]. 中国种业, 2016, (8): 77-78

[42] Liu M, Xu Y, He J, et al. Genetic diversity and population structure of broomcorn millet (*Panicum miliaceum* L.) cultivars and landraces in China based on microsatellite markers [J]. International journal of molecular sciences, 2016, 17 (3): 370

撰稿人: 刁现民　邹剑秋　程汝宏　沈　群

马铃薯科技发展报告

我国是全球最大的马铃薯生产国，东西南北、高低海拔、一年四季均有马铃薯种植。马铃薯主产区与贫困地区高度重合，马铃薯产业在助力脱贫攻坚中发挥了重要作用。2015年农业部启动马铃薯主粮化战略，马铃薯生产迎来前所未有的发展契机，民间资本大量进入马铃薯种植。2015年7月国际马铃薯中心亚太中心成功落户，为我国及亚太地区的薯业发展带来新机遇。2018年8月中国农业科学院国家薯类研究中心成立，薯类作物研究的国家级公共平台将更好地为马铃薯主粮化战略提供技术支撑，并成为薯类研究国际合作的窗口。2015—2018年，我国马铃薯生产规模呈现前期平稳、后期小幅回落的特点，栽培面积由2015—2017年的超过9500万亩减少到2018年的不足9000万亩，总产量始终保持在1.2亿吨以上，生产方式由粗放扩张逐步转向提质增效，更加关注绿色生产与需求导向。

一、我国马铃薯学科最新研究进展

马铃薯作物科技在遗传改良、栽培生理与技术、病虫草害防控理论与技术、产后加工等领域均取得了重要进展。为马铃薯产业的可持续发展提供了重要的科技能力支撑。

（一）马铃薯遗传改良进展重大

马铃薯遗传改良一直是我国马铃薯研究的重要领域，近年来在种质资源评价、重要性状基因定位分析、分子标记开发及新品种选育等领域均取得了重要进展。

1. 马铃薯种质资源研究逐渐系统化

针对我国自主育成的马铃薯品种和资源开展了较为系统地研究。明确了436个审定品种的细胞质类型[1]，评价了主要品种与引进资源的抗旱性、早晚疫病抗性、块茎品质和遗传多样性[2, 3, 4]，构建了103个品种的DNA指纹图谱[5]，建立了马铃薯耐盐耐弱光性评价的方法[6, 7]，开展了马铃薯营养品质及食味评价的相关研究[8, 9]。为了解我国主要品种与资源材料的优良特性，进一步开展深入研究和遗传改良奠定了基础。

2. 马铃薯遗传育种基础研究进展重大

基于基因组学和转录组学平台开展的马铃薯相关研究成果丰硕。构建了西南产区主栽品种"合作 88"用于基因组测序的 BAC 文库[10]，鉴定了马铃薯花青素生物合成相关基因与转录因子的基因结构等[11, 12]，分析了马铃薯氨基酸转运蛋白 StAAT 基因家族的全基因组，明确了 StAAT 基因具有组织特异性表达模式[13]。

马铃薯抗逆、抗病、品质和休眠等重要性状的基因挖掘与分子调控研究取得新进展。发现海藻糖 –6– 磷酸合成酶基因家族可提高马铃薯的耐旱性[14]，精细定位了马铃薯 Y 病毒极端抗性基因 Rychc[15]，克隆了可由病原菌诱导的马铃薯 Stcul1 基因并进行了表达分析[16]，克隆了 StDWF4 基因并明确其在马铃薯植株中过表达可提高植株的耐盐性[17]，研究了淀粉代谢基因在低温糖化中的作用[18]和糖苷生物碱的合成调控机理[19]，开展了块茎休眠与发芽调控的分子基础研究[20]。

马铃薯分子标记开发及辅助选择技术体系研究稳步推进。开发了马铃薯薯形 CAPS 标记[21]、熟性分子标记[22]、块茎蛋白含量 SCAR 标记[23]并进行了验证，标记可用于马铃薯相关性状的初步筛选；定位了雾培马铃薯块茎建成的相关 QTL[24]。

基因编辑技术在马铃薯上开始应用，成为细胞融合和转基因等技术的重要补充，为基因组水平定点的马铃薯遗传改良提供了先进技术支撑。构建了表达马铃薯脯氨酸脱氢酶 gRNA 的 CRISPR/Cas9 基因敲除系统，获得 pP1C.4–Cas9–proDH–gRNA 载体[25]。采用基因沉默技术[26]、基因融合技术[27]、同源克隆技术[28]等，针对特异基因开展操作和遗传转化，获得的各类转基因材料可供后续进一步研究。

3. 马铃薯新品种选育类型丰富

2015—2018 年，马铃薯品种管理办法发生重大变革，从 2017 年起马铃薯由原审定作物变更为强制登记作物。2016 年是马铃薯品种审定的最后一年，全国 10 省共审（认）定马铃薯品种 84 个；2017 年起马铃薯实行品种登记，2017—2018 年全国登记的马铃薯新品种 131 个，其中鲜食种 108 个，高淀粉品种 9 个，炸片品种 10 个，炸条品种 2 个，全粉品种 2 个，品种类型趋于丰富。由于新的品种登记程序比原审定程序增加了 DUS 测试环节，拉长了工作周期，马铃薯品种登记数量未出现预想的井喷现象。

4. 马铃薯种薯质量检测与繁育技术有所进展

马铃薯种薯质量检验与测试技术近年来有较快发展，分子检测手段逐渐增多。建立了针对 PVA 和 PVS 的 RT–LAMP 分子检测方法[29, 30]，检测 PVX 的 DNA 甲基转移酶活性高灵敏度荧光扩增方法[31]，以及 PLRV 的 PCR 检测技术[32]。

因地制宜的种薯繁育技术研发也在种薯产区逐渐开展，我国不同种薯产区开始了新一轮各具特色的种薯繁育体系探索。在高寒阴湿区进行的马铃薯微型薯原种繁育中，垄作黑

膜覆盖（RSBPF）方式成为当地小于 2 克微型薯进行原种繁育的有效栽培措施[33]。

（二）马铃薯栽培生理与技术研究深入

马铃薯栽培生理与技术研究比以往有所深入，围绕生长发育、节水、减肥、绿色种植模式、机械化技术等领域开展研究。

1. 马铃薯生长发育研究日渐深入

根据马铃薯生长发育特性对生长过程进行有效调控，是马铃薯高产优质的关键所在，随着马铃薯生产方式的转型升级，对生长发育进程的差异化调控越来越受重视。不同氮素形态对马铃薯不同时期的生长发育有不同的影响[34]；钾是马铃薯需要量较大的重要营养元素，在干旱和灌溉条件下的不同用量对马铃薯根系生理和形态发育特征的影响各异[35]，不同淀粉型马铃薯品种的光合特性及产量存在差异[36]，这些不同场景和不同品种生长发育进程的多样化呈现，为有针对性地优化马铃薯生产过程提供了理论基础。

2. 马铃薯生理与节水技术研究因地制宜开展

我国华北和西北的马铃薯主产区为干旱半干旱地区，大部分马铃薯种植区域无灌溉条件，多为雨养。地膜覆盖一直是诸多产区重要的栽培模式[37, 38]，除了具有增温保墒增产的效果，可降解地膜还有改善土壤肥力的作用[39]；免耕覆盖在干旱地区具有明显的优势和有效性[40]，深松结合地表覆盖可有效改善土壤孔隙状况[41]，低量定额外源水分补给有利于水分利用效率的提高[42]。围绕节水栽培开展的相关研究日渐深入[43]，节水技术应用范围逐渐扩大。

3. 马铃薯养分生理与减肥栽培研究逐步扩大

马铃薯养分生理近年成为研究热点，减施化学肥料用量、采用有机肥替代部分化肥以提高养分利用率，成为马铃薯减肥栽培的主要措施。在全膜覆盖垄沟种植模式下，减氮增钾和有机肥替代可提高水分和养分利用效率[44]；化肥减量 25% 于花期追施、化肥减量 50% 于花期追施并增施有机肥，可提高产量和水分利用率[45]；有机肥底肥对 Pd、Cd 胁迫有明显的缓解效应[46]；在旱作农业区添加 10% 的肥料增效剂能显著提高马铃薯的干物质量、干物质累积速率、单株结薯数、单株薯重和大中薯率，应用效果显著[47]。

4. 马铃薯绿色提质增效集成技术模式探索见效

一些马铃薯产区依据自然气候条件改变种植方式，利用作物间、套作和轮作等改善土壤微环境，促进土壤养分有效吸收，使得基于生物多样性平衡理论的绿色提质增效技术成为新方向。玉米—马铃薯间作、轮作均可增加土壤养分吸收[48]，轮作相比连作还减少了土壤速效养分消耗[49]；作物套作显著增加了土壤中微生物和细菌数量、降低了真菌数量，显著提高了土壤蔗糖酶活性，降低了脲酶活性，提高了马铃薯产量和品质[50]。在半干旱地区应用土壤改良剂可以一定程度增加土壤含水量与土壤微生物的生物量，进而改良土壤[51]。

5. 马铃薯机械化技术与装备研发成果丰厚

2015—2018年我国公开马铃薯机械专利共计343项，其中马铃薯播种机相关专利125项，马铃薯收获机相关专利172项，其他类型专利47项。地膜回收、施肥施药、清洗筛分等类型专利数量比以往有所增加。智能导航（GPS、GRS）在马铃薯机械化整地上有所应用；有机肥撒施机械有新进展，出现了新型有机肥后抛和侧抛撒肥车；高速气吸式马铃薯精播机研制成功，通过国家性能检测。播种机械前期配套装备有了新突破，大型马铃薯联合收获机研制成功。

（三）马铃薯病虫草害防控理论与技术升级

马铃薯的病虫草害发生流行、病原菌快速检测和综合防控技术等领域研发进展较大。

1. 马铃薯病虫草害发生流行机制新发现

围绕马铃薯晚疫病、疮痂病等的致病菌株、发病机制以及抗病基因等的研究均有较大进展。发现我国西北马铃薯主产区晚疫病菌遗传变异丰富、毒性谱广，带病种薯调运是该地区晚疫病传播的重要途径[52]；致病疫霉中的Pi02860效应子与马铃薯StNRL1蛋白结合，导致病原菌侵染马铃薯引起晚疫病发生[53]；StPOTHR1基因通过MAPK信号通路参与植物对晚疫病的免疫调控[54]；报道了马铃薯疮痂病、黑胫病和软腐病新菌株，分析了疮痂病发生的影响因子等。研究了我国PVY株系群体演化动态，发现了马铃薯甲虫传入中国的路径，了解到全球变暖将增加马唐等杂草的危害。对现阶段马铃薯生产中的生物逆境形势有了清晰的认识。

2. 马铃薯病原菌快速检测效率提高

建立了马铃薯早疫病、晚疫病、青枯病、环腐病和病毒病等的快速检测技术方法，开发了晚疫病菌核酸检测试纸条、早疫病快速无损检测装置、环腐病近红外光谱识别模式，使得马铃薯相关病原菌检测结果更为可靠，检测效率得到有效提升。

3. 马铃薯病虫草害综合防治技术升级

筛选了对马铃薯晚疫病、早疫病、疮痂病、粉痂病、黑痣病、黑胫病具有拮抗作用的生防菌株；鉴定出具有黑痣病抗性的马铃薯品种；明确了抑制马铃薯甲虫幼虫生长发育的作用机理和高效杀幼虫剂；合成了新型芽前除草剂、鉴定了生物源除草活性物质。为马铃薯病虫草害防控迈入绿色生物防治的新阶段提供了强有力的物质和技术储备。

（四）马铃薯产后加工研发领域拓展

马铃薯产后加工研究集中在马铃薯功能成分与块茎营养、加工新产品开发以及副产物资源化利用等领域，较以往有较大拓展。

1. 马铃薯功能成分与营养研究异军突起

2015年农业部启动马铃薯主粮化战略，主食产品加工成为马铃薯加工新领域，加工

相关特性的研究大幅度增加。马铃薯原料、添加剂等对加工馒头、面包、方便面和蒸馏酒等食物品质、香气成分的研究较多；马铃薯淀粉颗粒、结构等研究逐渐深入；研究了马铃薯品质多参数可见光/近红外光谱无损快速检测技术；评价了不同马铃薯品种的营养价值、蒸食品质及在馒头生产中的应用。开展了马铃薯贮藏保鲜中环境与化学物质对块茎生理和品质的影响研究，为优化贮藏保鲜效果提供了理论与技术支撑。

2. 马铃薯加工新产品开发方兴未艾

我国马铃薯加工产品开发速度加快，加工工艺不断改进，各类加工新工艺和新产品不断涌现。马铃薯紫花色苷提取新工艺、马铃薯生全粉真空低温制备新方法、提高氧化马铃薯淀粉交联度新技术等研发成功；利用淀粉分离汁水分离小颗粒淀粉和细纤维混合物部分替代小麦面粉焙烤的面包和蛋糕，马铃薯全粉与米粉混合制作膨化面条；新型微波真空油炸在降低薯片吸油和提高品质方面有所应用。本土化马铃薯加工新产品种类趋于丰富，更加符合人们追求健康的消费需求。

3. 马铃薯加工副产物资源化利用成果卓著

我国马铃薯加工副产物资源化利用研究与产业化进程快步推进。研究集中在马铃薯淀粉废水中蛋白质和游离氨基酸的回收技术，纤维素酶提高马铃薯渣可溶性膳食纤维得率工艺改进，马铃薯蛋白制备的不同方法、产品结构和功能特性等方面；编制了淀粉分离汁水脱蛋白水转化为"有机碳水肥"的技术指南。

（五）马铃薯学科发展出现重大突破

中国农业科学院蔬菜花卉研究所主持完成的"早熟优质多抗马铃薯新品种选育及应用"和"抗病耐冻早熟马铃薯育种技术的建立及新品种选育"成果，收集保存系统评价了种质资源数千份，开发了多个早熟、薯形和抗病的实用分子标记，创制了早熟优质多抗特异种质和育种材料近百份，极大丰富了我国马铃薯种质资源。建立了马铃薯早熟高效育种技术体系，育成以"中薯3号"和"中薯5号"为代表的早熟优质多抗国审新品种7个，累计推广7868万亩，推动了行业科技进步和产业发展，创造了巨大的社会经济效益。成果分别获2017年获国家科技进步奖二等奖、2015年获中华农业科技奖一等奖。

中国科学院兰州化学物理研究所主持完成的"马铃薯淀粉加工废弃物资源化利用与污染控制"成果，开发"马铃薯淀粉分离汁水连续回收蛋白生产线"，将马铃薯淀粉加工分离汁水中蛋白、残留淀粉和细纤维等分步提取回收高值化利用，两步法分离提取技术优于国外同类技术，工艺更加简单、节能，提取蛋白纯度高。脱蛋白水转化为"有机碳肥水"还田利用，达到节水节肥和改良土壤的目的，可实现工农业生态循环发展和淀粉加工废水"零排放"，经济和环境效益巨大。成果于2016年获甘肃省技术发明奖一等奖。

中国农业科学院农产品加工研究所主持完成的"马铃薯主食加工关键技术研发与应用"成果，创建了马铃薯主食加工关键技术、马铃薯主食最优占比阈限和产品标准；创制研发了六大类 300 余种新产品、10 台套专用装备，创建了示范生产线，实现了马铃薯主食产品的工业化、自动化和规模化生产。在全国 9 省 7 市示范推广成效显著，引领了我国马铃薯主食产业发展。该成果于 2017 年获神农中华农业科技奖科研成果奖一等奖。

二、马铃薯学科国内外研究进展比较

近年来，在国家马铃薯产业技术体系专项、国家重点研发计划、国家自然科学基金等项目的资助下，马铃薯作物在遗传改良、栽培生理与技术、病虫草害防控理论与技术、产后加工等各领域获得了较大研发进展，但与发达国家相比该领域仍存在较大差距，具体表现在以下几方面：

（一）国外马铃薯遗传改良研究系统性强，注重理论探索，我国存在差距

国外马铃薯遗传改良研究围绕种质资源特异性状的评价与利用，野生种、近缘种和四倍体栽培种的遗传多样性与进化，重要性状的基因定位与挖掘，基因编辑定向改变性状等诸多领域全面系统深入地开展理论探索。发现一系列可调控马铃薯块茎形成、控制产量与淀粉含量的基因，定位了与休眠、水分胁迫和内热坏死相关的 QTL。围绕增强马铃薯抗逆性、调控块茎形成、改良块茎品质等方向进行了深入研究。种薯繁育体系完善、种薯供给标准化。商业化育种公司是马铃薯品种选育的主体。

我国马铃薯种质资源研究逐步开始系统化，但在种质创新和品种选育新技术应用上与国外存在明显差距。国内在抗病、抗逆等重要性状的基因定位和基因挖掘方面研究较多，但能在育种实践中有效应用的分子辅助育种技术较少；针对品质性状的研究近年来有所增加，但尚需进一步深入。种薯繁育与质量控制标准化工作需要长期重视并有效推进。品种选育工作需要重点加强，逐步探索商业化育种企业深度参与育种的新模式。

（二）国外马铃薯栽培生理研究深入，栽培技术先进，我国差距较大

近年来国外马铃薯栽培研究紧密围绕水分管理与养分调控，研究各因素及其互作对马铃薯植株生长、块茎产量与品质形成的影响。新型肥料的应用，节水灌溉技术的探索，养分丰缺快速检测技术等的应用。可提高工作效率的机械化技术升级，精准高效的新型播种与收获机械装备研发。

国内马铃薯栽培研究与国外相比差距也在逐渐缩小，近年来关注马铃薯生长发育机理机制的研究逐渐深入，节水技术研究在干旱半干旱地区越来越受到重视，养分生理与减肥栽培研究成为热点领域，开始进行绿色提质增效技术模式的探索与实践。但机械装备和机械化生产程度仍严重落后，与其他粮食作物机械化生产能力相比也远远不足，生产效率受限，亟待尽快提升。

（三）国外马铃薯病虫草害防控理论与技术研究先进，我国基础薄弱

近年来国外马铃薯病虫草害防控理论与技术研究，紧密围绕探究致病疫霉效应蛋白与寄主互作的致病机理，发现了抗晚疫病的新基因、抑制疮痂病和软腐病有效发生的微生物新菌株和药剂，建立马铃薯病虫害检测新方法；研究除草剂抗性及代谢变化、具有良好的除草活性的生物源药剂；开展了与抗马铃薯甲虫相关的研究。

我国马铃薯病虫草害防控研究集中在发生流行机制、病原菌快速检测技术和综合防控技术等领域，研发进展较快。但研究系统性有待完善、基础相对薄弱。要加强病虫害预警测报工作，加强推广绿色防控理念、研发相关技术，大幅度减少化学药剂的应用。

（四）国外马铃薯产后加工研发技术与装备先进，我国发展空间巨大

国外马铃薯产后加工研发领域多元化、研究较为深入，从种植到加工各环节中可能影响加工产品品质的诸多因素均成为研究内容；对淀粉理化性质的研究较多且较为深入，对加工副产物资源化利用的研究也有涉及。深入研究了种植和加工工艺对加工产品品质的影响。开发出新的副产物产品，具有生物活性的食品包装薄膜材料。

我国近年来马铃薯主食化研究发展较快，对马铃薯功能成分与营养的研究、加工新产品的研发力度加大，与马铃薯加工副产物高值化利用一样，快速发展并取得显著成果。今后仍需进一步加强相关领域的理论与技术研究、产品与装备开发，助力马铃薯加工业发展。

三、我国马铃薯学科发展趋势和展望

近年来我国马铃薯学科快速发展，与国际先进水平的差距在逐渐缩小，马铃薯产业进入内涵式发展的重大转型期，对马铃薯科技支撑的要求愈加迫切。未来5~10年我国马铃薯学科研究要加强重要性状分子遗传调控机制和分子育种技术研发、培育优质绿色马铃薯新品种，加强绿色优质生产调控机理研究与技术应用，开展高附加值加工产品和中式主食研发等，要下大力气锚定产业需求，深入基础理论研究，并解决生产实际问题，继续为中国马铃薯产业发展提供强有力的科技支撑。

（一）加强马铃薯重要性状分子遗传调控机制和分子育种技术研发，培育优质绿色多用途新品种，推动合格种薯应用

1. 马铃薯重要性状分子遗传调控机制和分子育种技术研发

充分利用现代生物技术解析马铃薯种质资源形成与演化规律，挖掘有育种价值的等位基因，克隆抗逆、优质、养分高效等重要性状的新基因，探究遗传调控机制。针对马铃薯作物四倍体无性繁殖、遗传基础狭窄、遗传方式复杂的情况，继续加强对重要性状分子遗

传调控机制及分子育种技术的研究，通过分子辅助育种技术应用大幅度提高育种效率，推动马铃薯育种朝着高效精准育种方向迈进。

2. 马铃薯优质、绿色、多用途新品种培育

随着人们消费习惯的升级和越来越多元化、细分的市场需求，用于各类食品加工以及特色鲜食的专用和特用品种需求量加大。对油炸薯片、冷冻薯条、全粉加工、中式主食加工与消费的诸多类型品种均有需求，如干物质含量适中、粉面性好的主食品种，干物质含量较低、适于烩炒的菜用品种，富含花青素、类胡萝卜素的功能营养型品种等。未来的马铃薯绿色生产方式要求品种不但优质还应兼具较好的抗病性和水肥高效利用特性，因此培育优质、绿色、多用途新品种将是今后马铃薯育种的长期目标。

3. 马铃薯健康种薯繁育与质量控制技术研发

我国马铃薯主产区逐渐向西北和西南迁移，当地有种薯繁育条件的产区应更好地利用自然生态优势推动区域化种薯供应体系建设，研发工作应围绕因地制宜地开展健康种薯绿色高效繁育及质量控制技术研究展开，实现区域种薯供应以保证当地马铃薯产业安全发展。未来我国马铃薯生产要依托合作组织和家庭农场等新型种植主体，改善马铃薯主产区留种年限长、种薯更换不及时的问题，推动马铃薯合格种薯应用比例大幅度提升。

（二）加强马铃薯绿色优质生产调控机理研究与新技术应用，助推提升绿色安全生产水平

1. 马铃薯块茎形成发育及生理调控研究

利用基因组学、转录组学、代谢组学等现代生物技术手段，加强对马铃薯块茎形成与发育、产量品质形成及生理生化调控机制的研究，拓宽理论研究的广度和深度。

2. 马铃薯对逆境的抗性和增抗技术研发与应用

由于全球气候变化，非生物和生物逆境成为制约农业生产的重要问题。马铃薯主产区的干旱、盐碱、低温等问题的凸显，特别是严重干旱和水资源短缺，使得节水灌溉技术的应用成为未来生产的重要技术之一。马铃薯生产中要推广应用抗逆性好的品种，配套研发节水栽培技术，提升主产区马铃薯生产水平以获得合理的收益。还要针对马铃薯生产中晚疫病、土传病害频发的现实情况，加大研发病虫害预测预报和综合防控技术，在主产区建立及完善自然灾害和病虫害的预测预报系统，增强马铃薯生产应对灾害的能力。

3. 马铃薯绿色轻简化、机械化、智能化、特色区域栽培技术研发与应用

要下大力气开展马铃薯化肥农药减施技术研发，加大生物和有机源肥料与农药的使用。完善抗病品种、农艺措施和病害绿色防控的综合技术体系，逐步实现马铃薯绿色安全生产。不同马铃薯产区开展各具特色、差异化的栽培技术研究与应用，利用生态环境和区域特色发展马铃薯生产。大力推进我国中小型机械装备的自主研发创造能力，加快推进丘陵、山地马铃薯机械化，因地制宜集成农机农艺融合的综合种植技术，进一步提高马铃

薯机械化种植程度与水平。加强马铃薯信息化、智能化栽培技术研究，开展栽培管理信息系统、远程无损诊断技术、生长模型与调控等领域的研究，推进精准栽培与数字农作发展。

（三）加强马铃薯贮藏技术、高附加值加工产品和中式主食研发，完善加工产业链、丰富食品种类，预测市场情况、保障产业发展

1. 马铃薯贮藏加工技术研发与应用

马铃薯主食化战略的提出助推了我国马铃薯加工业的发展，加工技术研发成为产业发展的重要组成部分，未来要加快研发进度、提升加工技术的国产化水平。针对我国马铃薯产业发展实际，研发适宜国情的贮藏加工设施与技术，减少贮藏损失，增加加工产品的种类，提高附加值，开发更具中国特色的主食产品并尽快市场化，增加马铃薯在食物中的消费比例。

2. 马铃薯加工副产物综合利用技术研究

大力发展马铃薯加工业的同时，还要注重加工副产物的综合利用，减少加工业对环境的不良影响，加大马铃薯加工废弃物综合利用技术研究及成果产业化应用。

3. 马铃薯食品安全精准测评与品质保障技术研究

注重开展马铃薯食品安全评价与品质保障技术研究，为马铃薯食品定性定量鉴别、产品真伪鉴定提供依据，保证人们消费的马铃薯食品质量安全。

4. 马铃薯产业发展与市场分析技术研究

利用现代信息技术、物联网大数据，开展马铃薯产业经济与市场规律研究，实时监控并准确预测市场情况，保障产业稳定发展。

参考文献

［1］段绍光，金黎平，李广存，等. 中国马铃薯主要审定品种系谱分析和细胞质分型研究［J］. 园艺学报，2016，43（12）：2380-2390

［2］段绍光，金黎平，李广存，等. 马铃薯品种遗传多样性分析［J］. 作物学报，2017，43（05）：718-729

［3］秦军红，李文娟，谢开云. 种植密度对马铃薯种薯生产的影响［J］. 植物生理学报，2017，53（05）：831-838

［4］刘勋，郑克邪，张娇，等. 马铃薯晚疫病抗性基因分子标记检测及抗性评价［J］. 植物遗传资源学报，2018，20（03）：538-549

［5］李国彬，王伟伟，史聪仙，等. 云南省马铃薯品种资源鉴定及分子指纹图谱的建立［J/OL］. 分子植物与育种：1-19［2019-07-18］

［6］李青，秦玉芝，胡新喜，等. 马铃薯耐盐性研究进展［J］. 园艺学报，2017，44（12）：2408-2424

［7］李彩斌，郭华春. 马铃薯品种耐弱光性评价及其指标的筛选［J］. 中国农业科学，2017，50（18）：3461-

3472

［8］黄越，李帅兵，石瑛. 马铃薯不同品种块茎矿质营养品质的差异［J］. 作物杂志，2017（04）：33-37

［9］王颖，孟丹丹，潘哲超，等. 马铃薯食味性状评价指标研究［J/OL］. 分子植物育种：1-15［2019-07-18］. http://kns.cnki.net/kcms/detail/46.1068.S.20181121.1336.012.html

［10］杨煜，杨晓慧，李灿辉，郭晓，单伟伟，马伟清，黄三文，李广存. 马铃薯栽培品种'合作88'细菌人工染色体文库的构建与评价［J］. 园艺学报，2015，42（02）：361-366

［11］Liu Y，Lin W K，Deng C，et al. Comparative Transcriptome Analysis of White and Purple Potato to Identify Genes Involved in Anthocyanin Biosynthesis［J］. PLoS One，2015，10（6）：e0129148

［12］Zhang H，Yang B，Liu J，et al. Analysis of structural genes and key transcription factors related to anthocyanin biosynthesis in potato tubers［J］. Scientia Horticulturae，2017，225：310-316

［13］Ma H，Cao X，Shi S，et al. Genome-wide survey and expression analysis of the amino acid transporter superfamily in potato（*Solanum tuberosum* L.）［J］. Plant Physiology and Biochemistry，2016，107：164-177

［14］Xu Y，Wang Y，Mattson N，et al. Genome-wide analysis of the Solanum tuberosum（potato）trehalose-6-phosphate synthase（TPS）gene family：evolution and differential expression during development and stress［J］. Bmc Genomics，2017，18（1）：926

［15］Li W，Yuhui L，Shoujiang F，et al. Roles of Plasmalemma Aquaporin Gene StPIP1 in Enhancing Drought Tolerance in Potato［J］. Frontiers in Plant Science，2017，8：616

［16］Pang P X，Shi L，Wang X J，et al. Cloning and expression analysis of the StCUL1 gene in potato［J］. Journal of Plant Biochemistry and Biotechnology，2019（31）

［17］Zhou X，Zhang N，Yang J，et al. Functional analysis of StDWF4 gene in response to salt stress in potato［J］. Plant Physiology & Biochemistry，2018，125：63-73

［18］陈国梁，张金文，徐露，等. 马铃薯块茎启动子驱动的淀粉合成酶基因 RNAi 载体构建及遗传转化［J］. 食品与生物技术学报，2015，34（11）：1141-1145

［19］郭海霞，张晶晶，安然，等. 马铃薯地上部绿色组织中糖苷生物碱合成调控的研究［J］. 园艺学报，2017，44（06）：1105-1115

［20］姬祥卓，闫好禄，唐勋，等. 马铃薯块茎休眠解除过程中 CAT 酶活性变化及其编码基因的生物信息学分析［J］. 分子植物育种，2017，15（12）：4825-4829

［21］朱文文，徐建飞，李广存，等. 马铃薯块茎形状基因 CAPS 标记的开发与验证［J］. 作物学报，2015，41（10）：1529-1536

［22］李兴翠，李广存，徐建飞，等. 四倍体马铃薯熟性连锁 SCAR 标记的开发与验证［J］. 作物学报，2017，43（06）：821-828

［23］单洪波，史佳文，石瑛. 四倍体马铃薯块茎蛋白含量分子标记的开发与验证［J］. 作物学报，2018，44（07）：1095-1102

［24］张光海，唐文军，王婷婷，等. 利用 C×E 群体定位雾培马铃薯块茎建成相关性状 QTL［J］. 分子植物育种，2017，15（05）：1782-1789

［25］李世贵，杨江伟，朱熙，等. 靶向马铃薯 StProDH1 基因的 CRISPR/Cas9 sgRNA 表达载体构建［J］. 分子植物育种，2019，17（03）：841-845

［26］王周霞，罗红玉，张欢欢，等. 马铃薯海藻糖酶基因人工 miRNA 载体的构建［J/OL］. 分子植物育种：1-10［2019-07-18］. http://kns.cnki.net/kcms/detail/46.1068.s.20180926.1137.016.html

［27］任琴，王亚军，郭志鸿，等. 植物介导的 RNA 干扰引起马铃薯晚疫病菌基因的沉默［J］. 作物学报，2015，41（06）：881-888

［28］张园，林春，王海珍，毛自朝，刘正杰. 彩色马铃薯 StDof2 转录因子的克隆与序列分析［J］. 分子植物育种，2018，16（20）：6551-6556

［29］梁五生，温雪玮，刘洪义，等．马铃薯 Y 病毒株系分类及中国大田马铃薯感染的马铃薯 Y 病毒株系谱研究进展［J］．中国农学通报，2015，31（21）：136-143

［30］李华伟，许泳清，罗文彬，等．马铃薯 S 病毒 PVS~O 株系 RT-LAMP 检测方法的建立及应用［J］．园艺学报，2018，45（08）：1613-1620

［31］Yingying Z，Luhui W，Yanan W，et al. A Non-Label and Enzyme-Free Sensitive Detection Method for Thrombin Based on Simulation-Assisted DNA Assembly［J］．Sensors，2018，18（7）：2179

［32］陈兆贵，叶新友，邢澍祺，等．马铃薯卷叶病毒实时荧光定量 PCR 检测技术研究［J］．湖南农业科学，2018（09）：9-12

［33］高彦萍，胡新元，李掌，等．高寒阴湿区不同覆膜马铃薯微型薯的土壤水热效应及产量表现［J］．核农学报，2017，31（12）：2426-2433

［34］Qiqige S，Jia L，Qin Y，et al. Effects of different nitrogen forms on potato growth and development［J］．Journal of Plant Nutrition，2017，40（11）

［35］张舒涵，张俊莲，王文，等．氯化钾对干旱胁迫下马铃薯根系生理及形态的影响［J］．中国土壤与肥料，2018（05）：77-84

［36］贾羊毛加，陈英平，叶广继，等．不同淀粉型马铃薯光合特性及产量比较［J］．西北农业学报，2018，27（10）：1440-1445

［37］张国平，程万莉，吕军峰，等．不同膜色对旱地土壤水热效应及马铃薯产量的影响［J］．灌溉排水学报，2016，35（07）：66-71

［38］王红丽，张绪成，于显枫，等．黑色地膜覆盖的土壤水热效应及其对马铃薯产量的影响［J］．生态学报，2016，36（16）：5215-5226

［39］段义忠，张雄．生物可降解地膜对土壤肥力及马铃薯产量的影响［J］．作物研究，2018，32（01）：23-27

［40］侯贤清，李荣．免耕覆盖对宁南山区土壤物理性状及马铃薯产量的影响［J］．农业工程学报，2015，31（19）：112-119

［41］李荣，侯贤清．深松条件下不同地表覆盖对马铃薯产量及水分利用效率的影响［J］．农业工程学报，2015，31（20）：115-123

［42］宋怡，裴国平．不同生育期的外源水分补给对旱作马铃薯水分利用效率及产量的影响［J］．中国马铃薯，2017，31（04）：216-220

［43］Zhang Y L，Wang F X，Shock C C，et al. Effects of plastic mulch on the radiative and thermal conditions and potato growth under drip irrigation in arid Northwest China［J］．Soil & Tillage Research，2017，172：1-11

［44］张绪成，于显枫，王红丽，等．半干旱区减氮增钾、有机肥替代对全膜覆盖垄沟种植马铃薯水肥利用和生物量积累的调控［J］．中国农业科学，2016，49（05）：852-864

［45］于显枫，张绪成，王红丽，等．施肥对旱地全膜覆盖垄沟种植马铃薯耗水特征及产量的影响［J］．应用生态学报，2016，27（03）：883-890

［46］王沛裴，郑顺林，万年鑫，等．有机肥对 Pb、Cd 污染下马铃薯生长及土壤酶活性的影响［J］．生态与农村环境学报，2016，32（04）：659-663

［47］朱永永，岳云，熊春蓉，等．新型环保肥料增效剂在旱作马铃薯上的应用效果［J］．农业科技与信息，2017（24）：69-71

［48］马心灵，朱启林，耿川雄，等．不同氮水平下作物养分吸收与利用对玉米马铃薯间作产量优势的贡献［J］．应用生态学报，2017，28（04）：1265-1273

［49］万年鑫，郑顺林，周少猛，等．薯玉轮作对马铃薯根区土壤养分及酶活效应分析［J］．浙江大学学报（农业与生命科学版），2016，42（01）：74-80

［50］谭雪莲，郭天文，张国宏，等．轮套作对马铃薯根际土壤微生物和酶活性的影响［J］．灌溉排水学报，

2016，35（09）：45-50

［51］ Xu S，Lei Z，Lei Z. Effect of synthetic and natural water absorbing soil amendments on soil microbiological parameters under potato production in a semi-arid region［J］. European Journal of Soil Biology，2016，75：8-14

［52］ 田月娥，蓝星杰，单卫星. 马铃薯晚疫病菌群体遗传与病害防控［A］. 中国作物学会马铃薯专业委员会、河北省农业厅、张家口市人民政府. 2016年中国马铃薯大会论文集［C］. 中国作物学会马铃薯专业委员会、河北省农业厅、张家口市人民政府：中国作物学会马铃薯专业委员会，2016：7

［53］ Yang L，Mclellan H，Naqvi S. Potato NPH3/RPT2-like protein StNRL1，targeted by a Phytophthora infestans RXLR effector，is a susceptibility factor［J］. Plant Physiology，2016：pp.00178.2016

［54］ Chen Q，Tian Z，Jiang R. StPOTHR1，a NDR1/HIN1-like gene in，Solanum tuberosum，enhances resistance against，Phytophthora infestans［J］. Biochemical and Biophysical Research Communications，2018：S0006291X18301852

撰稿人：金黎平　石　瑛

油料作物科技发展报告

　　中国是世界油料生产、消费和贸易大国。2015—2018年，受国际市场的影响，我国油料生产面积和产量有一定幅度的波动，总体呈稳定增长趋势。近四年来，全国油料作物（含油菜、花生、向日葵、芝麻、胡麻，不含大豆）年均种植面积1.97亿亩，平均亩产173.7公斤，年均总产3426万吨，与前四年（2011—2014）相比，虽然种植面积下降2.1%，但平均亩产提高6.4%，总产增长4.2%，而且品质总体不断提升。国内外油料科技包括遗传育种、栽培生理、植物保护、品种资源和分子生物学的研究不断取得新的进展和突破，我国在油菜和芝麻全基因组测序、油菜含油量研究、花生抗青枯病品种选育、黄曲霉毒素高灵敏快速检测技术、油料产品加工与装备等方面取得重要进展，部分研究居国际领先水平。近几年来，国家油菜工程技术研究中心、国家花生工程技术研究中心顺利通过科技部"十二五"评估，国家种质武昌野生花生圃考核评估优秀，同时重组了国家特色油料产业技术体系，建立了油料油脂加工技术国家地方联合工程实验室、农业部油料加工重点实验室、农业部花生生物学与遗传育种重点实验室、农业部黄淮海油料作物重点实验室和农业部华南花生与鲜食玉米科学观测实验站等平台。在油料科技界涌现出一批杰出专家，其中张新友、王汉中2人当选为中国工程院院士，2人获何梁何利科技奖，2人入选"百千万人才工程"国家级人选，2人入选"国家万人计划"青年拔尖人才，2人入选科技部"创新人才推进计划"中青年科技创新领军人才，2人入选国家"万人计划"。

一、我国油料作物科技创新进展概述

（一）油料作物种质资源

1. 油菜种质资源

　　中油所系统收集了9600余份国内外油菜种质资源，从中精选出1650份性状优异和遗传变异丰富的核心优异种质，在我国长江上游、中游、下游、黄淮和云南等主要生态区开展了系统的规模化表型精准鉴定和全基因组基因型鉴定。王汉中院士团队通过聚合育种创制出含油量达 60% 以上的特高油新材料 5 个。其中"Q924"高达 65.2%，是世界上已报道的油菜含油量最高值；筛选出抗裂角育种材料"湘油 422"和品系"87"；创制出配合力高的细胞质雄性不育系恢复系 R18、R19、R20。李再云、吴江生等分别采用远缘杂交创制了菘蓝和芥菜细胞质雄性不育系，不育度高，实用性强，扩展了杂种优势利用途径。

2. 花生种质资源

通过对野生种和栽培种花生资源材料的系统筛选和精准鉴定，结合物理和化学诱变技术，已发掘出含油量超过 62% 的超高油野生花生资源，发掘出一批抗青枯病、黄曲霉、叶斑病、锈病的新种质，创造出矮秆、超大果、高油酸的新材料，为突破性新品种培育提供了材料基础。

3. 特色油料作物种质资源

建立了芝麻重要性状鉴定技术体系和芝麻 EMS 诱变、遗传转化、远缘杂交等优异种质技术体系，创制出了高抗病、抗逆、优质、高产、大粒、新型核不育、适于机械化等一批优异芝麻新种质。建立了 151 份国内育成芝麻品种的 DNA 指纹图谱。开展了胡麻产量、品质、抗病、抗逆等重要性状相关优异种质鉴定与评价，筛选出高油、高 α–亚麻酸、高木酚素、强耐盐、高抗枯萎病等种质 95 份。开展了向日葵产量、品质、抗病抗逆等重要性状相关优异种质鉴定与评价，建立了向日葵抗病、抗旱、耐盐等评价技术方法，选出一批抗病、抗列当、抗旱、抗盐碱、高油酸等优异种质资源材料。建立了 16 个向日葵品种的 DNA 指纹图谱。

（二）遗传改良技术与新品种培育

1. 油菜遗传改良与新品种培育

湖南农业大学通过新疆野生油菜与甘蓝型油菜"湘油 15 号"属间杂种后代为基础，通过多代回交育成了不育性稳定的油菜细胞质雄性不育系 1993A，研究结果表明该油菜细胞质雄性不育系 1993A 不育性稳定彻底，与 pol CMS 是不同的细胞质雄性不育系[1]。中油所研究建立了油菜定向设计育种的高效技术平台，育成了我国油菜区试（品种试验）历史上含油量最高、第一个超过 51% 的品种"中油杂 39"，比对照增产 10.1%，产油量比对照增产 23.1%；选育了产油量比对照增产 10% 以上的杂交油菜"中油杂 30"和"中油杂31"；选育早熟油菜品种"中油 607""希望 122""中井油 1 号"和"中油 306"；选育出产量比对照增产 4.2% 的油菜品种"大地 195"；华中农业大学进行了饲料油菜研究、示范与推广；在长江中游、下游和春油菜区推广抗根肿病新品种"华油杂 62R"超过 30 万亩。2015—2018 年共选育油菜新品种约 716 个。

2. 花生遗传改良与新品种培育

分子标记辅助育种技术取得了突出进展，简化基因组和 SSR 技术结合，构建了含 830

个 SSR 标记的高密度遗传图谱。建立了完整的远缘杂交不亲和野生种利用育种技术体系。近红外无损快速检测领域扩展到维生素 E、蔗糖和芥酸，磁共振技术已应用于检测含油量。花生品质育种获重大突破，建立了高效准确的 AS–PCR、KASP 技术应用于回交育种，培育出"花育""豫花""冀花""开农""中花"等系列高油酸花生新品种。实现花生抗黄曲霉产毒与高白藜芦醇、高蛋白、高产等特性的聚合，培育出抗黄曲霉产毒的优质高产花生新品种，2015—2018 年选育了花生新品种约 615 个。

3. 特种油料作物遗传改良与新品种培育

我国完成了芝麻栽培基因组测序与拼接，建立了与 13 对染色体对应的基因组精细图谱；克隆出芝麻花序有限、矮化短节间、闭蒴、抗枯萎病等性状相关基因 6 个，定位高油、抗病等优异基因群 13 个。开展了胡麻基因组学研究，建立分子遗传图谱 3 个，定位胡麻株高等性状相关 QTL28 个。完善了胡麻不育系繁殖和杂交种生产技术。发掘向日葵抗病抗逆相关基因，揭示了响应黄萎病菌侵染的分子机制[2]。中油所育成适宜机械化突破性新品种"中芝 78"、加工专用型高芝麻素高油新品种"中芝 20"和第一个紫花观赏型芝麻品种"H16"，为芝麻产业转型升级和高质量发展提供了品种支撑。2015—2018 年选育出芝麻新品种 37 个，胡麻新品种 15 个，向日葵新品种 31 个。

（三）油料高产高效栽培技术

绿色高产高效生产技术的创新突破是提高油料作物产量及产品竞争力的关键，生产轻简化、机械化、规模化、智能化是油料产业绿色高质量发展的重要支撑。

1. 油菜高产高效栽培技术

中油所在油菜绿色高产高效生产技术、油菜化肥减施技术研究与集成及多功能复合菌剂研制等方面取得了系列创新突破，建立了油菜密植减氮、氮肥前移、缓释肥配施、秸秆肥料化资源化利用等技术，研制出一批栽培物化产品，如油菜增长素、油菜籽颗粒绿肥、生物有机肥、有机物料腐熟剂等。应用研发的具有加速秸秆腐解和防治菌核病的多功能复合菌剂，可降低油菜菌核的萌发能力，同时加速作物秸秆的腐解，盆栽试验表明，施用复合液体菌剂 30 天后，油菜秸秆的腐解率提高 15.07%，油菜菌核萌发率下降 20.98%[3]。多功能复合菌剂的研制及其在油菜生产上的应用，遵循了"绿色"发展理念，采用生物途径，防治油菜菌核病、加速腐解秸秆、活化土壤磷，对推动我国化肥农药零增长计划目标的实现具有重要意义。在油菜营养生理方面的研究也取得了一定进展，尤其是氮营养生理方面，通过 TMT 定量蛋白组学分析技术分析了缺氮条件下根系蛋白组的变化，发现了细胞壁代谢、苯丙烷生物合成、过氧化物酶等相关蛋白的表达丰度在缺氮油菜根系中发生显著变化，并利用转基因拟南芥验证了油菜细胞壁重构相关蛋白 XTH31 的功能[4]，优化集成了"旱地油菜周年绿色增产增效技术模式""水田/旱地油菜化肥农药减施技术模式""油菜多功能利用技术集成示范模式"。华中农业大学、湖南农业大学等单位在油菜养分高效管理、油菜农机农艺配套栽培、油菜生产机械化等方面取得了系列突破，明确了不同区域土壤养分供应特性以及不同类型油菜养分需求规律，制定了不同区域的丰产优质油菜氮磷钾总量控制标准，研制出不同区域油菜（冬、春油菜）专用配方肥。栽培措施中，直播油菜通过调控种植密度可以达到"以密补迟、以密省肥、以密适机、以密控草、以密增产"的目的。研制的油菜机械化精量直播技术，实现了油菜高效种植，形成了基于油菜机械化精量播种（机械移栽）、机械联合收获（分段收获）的油菜轻简栽培机械化生产模式，在长江流域冬油菜主产区，得到了广泛应用。

2. 花生高产高效栽培技术

山东农科院等单位集成和完善了花生单粒精播节本增效技术[5]，春花生单粒精播培创出实收亩产 782.6 公斤的最高纪录。基于花生物理性状的自重送排种与适于直立生长花生的切挤破土、拉折摘分收获机械作业方法，在花生机械化播种与收获关键技术及装备方面获得突破。破解花生连作障碍，创新花生种植制度，明确了玉米—花生间作、小麦—花生套作等粮油均衡增产适宜种植模式及关键配套技术。揭示花生干旱、盐碱、渍涝和弱光胁迫等危害机理，集成推广花生抗逆高产关键技术。

3. 特种油料作物高产高效栽培技术

开展了芝麻、胡麻、向日葵产量形成规律、需水需肥规律以及机械化种植技术研究。明确了芝麻亩产 100 公斤、150 公斤、200 公斤产量水平下干物质积累规律和需水需肥规律。明确了胡麻灌水 1800 立方米/公顷、施氮 120 公斤 NP/公顷可获得较高胡麻产量，胡麻膜下施 80 公斤/公顷化学氮肥 +40 公斤/公顷有机肥氮肥，是旱地胡麻比较适宜的栽培管理方式。研制出胡麻高产高效专用肥配方 2 个。开展了向日葵配套控肥增效施肥技术研发，制定了食用向日葵控肥增效技术规程及施肥模式图。

改良了芝麻播种机，显著提高了播种质量和出苗率。研制出多功能全覆膜芝麻精量播种机，芝麻精量播种机械和联合收获机械。发明了防胡麻茎秆缠绕低损收获割台，解决了胡麻机械化收获易缠绕、含杂高的作业难题。攻克了食葵机械化收获关键技术，研制出4ZXRKS-4 型自走式食葵联合收获机装备。

（四）病虫害绿色防控技术

1. 油菜病虫害绿色防控技术

菌核病、根肿病是当前我国油菜生产上最重要的两大病害，严重影响到我国油菜的高产和稳产。中油所刘胜毅团队克隆了 *RDR*、*PRP*、*WRERF50*、*ERF104* 等数十个菌核病抗病关键基因，并对其调控机理进行了深入研究；构建了以病害侵染关键介体花瓣作为生物反应器的油菜菌核病防治新策略；通过多年多点监测，建立了油菜菌核病精准测报技术模型，并在此基础上进一步完善了油菜菌核病综合防控技术体系。华中农业大学姜道宏团队深入研究了真菌病毒与核盘菌互作的机理；构建了利用核盘菌低毒菌株防治油菜菌核病的技术体系；研制的盾壳霉生防菌剂已获得农药登记证书。安徽农科院侯树敏团队深入探索了油菜蚜虫与菌核病之间的互作关系，为有害生物的综合治理提供理论依据。华中农业大学、沈阳农业大学等单位通过联合攻关，选育出抗病效果显著的油菜新品种"华油杂62R"和"华双 5R"，它们对我国多数油菜主产区根肿菌生理小种均表现为免疫抗性。中国农业科学院油料作物研究所方小平团队针对育苗移栽和直播的不同种植模式，以及病区农民的种植习惯和经济水平，研发出了无病苗移栽油菜根肿病综合防控技术和直播油菜根肿病防治技术。此外，针对我国油菜潜在威胁因子之一的黑胫病/茎基溃疡病，华中农业大学李国庆团队建立并完善了快速检测 Lb 和 Lm 的 LAMP 技术以及油菜黑胫病抗性子叶期接种鉴定、田间自然发病鉴定、病圃诱发鉴定技术体系。

2. 花生病虫害绿色防控技术

花生叶斑病、网斑病、青枯病、白绢病、黄曲霉毒素污染是影响花生生产的重要病害和毒素污染物。中油所廖伯寿团队培育了高抗青枯病的品种 5 个，在大别山和长江流域青枯病区大面积应用，解决了青枯病造成的减产；该团队揭示了白藜芦醇对花生黄曲霉菌产毒的抑制作用，发明了高效黄曲霉产毒鉴定方法，并培育出抗黄曲霉毒素产生的花生品种；建立了白绢病抗性鉴定的方法，筛选了抗白绢病的资源为花生抗白绢病育种提供了抗原；筛选了抗花生叶斑病和网斑病的品种，并筛选获得高效低毒杀菌剂，田间防治效果显著。河北农业大学郭巍团队和山东省花生研究所自主研发了针对主要害虫蛴螬、棉铃虫、斜纹夜蛾、蓟马、蚜虫防控的生物引诱剂和色板技术，达到减药不减效。廖伯寿团队、郭巍团队和曲明静团队筛选获得高效低毒新型杀菌、杀虫剂，与航空植保、大型喷雾设备结合，做到精确用药和简化使用。郭巍团队研制出链霉菌、哈茨木霉、白僵菌等一批防效更高、更稳定的生防产品。

3. 特油病虫害绿色防控技术

开展了芝麻、胡麻、向日葵病虫草害发生规律、病原菌致病机理及绿色防控技术研究。明确了芝麻枯萎病菌 FOS 的毒素成分，证实镰刀菌毒素对芝麻种子萌发和幼苗生长有显著抑制作用。首次发现并鉴定了 1 株菜豆壳球孢新病毒 Contig68，发现 6 种真菌病毒可能与菜豆壳球孢的致病力衰退有关，真菌病毒能够水平传播。采用自然病圃法和伤根灌注法建立了芝麻青枯病抗性鉴定方法，建立了芝麻病害绿色防控技术。明确了胡麻田间杂草群落结构以及危害严重的杂草种类，筛选出胡麻田高效除草剂，以及胡麻白粉病有较好防效的杀菌剂——50% 啶酰菌胺可湿性粉剂。利用科赫氏法则首次明确了大丽轮枝菌是向日葵黄萎病的唯一病原菌，完成向日葵黄萎病 ITS 序列测定；建立了室内列当寄生向日葵的塑料杯和培养皿滤纸体系；明确了我国向日葵列当五种类型生理小种和列当发生环境条件。筛选出 4 种能够降低向日葵黄萎病发生的生防菌剂。筛选出免疫向日葵列当的食葵品种 3 份。建立了向日葵螟绿色防控技术体系，通过播后苗前封杀处理，防效 90% 以上。

（五）产品加工技术与装备

在油料产业加工技术研发方面，目前主要集中在减损干燥贮存、油料预处理与品质调控、低温压榨、产地高效加工技术与装备等研究。在油料产地化减损干燥贮存技术与装备方面，江西省农科院加工所开发出了新鲜花生产后分级减损干燥技术，为花生产地干燥与贮藏提供了技术支撑。农业农村部规划设计研究院研制出了太阳能自动烘干房，解决了油料干燥减损的高效节能关键技术，实现了新型能源在油料干燥减损的应用。在油料预处理与品质调控技术方面，中国农业科学院油料作物研究所（中油所）研制出油料微波预处理技术与装备，具有微膨化油料细胞和提质增效作用，同时显著提高油脂的营养品质、氧化稳定性和改善风味。在油料产地化低残油压榨技术方面，中油所开发出了油料低残油低温压榨关键技术与装备，实现了高含油油料的低残油低温压榨，新技术与装备促进了油料加工行业的优质高效生产。在油菜籽产地高效加工技术方面，中油所研制出了功能型菜籽油 7D 产地绿色高效加工技术装备，生产出了高品质 7D 菜籽油产品。目前已在湖北、湖南、江西、浙江、四川等地的 20 多家企业应用，得了良好经济效益，为油菜"三产"融合发展和优质食用油的供给提供有力科技支撑。

（六）质量安全控制技术

油料质量安全控制技术是实现油料产业高质量发展的重要保障，近些年来我国油料质量安全控制技术取得了突破性进展，为提升油料质量和保障消费安全提供了关键技术。在油料质量风险因子检测技术方面，中油所创制出系列黄曲霉毒素单克隆抗体和纳米抗体，率先在国际上实现了农产品黄曲霉毒素现场高灵敏检测技术的突破。发明的主要食用植物油料油脂特异品质检测技术，实现了检测技术的现场化、简便化、实用化和标准化。技术研发为油料产品品质的提升、产业升级转型和提质增效提供了技术支撑。在油料油脂营养品质检测技术方面，中油所等单位发现了油脂离子树裂解规律，创建了植物油分子原位检测技术，研制出纳米富集与生物识别新材料，开发出油料多模型共识集群算法，使建立的近红外筛查技术准确度明显提高。上述技术已经形成了系列国家或行业标准，为油料油脂生产、贮藏加工及监管等领域提供了关键技术。

二、国际油料科技发展现状与趋势分析

（一）油料作物种质资源与遗传育种

近几年来，国际上油料作物基因组测序取得重大进展，由我国主导的甘蓝、甘蓝型油菜和芝麻全基因组测序，以及参与的白菜、花生全基因组测序，均取得重大突破。完成了甘蓝型油菜及其亲本种白菜和甘蓝的全基因组测序，解析了花生野生二倍体 *Arachis*

duranensis、*Arachis ipaensis*、野生四倍体 *A.monticola* 以及栽培品种 *Tifrunner*、狮头企、伏花生的基因组，建立了油料作物基因组数据库，极大地促进了油菜、芝麻、花生等基因组领域的研究。中国科学家 2015 年完成芝麻基因组计划，印度开展了黑芝麻品种 GT-10 的基因组测序，建立了芝麻全基因组微卫星标记数据库。法国等国联合公布了向日葵基因组。国际上相继开展了芝麻、胡麻、向日葵种质群体结构分析、遗传图谱构建及重要性状 QTL/ 基因定位研究。油料作物遗传育种基础研究将逐步加强，品种选育向优质专用、适于机械化种植方向发展。

（二）油料高产高效栽培和病虫害绿色防控技术

优质专用新品种选育和高产高效栽培技术有效推动了油料产业化发展。美国等发达国家在全程机械化的基础上，利用数字农业、信息技术和卫星遥感技术推动了生产快速发展。中国和印度等发展中国家重点在机械化生产、灌溉技术、病虫害防控、平衡施肥、节能增效等方面取得若干突破。未来将聚焦高产、优质、多抗（抗病虫害、耐盐碱、耐寒等）、安全和全程机械化方向发展。

（三）油料产品加工技术

国际油料加工研究主要集中在油脂加工、饼粕蛋白利用、功能物质提取以及保健食品开发等方面。美国嘉吉、邦吉等公司已使用磷脂酶 A1 和 C 的联合脱胶技术；比利时 Desmet Ballestra 新型填料塔的适温短时脱臭技术已逐渐成为大宗油脂脱臭的主流；瑞典 α-Laval 公司研制出软塔脱臭装备，使脱臭时间由 90 分钟缩短至 40 分钟，节能 40% 以上。开发出高木酚素亚麻籽油产品、亚麻籽蛋白粉、以亚麻籽为原料的植物蛋白饮料等系列产品。加工技术标准化，加工产品功能化成为未来的发展趋势。产业链延伸成为油料加工产业的发展核心，全球油料产品呈现由单一化向多元化、低附加值向高附加值、大众向营养转变的新态势，传统粮油产业与食品产业的无缝衔接成为产业链延伸的主要方向。同时，以生物酯交换技术、物理结晶技术及蛋白生物 / 物理改性技术等为代表的油料加工技术和产品创新成为实现国际油料加工产业链布局的关键。

（四）质量安全控制技术

油料作物产品风险因子控制技术方面，美国、欧盟等国家和地区正积极推进研发配套的智慧预警技术和全程协同阻控技术。油料作物产品质量多参数同步检测技术、特定功能成分（特别是共性组分）精准检测已发展成为当前国内外油料质量检测技术研究热点。

三、未来五年我国油料作物科技发展思路与对策

（一）油料产品需求分析与产业发展

近年来，我国植物油年均消费量在 3500 万吨左右，国产植物油年产量在 1200 万吨左右，产需缺口约 2300 万吨，年均自给率仅 31% 左右。今后一段时期，随着植物油消费需求的继续增长，产需缺口将继续扩大，预计到 2025 年全国植物油需求总量将达到 4000 万吨，是国内现有生产能力的 3.5 倍以上。

随着乡村振兴战略和"健康中国"战略的深入实施，人民群众对油料油脂的高品质、多元化需求不断提升，油料品质改良面临更高要求。目前，高油、高产、多抗、广适、机械化新品种仍然缺乏，营养型、功能型、生态型新品种开发正处于起步阶段，亟须进一步加大优良品种培育力度，为油料产业高质量发展提供基础支撑。

（二）油料科技发展思路与重点任务

深入实施创新驱动发展战略，落实高质量发展要求，加强现代化油料科技创新体系建设，完善科技创新投入保障机制，优化创新力量区域布局，力争取得一系列突破性、原创性的重大理论技术成果，强化科技创新源头供给，带动我国油料科技水平整体跃升。

1. 油料作物遗传育种

加强油菜、花生、芝麻、胡麻、向日葵基因组、重要农艺性状遗传解析、优异基因挖掘以及分子标记辅助育种技术研究，重点选育出高油高产、优质专用、抗病抗逆性强、适于机械化种植的新品种。充分发掘油菜全价值链的功能型菜油、功能型菜薹、蜜用、饲用、肥用、休闲观光等价值。

2. 油料作物病虫草害防控

加强病虫草害发生规律、致病机制等基础研究，加强新型实用防控技术的研发，大力发展防治策略指导下的病虫草害绿色防控技术，建立和完善主要病虫草害监测预警技术体系，加强抗除草剂品种的选育。加强高效低毒低残留化学药剂、生物防控菌剂药剂研发，向减施农药、保护农业生态环境、降低生产成本的方向发展。

3. 油料作物栽培土肥与机械化

在栽培技术方面，将加强特色油料作物生育规律、需肥需水规律、高产机理等基础研究，加快水肥高效利用、农机与农艺融合、机械播种与收割等关键技术研发，以充分挖掘增产潜力，降低生产成本，提升生产效益。

4. 油料绿色高效加工技术

向功能食品、保健品的方向发展，大力开展芝麻、胡麻、向日葵功能成分挖掘，研制绿色高效加工技术，着力开发保健食用油、功能性高端食品，创建龙头品牌。加快制定加

工技术和产品标准。加强有害物质监测与防控技术体系，提高产品质量和市场竞争力。

5. 油料质量安全控制技术

开展油料生物毒素与农药残留高灵敏高通量检测技术研究、油脂特异品质与真实性溯源评价技术研究以及质量安全风险评估与预警控制技术研究，保障油料质量安全和推动油料产业高质量绿色化发展提供系统配套理论技术支撑。

（三）发展油料科技与产业的对策措施

1. 加大投入力度，拓宽投资渠道

增加政府对油料科技研发的财政支出，加强基础性长期性科技工作投入力度，为油料科技发展提供充足动力。调整投入重点，加大对多功能利用、脂质营养与健康等契合新时代方向科研任务的支持力度，推动油料产业多元化发展。拓宽投资渠道，加强企业、社会机构等其他渠道的资金投入，提高市场对于油料科技创新的话语权，促进产学研有机融合。加强补贴和奖励力度，提高政府和农民种植积极性。

2. 鼓励油料产业三产融合，提升产业综合竞争力

鼓励油料加工企业和农民专业合作社采取"企业 + 合作社 + 基地"的生产经营模式，打造生产加工联合体。重点扶持一批油料加工龙头企业，带动当地优质原料开发和利用。引导油料企业借助互联网构建营销"新渠道"，扩大消费"新对象"，发展"新市场"。利用特色油料作物观赏功能，结合乡村旅游和文化拓展产业多功能性。

3. 布局海外油料基地，实施"走出去"战略

响应国家"农业走出去"战略和推进"一带一路"建设农业合作的愿景与行动，建立海外产品示范和推广基地，推动技术产品"走出去"。开展在思想 / 智力、理论、技术方法、种质资源、产品等方面合作研究，合作开展大科学计划等；针对农业资源大国开展资源交换和合作研究，针对发展中国家，进行产品和技术的示范和推广。共同组织举办海外农业高级别研讨会和国际会议，加强与国内外的科研机构、媒体、智库、科技精英人士的交流，通过人员互访和合作研究培育国际人才。

参考文献

［1］ 尹明智，官春云. 甘蓝型油菜细胞质雄性不育系 1193A 的选育及分析［J］. 西南农业学报，2017，30（9）：1947-1953

［2］ 朱统国，王曙文，李晓伟，等. 向日葵黄萎病综合防控技术研究［J］. 山东农业科学，2017，49（4）：100-103

［3］ 谢立华，淡育红，胡小加，等. 促进作物秸秆和菌核腐解的复合生物制剂应用效果［J］. 中国油料作物学报，2015，37（03）：372-376

［4］ Qin，Lu，et al. Adaption of Roots to Nitrogen Deficiency Revealed by 3D Quantification and Proteomic Analysis［J］. Plant Physiology. 2018.179. pp.00716.2018. 10.1104/pp.18.00716

［5］ 张佳蕾，郭峰，杨佃卿，等. 单粒精播对超高产花生群体结构和产量的影响［J］. 中国农业科学，2015，48（18）：3757-3766

撰稿人：张海洋　单世华　李文林　张　奇　程晓晖

秦　璐　顿小玲　李先容　夏　婧

燕麦科技发展报告

燕麦是我国重要的杂粮作物之一,已有 2000 多年种植历史。目前全国燕麦年种植面积约 70 万 ~80 万公顷,总产约 85 万吨,主要分布在我国西北、华北、东北、西南地区,年种植面积较大的省份包括内蒙古、河北和山西等省(自治区)。燕麦在世界许多地区都有种植,年播种面积 1300 万 ~1500 万公顷,播种面积较大的国家主要分布于欧洲、北美洲及南美洲和大洋洲。燕麦营养丰富,蛋白质、脂肪、膳食纤维含量高于小麦、玉米、水稻等主要粮食作物,其 β - 葡聚糖成分具有降低胆固醇、防止心血管疾病的功能,已被广泛接受为健康食品。

一、燕麦近年科技研究进展

(一)燕麦种质资源保护与利用研究进一步深入

1. 收集和引进燕麦多样性资源

燕麦种质资源是燕麦研究的基础材料,国内相关单位都比较重视燕麦种质资源收集和保存工作。近几年,中国农业科学院作物科学研究所作为国家种质库依托单位,在加强国内燕麦种质资源收集的同时,从加拿大、美国、蒙古等国家引进了一批燕麦种质资源,其中包含大量燕麦野生资源,进一步丰富了我国燕麦种质资源多样性。截至 2018 年年底,国家种质库保存的燕麦种质资源达到了 5035 份,其中裸燕麦约 2000 份为我国特有,皮燕麦资源中大部分是从国外引进的,来自 28 个国家,包含 29 个燕麦种[1]。

2. 鉴定和筛选优异种质资源

燕麦种质资源鉴定研究取得长足进展,从过去单纯的资源农艺性状鉴定逐步发展到评估生产措施、环境条件对重要农艺性状如产量和品质的影响以及各性状之间的相互关系,同时也加强了抗病虫性和抗逆性鉴定,筛选出了一些优良品种和优异种质,既可直接推广应用,也可以作为育种亲本材料。通过对当前育成品种进行产量和品质鉴定,认为"远杂 2 号"和"201215-3-2-2"两个品种的产量稳定，粗蛋白质、粗脂肪含量均较高，适宜在宁南山区推广种植[2]，"冀品 1 号"的产量和品质性状优良，可以在青海省海拔 3100~3200 米的高海拔地区种植[3]。通过测定燕麦属二倍体、四倍体和六倍体物种材料的主要品质性状，发现部分野生材料中的 β-葡聚糖含量、脂肪含量和蛋白质含量极显著地高于栽培材料，是燕麦高品质育种的优异基因来源[4]。通过对燕麦种质田间接种抗病性鉴定，获得了一批对坚黑穗病表现为免疫和高抗的种质材料[5, 6]、高抗白粉病的种质材料[7, 8]和抗红叶病的种质材料[9]。采用室内苗期人工接蚜鉴定燕麦品种对 E 型麦二叉蚜的抗性，认为叶肉组织和木质部可能存在抗蚜因子[10]，筛选出了一些高抗蚜燕麦品种，如"UFRGS105064-3""燕 2007"和"白燕 2 号"[11]。在抗旱鉴定研究中，发现轻度干旱胁迫（5% 和 10%PEG）使诱导根的干重显著增加[12]，重度干旱胁迫下燕麦叶片核糖和蔗糖含量增加，喷施腐殖酸（HA）又能显著降低核糖和蔗糖含量，由此认为 HA 可以通过调控糖组分和内源激素缓解重度干旱胁迫伤害[13]，筛选出了适合宁夏南部干旱山区的抗旱品种"燕科 1 号"[14]。在燕麦资源耐盐鉴定研究中，采用了发芽率、发芽势、发芽指数、活力指数、胚根鲜重、胚芽鲜重、胚根干重、胚芽干重、胚根长和胚芽长等指标，评定了不同燕麦品种的耐盐碱等级[15]；明确了鉴定燕麦最佳的中性复盐浓度为 150 毫摩尔 / 升、最佳复碱浓度为 75 毫摩尔 / 升[16]；且盐碱地不同品种的产量和品质存在显著差异[17]；发现燕麦能够通过调动自身渗透调节物质，维持生物膜的稳定性，提高抗氧化物酶系统的酶活性，抵御一定的盐胁迫[18]，认为燕麦叶片较强的持 K^+ 能力是燕麦适应盐碱的重要机制[19, 20]。在燕麦抗倒伏研究中，发现单株重、第一茎节间干重是影响燕麦倒伏的主要因子[21]，基部第二节间鲜重和干重对其抗倒性影响最大，筛选出高抗倒伏品种"坝莜 18 号"[22]。

3. 促进燕麦种质资源有效利用

位于中国农业科学院作物科学研究所的国家作物中期库保存了用于分发的燕麦种质资源 3000 多份，免费向全国燕麦种质资源利用者提供用于相关研究的种质材料。在科技部基础平台的支持下，建立了国家农作物种质资源平台燕麦子平台，通过燕麦种质资源信息共享服务带动实物共享服务，可以在网上查询和直接索取可提供的燕麦资源。在日常性提供资源服务的基础上，燕麦子平台还开展了优异燕麦种质资源展示活动，以促进燕麦种质资源的获取和利用。与此同时，国内各相关研究单位也进行大量国内外引种和试种研究，促进了燕麦种质资源的国内外共享和利用[1, 23-25]。

（二）燕麦育种技术和新品种选育成绩突出

1. 育种技术创新

燕麦育种目标、创制变异技术、选择技术等是成功培育新品种的关键。当前高产仍然是燕麦育种的重要目标，新育成裸燕麦品种的产量达到了 2.5~3.0 吨 / 公顷[26, 27]，优质特

别是蛋白质和 β–葡聚糖含量是重要品质性状，粮饲兼用也是重要的育种目标。杂交育种仍然是最主要的育种手段，包括品种间杂交[26, 28]、国内品种与国外品种杂交[29]、种间杂交特别是皮燕麦和裸燕麦杂交[30~32]以及种间连续杂交[31]。系统选育也仍然起很好的作用[27]，直接对国外引进品种进行试种选育也是常用育种技术。在核不育材料的利用上，创新了核不育双交双基因渐近累加法，即采用核不育材料做母本，与两个优良品种杂交，选择不育株再与可育株杂交，使优良基因得到充分重组，再经过单株选择，形成了优良品种的方法[33]。

2. 新品种选育成果显著

近5年，国家燕麦荞麦产业技术体系团队成员单位共选育出燕麦新品种26个，其中裸燕麦新品种12个，皮燕麦新品种14个，并在生产中广泛应用，促进了我国燕麦产业的发展。由国家燕麦荞麦产业技术体系首席任长忠牵头，与杨才、田长叶、崔林、付晓峰、胡新中、郭来春等团队成员合作完成的"燕麦育种技术创新及应用"获得2016年吉林省科技进步奖一等奖。

（三）燕麦遗传基础研究水平稳步提升

1. 遗传多样性和遗传关系分析

近年来，国内有关单位对燕麦种质的遗传多样性进行了大量分析，采用的技术包括形态标记、分子标记、DNA 序列等标记，在对我国燕麦材料的遗传多样性丰富度、分布范围进行分析的基础上，探讨了不同性状之间、性状与标记之间的遗传关系。研究认为燕麦种质的遗传多样性丰富，不同的是各性状多样性丰富度的高低分布有所不同，其中王小山等[34]认为多样性指数最高的是株高，其次是茎粗；王建丽等[35]认为遗传多样性指数最高的是主穗长，其次为株高和主穗粒重，而王娟等[36]则认为单株粒重的遗传多样性指数最高。采用 ISSR 分子标记分析，发现贵州引种的燕麦品种存在较高的遗传多样性[37]，而采用 SSR 分析发现，来自美国、加拿大、巴西、蒙古和中国的燕麦材料的遗传多样性丰富，美国、加拿大和中国之间存在燕麦基因流动[38]。基于 GBS 序列的中国裸燕麦种质资源遗传多样性分析，发现来自山西、内蒙古、河北、四川的燕麦材料的遗传多样性最为丰富[39]。此外，我国燕麦研究团队与加拿大农业部合作开展了系统的燕麦属物种遗传多样性研究，采用 6K SNP 芯片和 GBS 测序技术对包括燕麦属二倍体、四倍体和六倍体物种在内的多份材料进行物种和遗传关系分析，进一步厘清了六倍体栽培燕麦的基因组起源[40]。

2. 有用基因发掘

利用 SSR 标记，构建了燕麦粒型相关遗传连锁图谱，并在第 8 连锁群上发现了 2 个与落粒性相关的 QTLs[38]。通过 GBS 基因分型分析，发现 14 个 SNP 位点可能参与燕麦抗旱生物学信号通路基因的表达，其中包括参与植物激素信号转导来调控燕麦的抗逆性[41]，对燕麦籽粒皮裸性状进行了全基因组关联分析，得到两个与皮裸性状最为相关的分子标记[40]。采用同源克隆方法，分别从裸燕麦中克隆了 5 个落粒相关基因[42]，还克隆了燕麦乙酰辅酶 A 羧化酶基因 CT 区基因（ACCase）并建立了 CRISPR/Cas9 技术体系[43]。通过裸燕麦 Ty1-copia 类反转录转座子反转录酶序列的鉴定，发现了 5 个有转录活性的 Ty1-copia 类反转录转座子，并发现燕麦 Ty1-copia 类反转录转座子在进化过程中主要为垂直传递[44]。在燕麦中克隆了钾离子转运蛋白家族基因 AsKUP1，并进行了遗传转化研究，揭示 AsKUP1 在植物中的耐盐机制[45]。采用电子克隆方法，对燕麦转录因子 BTF3 进行克隆研究，获得了完整的 cDNA 序列[46]。对燕麦矮秆基因 DwWA 进行了初步定位，认为可能与前人报道的显性主效矮秆基因 Dw6 为同一个基因位点，位于燕麦 18D 染色体上[47]。

（四）燕麦栽培技术和模式有突破性进展

1. 盐碱地栽培技术

近几年，栽培技术研究主要集中在盐碱地栽培、燕麦草栽培、栽培生理、高产栽培技术规程研制等方面[48, 49]。探索了盐碱地燕麦不同种植模式，分析了盐碱地燕麦生长要素的变化情况[50]，发现单作种植和混作种植的不同，使得燕麦改善盐碱地荒漠化的效果有着较大差别[51, 52]。营养因子氮、磷、钙处理能够促进盐碱胁迫下燕麦植株的生长发育，减弱盐胁迫对细胞质膜的损伤，增加植株 K^+/Na^+ 值，提高燕麦产量[53]。以中性盐为主的内蒙古盐碱地，采用翻耕和增加播深（5~7 厘米）的措施，可提高燕麦的耐盐性[54]。研究了复合微生物菌肥对盐碱地燕麦生理特性及土壤速效养分的影响，表明生物菌肥可以在盐碱土中广泛使用，能在一定程度上改善盐碱土的理化性质[55]。研制了黄河三角洲滨海盐渍土燕麦栽培技术，从整地、施肥、种子处理，到灌溉、病虫害防治、收获等方面提出了相关技术措施[56]。

2. 种植模式创新

一年一熟制是我国北方主要燕麦种植制度，近些年，随着气候变暖和早熟品种的应用，为一年两季种植模式创新制提供了条件，在冀北冷凉山区发展了一年两茬（马铃薯—燕麦）种植模式，既能生产错季马铃薯又能为养殖业提供优质燕麦饲料[57]，在吉林白城和内蒙古阿鲁科尔沁旗等地开展了燕麦—粮—草和两季饲草种植模式创新。燕麦与马铃薯间作能够提高氮利用率，从而增加马铃薯块茎淀粉含量、还原糖含量、维生素 C 含量[58]。免耕留茬覆盖能明显提高土壤有机质、全量养分及速效养分含量，对燕麦产量有显著影响[59]。同时，在西南平坝区，冬播燕麦饲草可以与饲草玉米轮作，保证全年饲草的有效供给[60]

（五）燕麦加工技术和产品更加多样化

燕麦食品加工技术研究不断加强，在产品加工方法和混合搭配、不同加工方法对营养和功能成分的影响等方面取得良好进展。在燕麦月饼加工配比研究中，发现当燕麦全粉添加量 30%、转化糖浆添加量 60%、花生油添加量 30% 时，口感松软，有较高的营养价值[61]。在燕麦制粉工艺对面粉质量影响研究中，系统比较了炒制燕麦粉、燕麦片磨粉、超微燕麦粉的出粉率、理化指标以及面团特性，发现 3 种处理燕麦粉的脂肪含量均增加，而蛋白质含量、β - 葡聚糖含量和灰分含量均减小[62]。在燕麦乳酸饮料研究中，以燕麦籽粒为原料，与水按质量比 1∶27 混合熬煮磨浆，过滤液经乳酸菌发酵后，制成燕麦活性乳酸菌饮料[63]。在燕麦挂面制作研究中，燕麦粉质量分数为 8%，加水量为 32%，海藻酸钠质量分数为 0.2% 时，制备的燕麦挂面感官品质最佳[64]。在燕麦饼干制作中，研制了燕麦粒酥性饼干的加工工艺，将燕麦煮制后冷冻干燥，添加至面粉中以制作燕麦粒酥性饼干[65]。

由国家燕麦荞麦产业技术体系首席任长忠牵头，与杨才、田长叶、崔林、付晓峰、胡新中、刘景辉、曾昭海、郭来春、赵桂琴、李再贵、刘彦明、胡跃高等团队成员合作完成的"燕麦产业化关键技术创新及应用"获得 2017 年度中国农业科技奖。

二、燕麦国内外科技研究进展比较分析

从我国与国外在燕麦科技研究进展对比来看，我国的燕麦科技研究已取得长足进展，并且有的领域已达国际先进水平。然而，从整体来看我国还需借鉴国外的经验和方法，如国外保存资源数量多，鉴定深入至气候对产量性状的影响，我国均有差距；我国新育成品种产量与国外的持平，但应加强远缘杂交育种，进一步提升品种优异性；国外已利用 GBS 测序技术分析遗传多样性，并开展了全基因组测序，我国应迎头赶上；国外在开展燕麦与黑麦草间套作研究，取得良好效果，值得我国借鉴；国外加工技术较全面，我国应逐步开展研究。

（一）我国燕麦资源研究比较深入，资源保存数量有待提升

在燕麦种质资源保存方面，加拿大保存 27000 多份、美国保存 21000 多份、俄罗斯保存 12000 多份，我国保存 5000 多份，可以看出我国保存的燕麦资源份数与上述三个国家有很大差距，需要进一步加强国外资源引进工作。在种质资源鉴定和评价方面，我国对农艺性状鉴定主要集中在育成品种产量和品质的提高方面，而国外开始注重气候因素对产量性状的影响和对生态型的鉴定[66]。在共享利用方面，美国、加拿大等国家燕麦资源共享利用较好，我国近年来引进的很多燕麦资源都来自这两个国家。

（二）我国燕麦育种研究水平与国外相当，裸燕麦育种有明显优势

燕麦育种水平较高的有美国、加拿大、瑞典、英国、德国、澳大利亚等，主要是皮燕麦品种，一般产量在 5 吨 / 公顷以上，并且抗病性强，品质优良。我国的皮燕麦育种产量

水平也在不断提高，如"冀张燕 3 号"的最高产量已经达到 5.3 吨 / 公顷以上，"白燕 7 号"的最高产量已经达到 5.5 吨 / 公顷以上，达到了国外同等水平。在裸燕麦品种方面，我国育种产量水平处于领先地位，如"裸燕麦坝莜 18 号"最高产量已经达到 4.5 吨 / 公顷以上。

（三）我国燕麦基因发掘研究进展良好，国外燕麦全基因组测序研究在先

在基础研究方面，美国、加拿大、巴西等国家在利用分子标记开展遗传多样性分析、构建连锁图谱、发掘基因的同时，开始了基因组测序研究。在遗传多样性分析方面，国外利用 GBS 测序技术分析了约旦野生燕麦遗传多样性，而我国主要采用分子标记如 SSR、ISSR 等分析燕麦种质遗传多样性。国外采用多路猎枪序列法分析了不同燕麦种叶绿体基因组，进一步明确了六倍体燕麦的母本起源[67]，我国也在多年前已经开展了燕麦属物种系统发育与分子进化研究，基于 *Pgk1*、*Acc1* 和 *psbA-trnH* 基因序列以及谷蛋白变异的燕麦属物种系统发育研究，以及利用不同的荧光原位杂交探针，从细胞生物学的角度分析燕麦的物种起源进化和多倍体同源群分类[68]，所以我国在遗传资源进化领域的研究与国外相当。近几年国外在关联分析和基因挖掘方面进展较好，开展了燕麦地方品种和主要育成品种表型与基因型关联分析[69]，抗黄矮病基因[70]和抗黑穗病基因[71]关联分析，我国则在燕麦形态性状与分子标记关联分析方面也有进展。在基因组和转录组研究方面，美国、加拿大和英国相关机构合作于 2015 年启动了燕麦全基因组测序，至今尚未完成。我国开展了转录组测序研究，并利用转录组数据分析了燕麦耐盐性[72]。

（四）我国燕麦盐碱地栽培优势明显，国外燕麦间作有新进展

在栽培技术方面，国外对饲用燕麦栽培研究较多，包括种植燕麦草与大麦草和黑麦草的放牧效果比较[73]，我国的栽培研究主要是高产栽培技术，包括水肥施用技术、病虫害防治技术，近年来我国加强了盐碱地栽培技术研究，相对国外有明显优势。经过大量的研究发现，燕麦具有较强的耐盐碱特性[15, 74]，可以在一定的盐碱土壤中生长，且对改良盐碱地土壤有明显作用[75]。在燕麦耐盐碱分子机制方面发现，多个跨膜转运蛋白，包括 ATP– 结合转运蛋白、离子转运蛋白、水孔蛋白等相关基因都参与响应盐胁迫过程，对燕麦耐盐发挥着重要作用[74, 76-78]。也发现很多光合作用、碳水化合物代谢、蛋白合成修复以及抗逆类蛋白参与燕麦响应盐胁迫[45, 77, 78]；另外，缓冲液式的高 pH 值是碱胁迫的首要胁迫因素，碱胁迫下高效的氮素吸收、同化系统有利于燕麦耐碱，稳定、高效的捕光系统及多种碳固定模式有利于燕麦耐碱。同时也开展不同栽培措施、不同栽培环境条件对燕麦品质的影响研究，对提高燕麦的营养和保健价值有重要作用。国外在燕麦间种方面有进展，发现燕麦与黑麦草间种比单种的产量高[79]，而我国近几年的燕麦间作研究基本没有新的进展。

（五）国外燕麦多用途加工研究进展良好，我国的营养和功能作用研究深入

国外燕麦加工技术研究进展，包括燕麦作为玉米等产品的纤维添加技术[80]、燕麦颖壳生产酒精技术[81]、燕麦酶解饮料技术、控制燕麦片的赭曲霉毒素 A 的加工技术[82]以及燕麦粉的沙门氏菌灭活技术等。我国也在燕麦粉、燕麦食品的加工技术方面有较快发展，同时对燕麦蛋白质、脂肪、微量元素含量的营养价值以及 β－葡聚糖的功能作用研究比较深入。

三、燕麦科技发展趋势及展望

随着人民生活水平不断提高，对健康食品的需求越发增加。而燕麦的营养丰富，具有医食同源作用，很符合时代发展的需要。因此，燕麦科技将有大的发展，发展的核心是培育具有突破性的高产优质专用新品种，为此，首先应大量收集种质资源，并深度评价和挖掘优异性状基因；同时，应提高育种技术水平；创新高产栽培技术和改革种植制度；提升燕麦特色食品的工业化生产技术和保健价值。

（一）大量收集种质资源并深度评价和挖掘优异性状基因

燕麦种质资源是燕麦育种和研究必不可缺的重要材料。因此大量收集种质资源，并开展深度鉴定评价和挖掘优异性状及其基因，将是今后的发展趋势。我国应加强国内野生近缘植物收集，积极开展国外引种，争取保存数量和质量赶上加拿大、美国等国家，通过鉴定、筛选，为燕麦生产和育种提供优异种质。同时，利用我国作为六倍体栽培裸燕麦起源地的优势，针对裸燕麦以及皮裸燕麦差异开展系列比较研究。

（二）创新育种技术，培育高产优质突破性新品种

根据社会发展和人民生活水平的提高，特别是对健康食品的要求会日趋迫切，因此，必定要培育高产优质新品种。第一是提高产量因素，即千粒重、穗粒数和单位面积穗数，第二是茎秆矮化并弹性好、抗倒伏，第三是抗病性强，第四是籽粒优质。要达到此目的，必须创新育种技术，在常规技术的基础上，加强分子辅助育种，开发有用性状的分子标记，挖掘控制产量、品质、抗病、抗逆、抗倒伏性状的等位基因，进行转化和应用。实践已充分证明，燕麦野生近缘植物含有多种优异性状基因，因而，亟待将这些基因转育到栽培种。

（三）提升高产栽培技术，改革种植制度

随着品种产量和品质的提高，加强燕麦高产栽培技术研究势必提上日程，特别是种

子处理、施肥、病虫害防治和田间管理等技术均需提升，并加强环境条件对燕麦产量、营养及功能成分影响研究，应对气候变化带来不利影响，保障燕麦产量和品质潜力得到最大限度发挥。与此同时，还应加强燕麦种植制度改革研究，包括燕麦与其他作物的间作、混种、轮作，注重生态种植模式研究，提高燕麦的综合效益。

（四）提升燕麦特色食品和保健价值

现代社会的人民对健康食品要求日益迫切，燕麦是医食同源作物，因此，必须要深入开展燕麦食品和保健价值的研究。加强燕麦加工技术研究，包括营养成分检测、功能成分提取、加工工艺、健康功能评价等方面。同时，按照国家燕麦荞麦产业技术体系提出的燕麦产业"大、高、低"发展理念，开发更多大众化、高附加值和低血糖生成指数燕麦产品，使更多的人愿意主动食用燕麦，维护身体健康，提高生活质量，减少医疗费支出，造福全社会。

参考文献

［1］郑殿升，张宗文. 中国燕麦种质资源国外引种与利用［J］. 植物遗传资源学报，2017，18（6）：1001-1005

［2］张久盘，穆兰海，杜燕萍，等. 宁南山区不同裸燕麦品种产量与品质比较研究［J］. 现代农业科技，2018，3：44-46

［3］侯留飞，张宗花. 高海拔地区八个燕麦苗头品种品质性状研究［J］. 青海草业，2018，27（2）：7-10

［4］李骏倬，颜红海，赵军，等. 基于农艺性状和品质性状的燕麦属物种遗传多样性分析［J］. 种子，2018，37（11）：1-7

［5］郭成，王艳，张新瑞，等. 燕麦种质抗坚黑穗病鉴定与评价［J］. 草地学报，2017，25（2）：379-386

［6］周天旺，徐生军，王春明，等. 38 份燕麦种质抗坚黑穗病鉴定与评价［J］. 甘肃农业科技，2018，7：33-35

［7］孙道旺，尹桂芳，卢文洁，等. 云南省燕麦白粉病病原鉴定及致病力测定［J］. 植物保护学报，2017，44（4）：617-622

［8］赵峰，郭满库，郭成，等. 213 份燕麦种质的白粉病抗性评价［J］. 草业科学，2017，34（2）：331-338

［9］徐生军，郭成，漆永红，等. 燕麦种质抗红叶病鉴定与评价. 中国植物保护学会 2016 年学术会，中国四川成都. 2016

［10］郭建国，袁伟宁，周天旺，等. E 型麦二叉蚜在不同抗性表型燕麦上的取食行为［J］. 昆虫学报，2017，60（11）：1315-1323

［11］刘月英，郭建国，罗进仓，等. 不同燕麦品种（系）对麦二叉蚜生命参数的影响［J］. 麦类作物学报，2017，37（12）：1634-1639

［12］罗兴雨，李亚萍，陈仕勇，等. 高寒燕麦苗期抗旱性研究［J］. 西南农业学报 2018，31（9）：1811-1816

［13］张志芬，付晓峰，赵宝平，等. 腐植酸对重度干旱胁迫下燕麦叶片可溶性糖组分和内源激素的影响［J］.

中国农业大学学报，2018，23（9）：11-20

［14］张久盘，穆兰海，杜燕萍，等. 7个燕麦品种在宁南地区的抗旱性评价［J］. 甘肃农业科技，2018，3：74-78

［15］付鸾鸿，于崧，于立河，等. 不同基因型燕麦萌发期耐盐碱性分析及其鉴定指标的筛选［J］. 作物杂志，2018，6：27-35，174

［16］白健慧. 燕麦对盐碱胁迫的生理响应机制研究［D］. 呼和浩特：内蒙古农业大学，2016

［17］卢培娜，刘景辉，李倩，等. 盐碱地不同燕麦品种的品质及产量比较［J］. 麦类作物学报，2016，11：1510-1516

［18］高彩婷，刘景辉，张玉芹，等. 短期盐胁迫下燕麦幼苗的生理响应［J］. 草地学报，2017，25（2）：337-343

［19］刘建新，王金成，王瑞娟，等. 混合盐碱胁迫对燕麦幼苗矿质离子吸收和光合特性的影响. 干旱地区农业研究，2017，35（1）：178-184，239

［20］姜瑛，周萌，吴越，等. 不同燕麦品种耐盐性差异及其生理机制［J］. 草业科学，2018，35（12）：2903-2914

［21］陈有军，周青平，孙建，等. 不同燕麦品种田间倒伏性状研究［J］. 作物杂志，2016，5：44-49

［22］葛军勇，张斌，王霞，等. 不同应用类型裸燕麦品种的茎秆抗倒伏特性评价［J］. 河北农业大学学报，2018，41（5）：7-12

［23］宋国英，杨素涛，孙全平. 高海拔地区引种燕麦栽培试验研究［J］. 西藏农业科技，2017，39（4）：5-10

［24］赵德. 青海省共和县6个燕麦品种引种比较试验［J］. 畜牧与饲料科学，2017，38（5）：36-37，95

［25］王彦龙，李世雄，盛丽，等. 柴达木盆地中、轻度盐碱地燕麦引种试验［J］. 青海畜牧兽医杂志，2018，48（1）：12-17

［26］王春龙，任长忠，郭来春，等. 燕麦新品种白燕18号选育报告［J］. 农家参谋，2018，22：71

［27］王春龙，任长忠，郭来春，等. 燕麦新品种白燕19号选育报告［J］. 时代农机，2018，45（11）：31

［28］李云霞，田长叶，赵世锋，等. 高产粮饲兼用型皮燕麦品种坝燕四号的选育及其栽培技术要点［J］. 河北农业科学，2017，21（3）：79-81，92

［29］徐惠云，王婧. 优质燕麦新品种同燕2号的选育及丰产措施［J］. 湖北农业科学，2017，56（9）：1618-1619

［30］田青松，于东洋，张瑞霞，等. "蒙饲燕2号"燕麦草选育报告［J］. 草地学报，2018，26（2）：459-466

［31］刘龙龙，崔林，张丽君，等. 旱地燕麦品种品燕4号的选育［J］. 中国种业，2017，11：65-66

［32］刘彦明，南铭，任生兰，等. 优质抗病饲用燕麦新品种定燕2号选育报告［J］. 甘肃农业科技，2016，9：5-7

［33］周海涛，张新军，杨晓虹，等. 粮草兼用裸燕麦新品种张莜7号的选育与高产栽培技术［J］. 种子，2017，36（5）：105-107，117

［34］王小山，纪冰沁. 31份燕麦种质主要株型性状比较及遗传分析［J］. 江苏农业科学，2018，46（22）：76-79

［35］王建丽，马利超，申忠宝，等. 基于遗传多样性评估燕麦品种的农艺性状［J］. 草业学报，2019，28（2）：133-141

［36］王娟，李荫藩，梁秀芝，等. 北方主栽燕麦品种种质资源形态多样性分析［J］. 作物杂志，2017，4：27-32

［37］余青青，王普昶，赵丽丽，等. 7个燕麦品种的ISSR遗传多样性分析［J］. 江苏农业科学，2018，46（19）：34-37

［38］Munkhtuya Y. 燕麦种质资源多样性及重要农艺性状的QTL分析［D］. 北京：中国农业科学院，2017

［39］ 周萍萍. 基于 Rpb2 基因序列的燕麦属物种关系研究及中国裸燕麦种质资源遗传多样性分析［D］. 雅安：四川农业大学，2017

［40］ 颜红海. 燕麦属物种种间亲缘关系研究及栽培燕麦皮裸性状全基因组关联分析［D］. 雅安：四川农业大学，2017

［41］ 董艳辉，刘龙龙，温鑫，等. 基于基因分型技术的燕麦 SNP 标记研究［J］. 华北农学报，2019，34（1）：97-106

［42］ 高金玉. 裸燕麦落粒相关基因的克隆及生物信息学分析［D］. 呼和浩特：内蒙古农业大学，2018

［43］ 武志娟. 燕麦乙酰辅酶 A 羧化酶基因 CT 区的克隆及 CRISPR/Cas9 技术体系建立［D］. 呼和浩特：内蒙古农业大学，2018

［44］ 郭晓芳，贾举庆，张晓军，等. 裸燕麦 Ty1-copia 类反转录转座子反转录酶序列的分离、鉴定与分析［J］. 植物科学学报，2018，36（5）：721-728

［45］ 张胜博，刘景辉，赵宝平. 燕麦 AsKUP1 的克隆与功能分析［J］. 核农学报，2017，31（6）：1061-1069

［46］ 邵沾沾，王永生. 燕麦转录因子 BTF3 的电子克隆和生物信息学分析［J］. 分子植物育种，2016，14（10）：2567-2573

［47］ 赵军. 燕麦矮秆基因 DwWA 的初步定位［D］. 雅安：四川农业大学，2016

［48］ 宋向东. 燕麦高产栽培技术［J］. 农民致富之友，2018，5：14

［49］ 侯玉龙，于崧，于立河，等. 不同播期和密度对裸燕麦产量及品质的影响. 2018 中国作物学会学术年会［C］. 中国江苏扬州，2018

［50］ 何真，张丽君. 探索不同种植模式力求盐碱地燕麦生产效益最大化［J］. 吉林农业，2019，4：40，43

［51］ 周建萍. 种植模式对盐碱地燕麦生长发育的影响［J］. 农家参谋，2018，19：68

［52］ 刘景辉，胡跃高. 燕麦抗逆性研究［M］. 北京：中国农业出版社，2011

［53］ 武俊英，刘景辉，张磊，等. 营养因子对燕麦生长及 K^+、Na^+ 含量的耐盐性调控研究［J］. 华北农学报，2011，26（6）：108-113

［54］ 武俊英，刘景辉，李倩，等. 内蒙古地区不同耕作方式与播种深度燕麦耐碱性分析［J］. 干旱地区农业研究，2009，27（2）：138-141，147

［55］ 黄铖程，刘景辉，杨彦明. 生物菌肥对盐碱地燕麦生理特性及土壤速效养分的影响［J］. 北方农业学报，2018，5：57-61

［56］ 陈建爱，刘丰华，李全民，等. 黄河三角洲滨海盐渍土燕麦栽培技术［J］. 中国农技推广 2019，35（2）：31-32

［57］ 赵共鹏，盖颜欣. 马铃薯—饲草（燕麦）一年两茬种植模式［J］. 现代农村科技，2016，20：14

［58］ 贺锦红，吴娜，蔡明，等. 马铃薯—燕麦间作条件下施氮水平对马铃薯农艺性状及产量品质的影响［J］. 南方农业，2018，12（27）：31-35

［59］ 王润莲，张志栋，刘景辉，等. 施肥对免耕旱作燕麦田土壤温室气体排放的影响［J］. 灌溉排水学报，2016，35（12）：55-59

［60］ 景孟龙. 燕麦饲草高产优质栽培体系创建及其抗旱性评价［D］. 雅安：四川农业大学，2018

［61］ 田娟，吕颖，封雨攸，等. 燕麦全粉提浆月饼皮的配比优化［J］. 食品工业，2019，40（2）：86-88

［62］ 闫希瑜，李小平，刘柳，等. 制粉方式对燕麦粉理化及面团特性的影响［J］. 中国粮油学报，2018，33（4）：13-19

［63］ 白娜，尚世辉，郝麒麟，等. 燕麦活性乳酸菌饮料研制［J］. 农业工程，2018，8（1）：68-70

［64］ 段卓，肖冬梅，夏赛美，等. 燕麦挂面生产工艺优化研究［J］. 粮食与饲料工业，2018，11：21-24

［65］ 宋蕾，钱海峰，王立，等. 煮制对酥性饼干中燕麦颗粒质构的影响及工艺优化［J］. 食品科技，2018，43（11）：172-178

［66］ Aseeva T，Melnichuk I. Dependence of Various Oat Ecotypes' Yield Capacity on Climatic Factors in the Middle

Amur Region［J］. Russian Agricultural Sciences, 2018, 44（1）: 5-8

［67］ Fu Y. Oat evolution revealed in the maternal lineages of 25 Avena species［J］. Scientific Reports, 2018, 8: 1-12

［68］ 任自超. 基于荧光原位杂交的燕麦属物种基因组组成及种间关系研究［D］. 雅安: 四川农业大学, 2018

［69］ Winkler L, Michael Bonman J, Chao S, et al. Population Structure and Genotype-Phenotype Associations in a Collection of Oat Landraces and Historic Cultivars［J］. Frontiers in Plant Science, 2016, 7: 1077

［70］ Foresman B, Oliver R, Jackson E, et al. Genome-Wide Association Mapping of Barley Yellow Dwarf Virus Tolerance in Spring Oat（*Avena sativa* L.）［J］. PLoS One, 2016, 11（5）: e0155376

［71］ Bjornstad Å, He X, Tekle S, et al. Genetic variation and associations involving Fusarium head blight and deoxynivalenol accumulation in cultivated oat（*Avena sativa* L.）［J］. Plant Breeding, 2017, 136（5）: 620-636

［72］ Wu B, Hu Y, Huo P, et al. Transcriptome analysis of hexaploid hulless oat in response to salinity stress［J］. PLoS ONE, 2017, 12（2）: e0171451. doi: 10.1371/journal.pone.0171451

［73］ O'Keefe C, Larson K, Penner G, et al. Validating the stage of maturity at harvest for barley, oat, and triticale for swath grazing［J］. Journal of Animal Science, 2017, 95: 122

［74］ Bai J, Yan W, Liu J, et al. Screening oat genotypes for tolerance to salinity and alkalinity［J］. Frontiers in plant science, 2018, 9: 1302

［75］ Zhao Z, Liu J, Jia R, et al. Physiological and TMT-based proteomic analysis of oat early seedlings in response to alkali stress［J］. Journal of proteomics, 2019, 193: 10-26

［76］ Bai J, Qin Y, Liu J, et al. Proteomic response of oat leaves to long-term salinity stress［J］. Environ Sci Pollut Res Int, 2017, 24（4）: 3387-3399

［77］ Bai J, Liu J, Jiao W, et al. Proteomic analysis of salt-responsive proteins in oat roots（*Avena sativa* L.）［J］. J Sci Food Agr, 2016, 96（11）: 3867-3875

［78］ Bai J, Liu J, Zhang N, et al. Effect of alkali stress on soluble sugar, antioxidant enzymes and yield of oat［J］. Journal of Integrative Agriculture, 2013, 12（8）: 1441-1449

［79］ Duchini P, Guzatti G, Ribeiro-Filho H, et al. Intercropping black oat（*Avena strigosa*）and annual ryegrass（*Lolium multiflorum*）can increase pasture leaf production compared with their monocultures［J］. Crop and Pasture Science, 2016, 67（5）: 574-581

［80］ Sayanjali S, Sanguansri L, Buckow R, et al. Extrusion of a Curcuminoid - Enriched Oat Fiber-Corn-Based Snack Product［J］. Journal of Food Science, 2019, 84（2）: 284-291

［81］ Skiba E, Budaeva V, Baibakova O, et al. Dilute nitric-acid pretreatment of oat hulls for ethanol production［J］. Biochemical Engineering Journal, 2017, 126: 118-124

［82］ Lee H, Dahal S, Perez E, et al. Reduction of Ochratoxin A in Oat Flakes by Twin-Screw Extrusion Processing［J］. Journal of Food Protection, 2017, 80（10）: 1628-1634

撰稿人: 张宗文　郑殿升

荞麦藜麦科技发展报告

　　荞麦是一种原产于我国的一年生或多年生草本植物，属蓼科荞麦属（Polygonaceae family，*Fagopyrum* Mill.），通常为二倍体 $2n=16$（基因组大小约为 0.5 吉），部分野生种为四倍体。荞麦生育期短、适应性强、耐瘠薄，是干旱、高海拔贫困山区的传统作物和重要粮食作物，具有重要的经济、文化价值。同时也是我国不可替代的救灾填闲作物，其中富含的多种生物活性物质具有抑菌消炎、降三高的功效，随着人们生活水平的提高和全社会健康观念的改变，荞麦及其加工制品已逐渐成为重要的营养保健品。栽培荞麦主要包括苦荞、甜荞和金荞麦，我国每年荞麦总栽培面积均在 70 万公顷以上，最高产量达到 150 万吨，栽培面积和产量均常年位居世界第二位，其中甜荞主要分布在东北、华北、西北和南方地区，苦荞和金荞麦主要分布在西南地区。藜麦（*Chenopodium quinoa* Willd.），苋科（Amaranthaceae）藜属（*Chenopodium* L.）一年生双子叶植物，是一种四倍体植物（$2n=4x=36$），单倍染色体数目为 9，有明显的四倍体起源特征，其野生近缘种的染色体数目分为 $2n=18$，36，54。藜麦原产于南美洲安第斯山地区，从公元前 3000 年开始，藜麦就是该地区重要的粮食作物。近年来，藜麦因其营养特性优异，能有效保持农业生态系统多样性、减少世界多个地区的营养不良，引起了全球广泛关注，并被成功引种到欧洲、北美洲、亚洲和非洲。作为从南美引进的特色杂粮作物，藜麦近几年在我国发展很快，特别是自 2015 年中国作物学会藜麦分会成立以来，藜麦种植推广迅速，种植面积由 2015 年的 5 万亩增长至 2018 年的 18 万亩，总产量近 2 万吨，在我国 20 余个省（自治区）推广应用，种植面积和总产量已稳居世界第三。藜麦籽粒营养价值高，具有较强的抗旱、耐盐碱、耐寒、耐贫瘠等特性，有粮用、饲用、菜用和观赏用等多种用途，经济价值显著高于传统粮食作物，对其进行充分开发利用，不仅有利于促进农业种植结构调整，推动农业供给侧结构性改革，而且对促进贫困地区农民脱贫致富具有重要意义。

一、我国荞麦、藜麦近年最新研究进展

随着健康中国战略的提出和供给侧改革的深入，荞麦、藜麦等杂粮因其营养丰富、适用性广、节水节肥等优点，近年来相关研究持续升温。2015—2019 年，本学科在资源收集、引进和评价，育种技术与新品种选育，遗传关系和基因组学等基础研究，高效栽培耕作技术，营养品质研究，平台建设与人才队伍构建六方面取得了重大进展，为我国的荞麦藜麦产业发展提供了有效的支撑。

（一）种质资源收集，引进和评价成效显著

1. 野生资源收集、国外种质引进工作进展迅速

过去几年，荞麦资源收集的重点在于野生资源考察。高佳等[1]报道了于重庆市开展的农业生物资源的系统调查工作，共调查 19 份荞麦种质资源，其中苦荞 7 份、甜荞 9 份，以及荞麦的野生种 3 份。唐宇等[2]报道了在四川、云南两省野外荞麦考察工作。共收集荞麦资源 100 余份，包括 69 份荞麦野生种资源，6 份野生近缘种资源，并对中国荞麦属植物分类学进行了重新修订。

藜麦原产于南美洲安第斯山区。近年来我国藜麦种质资源的引进工作进展迅速，从美国、智利、玻利维亚等国家引进藜麦种质资源 400 余份，其中包括不同生态类型的具有大粒、优质、低皂苷、耐盐碱等特性的资源。同时，国内不同研究单位通过田间自然变异、筛选收集及种质交换等，加快了种质资源的收集保存进程，据估算，我国藜麦种质资源保存总数已达 1000 份。

2. 农艺性状与品质性状评价工作同步开展

中国农业科学院作物科学研究所 2018 年对国家种质库中库存的 1043 余份苦荞种质资源在四川凉山进行了主要农艺性状的鉴定评价，并对其芦丁、槲皮素等主要生物活性成分进行了测定。筛选出了具有高产、矮秆、高芦丁等优异性状的种质 102 份。此外，研究者对晋北地区 14 份苦荞种质进行评价，发现"云荞 1 号"和"黔苦 6 号"在当地综合表现良好，且各农艺性状中，一级分枝数、单株粒数和单株粒重等性状差异较大[3]。品质性状方面，对 10 个不同品种荞麦发芽前后的蛋白质和氨基酸含量进行了测定，发现"赤峰 2 号"甜荞芽、"海子鸽"苦荞芽和"湖南 7-2"甜荞芽氨基酸综合质量较好[4]。

中国农业科学院作物科学研究所 2018 年对收集引进的 400 份种质资源的 39 个主要农艺性状在甘肃天祝县进行了鉴定评价，筛选出具有优质大粒、早熟、高产、抗倒伏等优良性状的种质 68 份。并对 123 份资源的 23 个性状在新疆伊犁进行了全生育期鉴定，初步建立了藜麦种质资源农艺性状数据库。另有研究者对从美国引进的 135 份种质资源的 15 个农艺性状进行了分析和鉴定，筛选出具有早熟、矮秆、粗秆、大粒、长花序、结实率好和

产量高等特性的特异种质 31 份[5]。品质性状方面，石振兴等通过对 60 份国内外种质资源分析发现，国内资源的灰分、蛋白质和总多酚平均含量较高[6]。

（二）育种技术和新品种选育取得重要进展

1. 育种技术仍以常规育种为主，分子育种技术尚待开发

截至目前，我国现已育成荞麦品种 49 个，其中甜荞 25 个，苦荞 24 个。通过杂交选育、选择育种、诱变育种和染色体加倍等方法培育而成[7]，其中，82% 的品种通过选择育种培育而成，14% 利用诱变育种培育而成，染色体加倍选育的品种仅占 4%。目前，荞麦中已开发的分子标记包含 SSR 标记和 STS 标签等，但分子辅助育种工作还有待开展。

近年来，我国育种者在对引进的藜麦种质资源筛选、鉴定、评价和引种试种的基础上，主要通过系统选育、单株选择和混合选择等传统的常规技术进行新品种选育研究[8]。另外，中国农业科学院作物科学研究所利用辐射诱变育种技术创制出了系列育种新材料。但是杂交育种、分子标记和分子设计等育种技术应用较少，尚处于初始研究阶段。

2. 新品种质量有所提高，专用型品种选育成效显著

近年来，江苏省选育的"苏荞 1 号""苏荞 2 号"甜荞新品种，具有高产、优质、抗倒伏的特性，适宜在江苏省荞麦产区种植。山西省先后审定了"晋荞麦（苦）6 号"及"晋荞麦（甜）8 号"，在生产试验中产量相比对照分别提高了 5.74% 和 7.2%，在山西省荞麦产区有较大推广价值。专用型品种选育也成效显著，如重庆农校选育的"酉荞 3 号"苦荞新品种，其芽菜产量相比对照提高了 47.8%，黄酮等营养物质的含量较高，适宜在重庆产区作为芽菜专用型品种推广。但是，新选育的大多为区域型品种，未来还需加强对广适型荞麦新品种的选育工作。

截至目前，共有 18 个藜麦新品种通过省市认证登记和评价。"陇藜 1 号"藜麦新品种于 2015 年通过了甘肃省农作物品种审定委员会认定，成为中国首个正式认定登记的藜麦品种，随后甘肃省又陆续通过了"陇藜 2 号"等 6 个品种登记。青海省先后通过了"青藜 1 号""青藜 2 号"等 6 个藜麦新品种的认定和登记备案。吉林省通过了"尼鲁"藜麦新品种认定。内蒙古呼和浩特市通过了"蒙藜 1 号"藜麦新品种的登记。"饲用藜麦'中藜 1 号'选育及应用"通过中国农学会科技成果评价，"冀藜 1 号"和"冀藜 2 号"通过了河北省科技厅成果评价。

（三）基础研究成果丰硕

1. 遗传关系进一步明晰

近年来，研究者主要使用 DNA 条形码，同工酶等方法对荞麦属植物的种间及种内亲缘关系进行解析。胡亚妮利用 ITS 和 *ndhF-rpl32* 序列发现，栽培苦荞和金荞复合物之间的亲缘关系较栽培甜荞与金荞复合物之间的亲缘关系更近[9]。李敏研究苦荞黄酮合成途

径中的苯丙氨酸解氨酶（PAL）基因的多样性，为挑选高黄酮优质苦荞种质资源奠定基础[10]。程成等对云南野生金荞麦进行了资源考察及遗传多样性分析，提出海拔是影响金荞麦遗传多样性的关键因素[11]。

近年来，国内研究者主要利用 SSR 分子标记对藜麦种质资源进行了遗传多样性分析：胡一波利用 SSR 分析了 176 份国内外藜麦资源的遗传多样性，结果表明这些资源具有丰富的遗传多样性，其中南美洲北部藜麦居群的遗传多样性最高，山西居群次之，台湾地区最低[12]。通过对藜麦微卫星序列重复 SSR 分子标记（EST-SSR）开发和通用性分析发现，藜麦与其他苋科植物间不存在显著差异，具有良好的通用性，可用于苋科植物的遗传关系分析。

2. 组学技术挖掘出大量优质基因

苦荞基因组的测序及组装 2017 年由中国科学院和陕西农科院的研究人员首先完成，获得了苦荞 489.3 兆字节高质量染色体水平的参考基因组序列，注释了 33366 个蛋白编码基因[13]。此外，通过转录测序、比较基因组学和分子生物学等技术手段，研究人员获得大量的荞麦功能基因，并对其生物学功能进行了详细解析。例如，苦荞应对铝胁迫的重要基因 *FtFRDL1*、*FtFRDL2*、*FtSTOL1*、*FtSTOL2*、*FtSTAR2*[14]，芦丁合成调控关键转录因子编码基因 *FtMYB13*、*FtMYB14*、*FtMYB15*、*FtMYB16*、*FtSAD2*[15-17]，黄酮类合成途径关键酶编码基因 *FtPAL*、*FtCHS*、*FtUF3GT*、*FtFLS*[18]，等等。

中国科学院上海植物逆境生物学研究中心揭示了藜麦耐盐和高营养价值的分子机制，获得的高质量的藜麦基因组序列总长度为 1.34 兆字节，注释发现了 54438 个蛋白编码基因和 192 个微 RNA 基因，部分解释了藜麦种子高营养价值的原因，并通过盐泡细胞的转录组分析提出了从表皮细胞到盐泡细胞的离子转运的分子模型[19]。有研究通过对 11 份藜麦材料全基因组重测序，获得大量的 SNPs 和 InDels 标记，并新开发和验证了 85 个二态 InDels 标记，分析结果发现群体遗传结构、核心种质和二态 InDels 标记可有效地应用于藜麦遗传分析和育种研究中[20]。另有研究通过全基因组搜索鉴定了藜麦中 23 个受热激转录因子（Hsf）基因，并进行了结构研究和表达机理分析[21]。

（四）高效栽培耕作技术得到推广

近期研究发现，播期和种植密度对荞麦的产量构成、核心农艺性状、氮素转运、干物质积累均有影响，因此，应适时早播选择合适的密度，可以显著地提高荞麦的产量[22]。在干旱半干旱地区甜荞以沟单／双排种植为最佳种植模式，对荞麦的生物量和产量均有显著提高[23]。栽培生理方面，延长活跃的籽粒灌浆期以增加从源到种子库的碳水化合物分配可以是提高荞麦产量的有效策略。多地根据各自气候因素尝试了荞麦间作轮作作物的优化。这些复种模式既能不同程度改善和提高这些作物的品质与产量，提高耕地利用率，还增加了农户收益[24]。

2019 年发布的《2019 年藜麦生产技术指导意见》，对藜麦北部春播区、西部春播区和南部春 / 秋播区提出了具体的生产技术指导意见，以科学指导藜麦生产，提高生产技术水平。另外，张晓玲等发现，在云南省高海拔低温干旱山区，藜麦在生长后期株高过高、分枝过多，会引起倒伏现象，严重影响产量和品质[25]，任永锋等[26]研究发现喷施矮壮素等化控剂能够显著控制株高，降低侧枝折断率，提高产量。此外，研究人员还对藜麦覆膜栽培技术[27]、病虫害防治技术[28],[29]等进行了研究。

（五）营养和加工研究进展迅速

1. 营养物质和功能因子作用机理被进一步解析

近期研究发现，荞麦富含七大营养素，尤其富含生物黄酮，具有很强的抗氧化性和抗糖尿病特性[30]。荞麦中含有的抗性淀粉功能与膳食纤维类似，可治疗便秘、协助减肥和抑制血糖血脂的升高[31]。苦荞蛋白的消化和吸收利用率较低，可到达肠道，作为肠道菌群的发酵底物，进而促进胆酸排泄、调节肠道菌群平衡和改善氧化应激，从而对血脂代谢的具有调节作用[32]。

与大多数谷类作物相比，藜麦蛋白质含量更高，氨基酸比例更加均衡。藜麦种子总黄酮对大肠杆菌、枯草芽孢杆菌、白色念珠菌和铜绿假单胞菌有抑菌作用[33]。藜麦中的酚类和黄酮类物质能够抑制消化系统中的 α – 葡萄糖苷酶和胰脂肪酶，具有潜在降低血糖和控制体重的作用[34]。

2. 产品加工朝深加工、多样化方向发展

功能性荞麦产品是我国最重要的荞麦加工食品之一。为满足不同需求，荞麦深加工产品层出不穷，包括荞麦茶、荞麦面、荞麦酒、荞麦醋等，这些产品的开发为提升荞麦价值创造了机会。荞麦面类食品是传统型食品，荞麦饮料、荞麦含片、荞麦化妆品是新型产品。大多荞麦食品具有降"三高"的作用。在荞麦健康食品开发方面，中国具有领先优势，在荞麦黄酮含量和功能作用方面的研究有很好的进展，促进了荞麦产品特别是苦荞茶的生产和消费。

目前国内企业生产加工的藜麦产品主要为藜麦米。随着藜麦主食化和多样化的发展，新的藜麦产品也不断涌现，极大地促进了藜麦消费。部分企业生产了藜麦面粉、馒头、面条、藜麦片、藜麦糊、藜麦饼、饼干、黄酒、白酒、醋、酸奶、沙拉等产品。藜麦幼苗富含丰富的营养和功能成分，可以作为新型营养蔬菜食用。另外还有以藜麦为主要原料开发的藜麦菜肴，如藜麦蛋炒饭、藜麦海参粥等。

（六）平台和人才队伍建设稳步推进

"十三五"期间，国家在荞麦方面启动了两项与荞麦抗逆和品质形成的基础生物学相关的重点研发计划，此外项目来源主要是国家燕麦荞麦产业技术体系、国家自然科学基

金、地方基金等。农业农村部支持的国家燕麦荞麦产业技术体系是荞麦研究的主要资金来源，在荞麦种质资源、遗传育种、栽培技术、营养和加工等方面的研究发挥重要作用。国家自然科学基金委员会支持了十几项荞麦方面的研究项目，主要是基础性研究工作。

中国农业科学院作物科学研究所主要从事荞麦种质资源收集、保护和评价研究，荞麦品质性状和关键农艺性状形成的分子遗传学基础研究和荞麦饲草研究；贵州大学、四川农业大学和山西农业大学主要从事荞麦种质资源研究；西北农林科技大学、山西省农业科学院、贵州师范大学、甘肃农业大学、定西旱作农业中心、西昌农科院凉山农科所、昭通农科院、湘西农科院和通辽农科院主要从事荞麦育种和栽培研究；中国农业大学、成都大学和湖南科技大学主要从事荞麦加工技术的研究；温州大学主要从事荞麦保健功能和大规模推广研究。

藜麦方面，近几年科技部支持了一项对发展中国家科技援助项目，国家自然基金科学基金委员会支持了几项藜麦基础性研究项目，以及青海、甘肃、内蒙古、河北等地方政府支持了一些藜麦项目。

中国农业科学作物科学研究所主要从事藜麦种质资源收集引进、鉴定评价和创新利用，新品种选育，营养功能因子挖掘及产品研发等研究；中科院上海植物逆境生物学研究中心主要从事藜麦抗逆分子生物学基础研究和品种改良；青海省农林科学院、成都大学、甘肃省农科院、张家口农科院主要开展资源鉴定与评价、新品种选育、种子生产技术、栽培技术和加工技术等研究；此外还有国家粮食和物资储备局科学研究院、农业农村部南京农业机械化研究所、天津大学、中国农业大学、浙江大学、贵州大学、东北师范大学、天津科技大学、齐鲁工业大学、山西省农业科学院、新疆伊犁州农业科学研究所、甘肃条山农林科学研究所、江苏沿海地区农业科学研究所新洋试验站等多家科研机构从事藜麦研究工作。

二、荞麦藜麦国内外研究进展比较

通过对近几年荞麦藜麦的国内外文献进行检索以及相关大会报告内容进行分析，我们发现，营养学和基因组学是荞麦藜麦国内外研究的共通热点，同时，各国学者的具体研究方向和擅长领域各有不同。

（一）营养学和基因组学是国内外研究的共通热点

荞麦方面：一是重视功能成分和活性因子研究，多集中在功能性营养物质及活性成分检测等方面；二是重视基因组学和关键基因挖掘，基于已经完成测序的基因组数据，挖掘基因组中与主要农艺性状关联的位点，开展全基因组关联分析和多组学联合分析；三是重视荞麦综合利用，跳出单纯以面粉类产品的为主打的思路，开展药用、饲用、蜜用、菜用荞麦研究。

藜麦方面：一是在营养加工方面，主要是对营养功能因子发掘与鉴定及其生物学功能及活性评价研究；二是基于已发表的基因组数据，开展抗逆和品质等重要性状的基因资源挖掘与利用、重要性状遗传与分子机理解析、分子育种等工作；三是在栽培育种方面，开展跨生态型杂交研究，并针对逆境下的植物生理和栽培技术开展研究。

（二）各国荞麦藜麦研究方向比较和评析

近年来，世界荞麦研究的主要方向集中在种质资源、遗传育种、有机栽培和营养品质等方面。俄罗斯主要进行荞麦遗传资源、分子进化和育种工作，开展了苦荞和甜荞花转录组比较分析。日本一直致力于广适应性的荞麦育种工作，并对甜荞进行了基因组测序。韩国作为荞麦的主要消费国之一，主要侧重于荞麦的营养品质和代谢组学研究，最具代表性的是不同环境因子对荞麦芽菜营养品质的影响。印度主要开展喜马拉雅山脉印度尼泊尔侧的荞麦遗传资源评价和育种工作。东欧各国较早地开展了荞麦育种、栽培、细胞遗传学、组织培养和远缘杂交等方面的工作，目前得到欧盟地平线 2020 "ECOBREED" 项目的支持，主要进行有机荞麦栽培、绿肥轮作、营养特性及生态效应等研究。中国的荞麦研究虽然起步较晚，但在荞麦资源调查、育种栽培、品质性状调控机理等方面已取得令人瞩目的成果。目前，国家种质库已收集保存了世界荞麦资源 3000 多份，荞麦研究人员发现并命名了 6 个荞麦属新种，组织主编出版了首套国际荞麦专著[35]，育成多个荞麦优良品种并推广利用，对苦荞进行了全基因组测序，并且专长于苦荞次级代谢途径的遗传机制和调控机理研究，在荞麦分子生物学研究领域处于国际领先地位。目前，我国荞麦研究得到国家重点研发计划、国家自然科学基金、国家产业技术体系等多方面的资金支持，已成为世界荞麦研究的中坚力量。

各藜麦栽培国都非常重视种质资源收集、鉴定、保存和评价利用工作。全球共保存了 16422 份藜麦种质资源，其中玻利维亚收集份数最多（6721 份），我国保存总数约 1000份。近几年，藜麦基因组学研究取得突破性进展，日本京都大学等研究团队采用二代测序技术获得藜麦基因组草图[36]，沙特阿拉伯阿卜杜拉国王科技大学马克·泰斯特（Mark Tester）教授团队主导联合多家科研机构获得了异源四倍藜麦完整的参考基因组，并找到了可能调控种子中皂苷含量的基因[37]，中国科学院上海植物逆境生物学研究中心通过对藜麦基因组的高质量组装和盐泡细胞的转录组分析揭示了藜麦耐盐和高营养价值的分子机制[19]。此外，国内外研究专家在藜麦营养加工研究领域取得了重要进展，如新西兰奥克兰大学在藜麦淀粉的化学组分、结构、理化特性、加工特性、营养功能活性等研究领域进展突出[38, 39]。国内方面以中国农业科学院作物科学研究所和成都大学等研究机构在藜麦皂苷、多糖、多肽等营养功能因子的研究及其功能产品开发等方面也取得了较好进展[40-42]。

三、荞麦藜麦科技发展趋势及展望

未来 5 年，我国的荞麦藜麦科技迫切需要在新资源与新基因挖掘，育种技术研究以及综合利用率提升等方面大力发展以支撑产业创新并在我国产业结构调整和扶贫攻坚中发挥应有的作用。

（一）以高海拔冷凉地区战略需求为主，重视提高综合利用率

荞麦在我国农业产业结构调整及偏远山区的扶贫攻坚中起到了不可忽视的作用。新形势对荞麦研究提出了如下战略需求：在高海拔冷凉地区，可利用耕地有限，自然条件不适用于种植其他粮豆，荞麦成了上述地区精确扶贫的重要方向。随着各国对高品质荞麦的需求不断加大，荞麦出口也成为农民增收的重要途径。

重点发展方向包括三个方面：一是基于组学的高效分子育种。开发与品质、抗逆、加工特性、收获特性及产量相关分子标记；建立大规模、高效率的分子标记辅助育种平台；创制适应性广，稳产高产，品质突出的优异种质；二是营养因子的挖掘和医学保健价值的研究，开展与蛋白质、脂肪、维生素、矿物质相关荞麦营养因子研究，建立营养因子综合评价体系，规范评价流程，制定评价标准，并对荞麦药用价值进行全面、系统性评价，探究荞麦的食疗保健作用；三是综合利用价值的提升，开发一整套针对荞麦全生育期价值利用的良种配套方案及专用材料推广；开发以荞麦为主的精加工新型食品，在注重营养价值的同时提升荞麦产品的附加值。

近年来，藜麦在我国种植推广迅速，种植面积和总产量已稳居世界第三位，其中甘肃、内蒙古、青海、云南、山西、河北等省区种植面积均超过万亩。目前对藜麦的战略需求体现在，藜麦适宜我国高海拔冷凉地区生长。同时籽粒营养价值突出、秸秆饲用价值高且具有较强的观赏价值，对其进行充分开发利用，有利于促进农业种植结构调整和生态环境保护，推动"粮改饲"，加快推动农业供给侧结构性改革、脱贫攻坚和乡村振兴战略实施。

重点发展方向包括四个方面：一是充分发掘和利用藜麦种质资源。开展优质抗逆重要基因资源发掘与利用、营养功能因子评价与利用、重要性状和分子机理解析。二是加强藜麦品种改良技术研究和利用。开展育种技术创新，创制优质、抗逆、广适特别是适宜低海拔地区的新材料、新品种。三是重点突破藜麦高产高效生产技术。集中优势科研力量重点解决生产中的实际问题，降低藜麦生产成本，促进现代化、规模化种植。四是推进平台建设。针对产业发展瓶颈和市场需求，重点支持构建全产业链协同攻关创新体系和产学研一体化联合平台建设，推动藜麦现代农业产业技术体系的创建。

（二）以增产增收为目标，实现未来 5 年重点任务和发展领域突破

1. 未来 5 年发展策略与目标

根据我国农业供给侧结构性改革、种业发展和乡村振兴的需求，针对我国荞麦藜麦产业发展中存在的关键科学问题和技术问题，进一步加强科研投入，开展国际合作与交流，基础研究领域和应用研究领域并重，经过 5 年的努力，推动荞麦藜麦产业的提质增效和健康可持续发展，切实带动高海拔贫困地区增产增收。

2. 未来 5 年重点任务和发展领域

在荞麦领域：一是开展荞麦基因组学研究，构建高质量的荞麦泛基因组图谱。同时，明确荞麦的遗传多样性本底、生态适应性遗传区段、基因组受选区域和基因及其关联表型，揭示荞麦起源、驯化及传播路径。二是重要性状的遗传机制研究。从荞麦野生近缘种、农家种和栽培种三个层面，利用全基因组关联分析和连锁分析，挖掘重要农艺性状和品质性状形成的关键遗传位点，并解析其分子调控网络，开发育种可用的分子标记，为荞麦高效育种奠定理论基础。三是生态栽培研究，形成与良种推广配套的轻简化生态化栽培方案。四是综合利用开发研究，开发荞麦药用、饲用、蜜用、菜用价值。五是在产业发展方面，加快行业标准和行业规范的制订与发布，加强行业自律。

在藜麦领域：一是加强种质资源收集与创新利用，积极开展特异藜麦种质资源收集引进工作，深入开展重要基因发掘与解析、加强藜麦功能基因组等基础研究、广泛开展营养功能因子鉴定评价。二是藜麦品种改良新技术和新方法研究，开展杂交育种技术的引进与创新，推进分子标记辅助育种、诱变育种等新技术新方法研究。三是藜麦高产高效生产技术创新与集成，开展轻简化、生态化栽培等关键技术研发和集成创新研究。四是藜麦营养功能产品研发，加快具有特殊营养保健价值、产品附加值高的功能产品研发和推广。五是开发藜麦青贮饲用价值开发与利用，降低对进口优质高蛋白饲草的依赖，推动"粮改饲"进程和农业供给侧结构性改革。六是加快推进生产和技术标准化，在品种、技术和产品等方面积极开展国家、行业、地方、企业标准和规范的制定实施，加强行业自律。

参考文献

［1］高佳，黄娟，冉启凡，等. 重庆部分地区的种质资源调查荞麦篇［J］. 植物遗传资源学报，2017，18（3）：509–601

［2］唐宇，邵继荣，周美亮. 中国荞麦属植物分类学的修订［J］. 植物遗传资源学报，2019，20（3）：646–653

［3］王慧，杨媛，石金波，等. 晋北地区引种苦荞麦的生态适应性与主成分分析［J］. 中国农学通报，2017，33（16）：23–27

［4］ 张雨薇，景梦琳，李小平，等. 不同种荞麦发芽前后蛋白质及氨基酸变化主成分分析与综合评价［J］. 食品与发酵工业，2017，43（07）：214-221

［5］ 王艳青，李春花，卢文洁，等. 135 份国外藜麦种质主要农艺性状的遗传多样性分析［J］. 植物遗传资源学报，2018，19（5）：887-894

［6］ 石振兴，杨修仕，么杨，等. 60 份国内外藜麦材料子粒的品质性状分析［J］. 植物遗传资源学报，2017，18（1）：88-93

［7］ 杨丽娟，陈庆富. 荞麦属植物遗传育种的最新研究进展［J］. 种子，2018，304（04）：56-62

［8］ 沈宝云，李志龙，郭谋子，等. 中早熟藜麦品种条藜 1 号的选育［J］. 中国种业，2017，10：71-73

［9］ 胡亚妮，张宗文，吴斌，等. 基于 ITS 和 ndhF-rpl32 序列的荞麦种间亲缘关系分析［J］. 生物多样性，2016，24（03）：296-303

［10］ 李敏. 苦荞苯丙氨酸解氨酶（PAL）基因遗传多样性及荞麦提取物抑制非酶糖基化反应的研究［D］. 山西大学，2017

［11］ 程成，张凯旋，唐宇，等. 云南金荞麦野生资源考察及遗传多样性分析［J/OL］. 植物遗传资源学报，1-12

［12］ 胡一波. 藜麦品质性状评价与遗传多样性分析［D］. 北京：中国农业科学院，2017

［13］ Zhang L，Li X，Ma B，et al. The Tartary Buckwheat Genome Provides Insights into Rutin Biosynthesis and Abiotic Stress Tolerance［J］. Molecular Plant，2017（10）：1237

［14］ Zhu H，Wang H，Zhu Y，et al. Genome-wide transcriptomic and phylogenetic analyses reveal distinct aluminum-tolerance mechanisms in the aluminum-accumulating species buckwheat（Fagopyrum tataricum）［J］. BMC Plant Biology，2015，15（1）：16

［15］ Zhang K，Logacheva M D，Meng Y，et al. Jasmonate-Responsive MYB Factors Spatially Repress Rutin Biosynthesis in Fagopyrum Tataricum［J］. Journal of Experimental Botany，2018

［16］ Li J，Zhang K，Meng Y，et al. FtMYB16 interacts with Ftimportin-alpha1 to regulate rutin biosynthesis in tartary buckwheat［J］. Plant Biotechnol J，2019

［17］ Zhou M，Sun Z，Ding M，et al. FtSAD2 and FtJAZ1 regulate activity of the FtMYB11 transcription repressor of the phenylpropanoid pathway in Fagopyrum tataricum［J］. New Phytologist，2017，216（3）

［18］ Yao H，Li C，Zhao H，et al. Deep sequencing of the transcriptome reveals distinct flavonoid metabolism features of black tartary buckwheat（Fagopyrum tataricum Garetn.）［J］. Progress in Biophysics and Molecular Biology，2016：S0079610716301183

［19］ Zou C，Chen A，Xiao L，et al.. A high-quality genome assembly of quinoa provides insights into the molecular basis of salt bladder-based salinity tolerance and the exceptional nutritional value［J］. Cell Research，2017，27：1327-1340

［20］ Zhang T，Gu M，Liu Y，et al. Development of novel InDel markers and genetic diversity in Chenopodium quinoa through whole-genome re-sequencing［J］. BMC Genomics，2017，18：685

［21］ Tashi GB，Zhan H，Xing G，et al. Genome-Wide Identification and Expression Analysis of Heat Shock Transcription Factor Family in Chenopodium quinoa Willd［J］. Agronomy 2018，8：103

［22］ 时政，郭肖，宋毓雪，等. 不同播期对甜荞农艺性状及产量的影响［J］. 贵州农业科学，2016，44（2）：32-34

［23］ 常耀军，母养秀，张久盘，等. 种植密度对荞麦生理指标、农艺性状及产量的影响［J］. 湖北农业科学，2017，56（16）：3022-3024，3047

［24］ 陈国琼，白光慧，王春辉，等. 内蒙古地区荞麦的综合配套栽培技术［J］. 中国农业信息，2017，12（下）：33-35

［25］ 张晓玲，袁加红，何丽，等. 云南省高海拔低温干旱山区藜麦种植技术探讨［J］. 安徽农业科学，2018，46（30）：45-46，50

［26］ 任永峰，黄琴，王志敏，等. 不同化控剂对藜麦农艺性状及产量的影响［J］. 中国农业大学学报，2018，23（8）：08-16

［27］ 魏玉明，黄杰，刘文瑜，等. 藜麦覆膜栽培技术研究与应用［J］. 中国种业，2018，1：26-29

［28］ 张金良，杨建国，岳瑾，等. 藜麦田甜菜筒喙象生物学特性初步研究［J］. 植物保护，2018，44（4）：162-166

［29］ 曹宁，高旭，陈天青，等. 贵州藜麦的种植及病虫害防治［J］. 农技服务，2018，35（4）：50-51

［30］ 杨海涛，曹小燕. 酶—超声辅助提取苦荞秆中总黄酮及抗氧化活性研究［J］. 中国酿造，2016，35（9）：72-76

［31］ 陈燕. 苦荞抗性淀粉的制备、理化性质及其应用研究［D］. 成都：西华大学，2017

［32］ ZHU F. Chemical composition and health effects of tartary buckwheat［J］. Food Chem，2016，203：231-245

［33］ 董飞，郭晓农. 藜麦种子总黄酮的提取及体外抑菌作用［J］. 甘肃农业科技，2018，4：14-18

［34］ Tang Y，Zhang B，Li X，et al. Bound phenolics of quinoa seeds released by acid，alkaline，and enzymatic treatments and their antioxidant and α-glucosidase and pancreatic lipase inhibitory effects［J］. Journal of Agricultural and Food Chemistry，2016，64：1712-1719

［35］ Zhou M，Kreft I，Suvorova G，et al. Buckwheat germplasm in the world［M］.ELSEVIER，Academic Press，2018

［36］ Yasui Y，Hirakawa H，Oikawa T，et al. Draft genome sequence of an inbred line of *Chenopodium quinoa*，an allotetraploid crop with great environmental adaptability and outstanding nutritional properties［J］. Dna Research，2016，23（6）：535-546

［37］ Jarvis DE，Ho YS，Lightfoot DJ，et al. The genome of *Chenopodium quinoa*［J］. Nature，2017，542（7641）：307-312

［38］ Li GT，Zhu F. Quinoa starch：Structure，properties，and applications［J］. Carbohydrate Polymers，2018，181：851-861

［39］ Li GT，Zhu F，Mo G. Supramolecular structure of high hydrostatic pressure treated quinoa and maize starches［J］. Food Hydrocolloids，2019，92：276-284

［40］ Sun X，Yang X，Xue P，et al. Improved antibacterial effects of alkali-transformed saponin from quinoa husks against halitosis-related bacteria［J］. BMC Complementary and Alternative Medicine，2019，19：46

［41］ 胡一晨，赵钢，邹亮，等. 一种藜麦多糖在制备具有降血脂功效的食品或药品中的应用［P］. 中国，201610710973.3. 2016-08-23

［42］ Hu Y，Zhang J，Zou L et al. Chemical characterization，antioxidant，immune-regulating and anticancer activities of a novel bioactive polysaccharide from *Chenopodium quinoa* seeds［J］. International Journal of Biological Macromolecules，2017 99：622-629

撰稿人：周美亮　秦培友　张凯旋　丁梦琦　任贵兴

麻类作物科技发展报告

麻类作物是指以收获茎秆韧皮纤维和叶纤维为主的作物，主要包括苎麻、亚麻、黄麻、红麻、工业大麻、剑麻和罗布麻。自 2016 年以来，国际麻类生产和贸易由于市场需求和自然环境的差异，存在着复杂性和多样性，麻类的生产已经从传统的种植领域向深加工和多用途开发转移。国际的苎麻、亚麻、黄麻、工业大麻和剑麻生产总量分布变化不大，其中苎麻生产国主要集中在中国，亚麻生产国集中在亚洲、美洲和欧洲，黄麻生产国集中在孟加拉国和印度等东南部国家，剑麻生产国集中在坦桑尼亚和巴西，工业大麻因其大麻二酚（CBD）的医用性使其成为全球资本关注的焦点。

国内麻类种植面积持续稳步回升，2016 年为 131.4 万亩，2017 年为 160 万亩，2018 年达到 175 万亩，2018 年较 2016 年和 2017 年分别增加了 33.18%、9.38%。2017 年黑龙江省继云南省之后通过了工业大麻种植许可相关条例，工业大麻的规模化种植成为热点，2015 年全国工业大麻种植面积仅为 9.75 万亩，2017 年仅黑龙江工业大麻种植面积就提高到了 45.7 万亩，增加了 368.72%。企业自建基地规模化种植逐渐成为苎麻生产发展的主要趋势，形成了老产区麻农分散种植和新产区企业集中种植并进的格局。企业主导的东部沿海滩涂地黄 / 红麻规模化种植业逐渐起步。剑麻和亚麻种植面积基本稳定。

在麻类贸易方面，全国麻类纤维及麻制品累计进出口总额呈不断上涨的趋势。其中，麻原料的进口金额最高，并且涨势较大，说明我国麻类进口以原料为主。随着我国劳动力和土地成本不断上升，成本优势逐渐丧失，麻类种植效益降低，这也是我国麻类种植面积下降的原因之一。

一、我国麻类作物学科发展现状

（一）育种与资源挖掘

我国麻类作物育种目标向专用、兼用、多用深层次拓展，其中苎麻育种目标主要为饲用、污染治理、高纤维细度及适于机械化收获等；选育高 CBD 含量工业大麻品种、菜用黄麻品种、皮骨易分离红麻品种、高皂素含量剑麻品种、油纤兼用亚麻品种是其他麻类作物的主要育种方向。2016—2018 年共育成麻类作物新品种 38 个，其中苎麻 8 个，亚麻 7 个，黄麻 8 个，红麻 10 个，工业大麻 6 个。此外，开展了大量的种植资源创新与鉴定、不同生态区适宜品种筛选、育种与繁育技术研究、生物技术基础研究等工作，取得了重要进展。

苎麻全基因组测序工作完成，并在全基因组关联分析、QTL 定位、稳定分子标记开发等方面取得重要进展[1-4]；对 203 份饲用苎麻种质进行了鉴定和评价；在氮高效苎麻品种筛选、不同品种及取材来源苎麻嫩梢水培生根特性比较、性状基因的表达分析方面进行研究，初步阐述了 BnNRT1.1 对硝酸盐的吸收、转运和调控的分子机制，克隆分析了 BnMAN1 基因及其启动子[5]；克隆了 BnMYB1、BnGSTU1 等苎麻镉响应转录因子，开展了苎麻矿山及水体污染治理品种筛选[6]。

红麻在多用途品种选育上有良好的进展[7]，其中饲用红麻在株洲县渌口镇得到大面积推广；评估了 3 个突变红麻品种和 2 个原始品种，蛋白质磷酸化影响红麻 CMS 机制，利用 ITRAQ 技术确定部分关键干旱反应基因和蛋白质。在不同纤维品质的黄麻品种中，CCoAOMT2 基因的表达量随发育时期表现出不同的趋势，表明其表达受品种本身的影响且与基因型有关[8]；成功构建红麻运输抑制剂响应蛋白基因超表达和干扰载体，为探索红麻木质素合成调控分析提供了新数据。黄麻研究集中在逆境种植转录组分析、抗逆基因克隆及验证方面，筛选得到 32 个长果种黄麻 MYB 转录因子，其可分为两大类，分别与拟南芥 MYB 转录因子中参与木质素、纤维素发育、逆境胁迫应激反应相似功能[9]。

亚麻研究主要集中在品种选育和遗传图谱的构建。通过对 221 份亚麻种质资源 6 个主要性状进行分析与评价，筛选出优质高产"内亚 9 号"，发现新引亚麻品种 ARAMIS 生产潜力巨大。利用 SLAF-seq 技术开发了 389288 个 SLAF 标签，构建了含有 4145 个 SNP 标记的亚麻遗传连锁图谱。用简化基因组测序技术在亚麻高密度遗传连锁图谱的构建和纤维相关性状 QTLs 分析研究中开发出亚麻特异性 SSR 序列。以纤用亚麻栽培种"DIANE"和油用亚麻栽培种"宁亚 17"为亲本配制杂交组合构建的 F2 代分离群体为试验材料，利用 SSR 标记和 SRAP 标记构建了亚麻初级遗传连锁图谱，在此基础上，利用高通量测序技术检测 SLAF 多态性标记，构建了一张高密度遗传连锁图谱。

工业大麻方面，高大麻二酚含量工业大麻种质资源鉴定、评价、选育和应用成为热点。育成适宜低纬度地区的全雌工业大麻品种，配套了高效制种技术，花叶 CBD 含量高达 2.09%，THC 含量远低于 0.3%，大幅降低了生产成本并避免了私自留种带来的安全风险。建立了大麻高效再生体系。构建了 30 份大麻指纹图谱，构建 CsTHCA RNAi 载体并转化大麻茎尖[9]。

对剑麻 H.11648 叶绿体基因组编码序列密码子进行研究，发现其使用偏好性是受到突

变和选择等多重因素共同作用影响而形成的[11]。研究剑麻单叶农艺性状与鲜叶产量的相关性，表明剑麻叶长与产量间存在高度关联，该特性将为剑麻生长模型和产量预测模型的构建提供理论依据[12]。

（二）栽培与土肥

栽培与耕作研究主要集中在种质资源筛选、抗逆栽培、减肥增效、农艺措施对产量和品质影响方面。

研究发现深根型苎麻根际土壤细菌最为丰富，丛枝菌根真菌能够调节苎麻对重金属的吸收与分配[13]。施用磷肥能有效提高苎麻株高、茎粗和产量，苎麻的保护系统能够进行自身的调节以抵抗干旱伤害，苎麻根系与叶片对镉胁迫的应答机制不同，外源物质的施加可提高非超富集植物对重金属的吸收和转运能力[14]。探明了固化剂的施加使得苎麻各部位减少对镉、铅的吸收。20% 青贮苎麻替代饲喂鹅效果最优，刈割茬次对苎麻饲用产量与品质有影响，年收割 5 次综合产量和饲料品质高[15]。优化了苎麻嫩梢水培育苗技术参数[16]，利用苎麻的节状外植体，建立了一种高效的体外微繁殖体系和高效的家畜废水植物修复技术。

肥料效应和覆盖方式对旱地胡麻土壤硝态氮和籽粒产量的影响，东北亚麻纤维变温红外光谱和滇南冬播亚麻氮磷钾肥料效应，光周期对纤用亚麻茎结构的影响。在广西南宁地区冬种亚麻引种试验。研究表明亚麻是重金属污染土壤修复的理想作物之一。揭示了亚麻碱胁迫、盐胁迫对亚麻的伤害程度[17]。

分析了 26 份黄麻资源特点，可为品种改良及亲本利用提供依据。确立了一种快速准确测定黄麻、红麻韧皮纤维主要化学成分的新方法[18]。对菜用黄麻（福农 2 号）最适栽培模式进行了研究。总结了豫南地区大麻—黄 / 红麻接茬栽培技术。筛选出适宜机械种植的红麻品种及密度，赤霉素可降低红麻茎直径、叶片数和叶片大小，刺激纤维伸长，抑制生殖生长。

研究了 6 个大麻品种在低钾胁迫下苗期生长、干物质积累和钾吸收利用特性[19]。阐明工业大麻坡耕地最佳栽培密度及适宜施肥量。探明了用大麻屑栽培大球盖菇的最佳配方[20]。研究了环境因子对大麻植株 THC 含量的影响[20]。开展了工业大麻秸秆还田栽培技术及激励研究。利用根状细菌替代施肥可提高大麻生长和品质。当归根际土壤水浸提液 0.005 克 / 毫升可提高发芽率、鲜重和叶绿素含量；赤霉素和维生素 C 处理可缓解巴马火麻萌发的干旱胁迫。大麻苗期具有较强适应和 Pb 积累能力，但高浓度 Cu 抑制萌发，不同类型及含量的盐对种子萌发的抑制不同。

筛选了剑麻组培苗的光色配比，进行了剑麻渣与化肥配施技术研究。研究了 γ 射线辐照对剑麻 H. 11648 种子发芽及幼苗生长的影响，剑麻不定芽玻璃化过程中的细胞学和生理变化[22]。测定了剑麻皂苷元在甲醇和乙醇中溶解度。

（三）病虫草害防控

国内以环保、高效防控为目标，在筛选、组配麻类作物有害生物防控专用药剂、集成综合防控技术、基础研究等方面取得了重要进展。

在病虫害防控方面，明确了健康苎麻根和受咖啡短体线虫感染根的差异表达基因。发现半胱氨酸蛋白酶抑制物可能在线虫抗性中发挥着重要作用。利用转录组测序研究了苎麻夜蛾诱导的苎麻叶片中基因表达情况，发现 1980 个基因表达产生差异[23]。在苎麻中发现了鉴定了 15 个全长对害虫的敏感性高于其他胁迫的 *BnPP2* 基因。首次将三个炭疽病菌株与黄麻病害关联，并获得 1 对与黄麻炭疽病抗性相关的 SNP 标记。就目前市面现有的种衣悬浮剂对红麻发芽率的影响及苗期立枯病的防控效果进行评价。发现 H.11648 剑麻的叶汁能显著抑制可可毛色二孢（*L. theobromae*）菌丝生长和分生孢子萌发。克隆出具有抑菌活性的剑麻防御素基因。分离到病菌层出镰刀菌（*Fusarium proliferatum*）和链格孢（*Alternaria alternata*）为剑麻叶斑病防治有重要的指导意义。获得剑麻紫色卷叶病抗性苗，并发现其是新菠萝灰粉蚧传虫毒引起。获得抗剑麻烟草疫霉菌（*Phytophthora nicotianae* Breda）的转基因植株。分离筛选到一株对亚麻立枯病菌具有显著拮抗作用的枯草芽孢杆菌 HXP-5。证实大丽轮枝菌（*Verticillium dahliae*）是引起新疆地区亚麻黄萎病的病原菌。通过养殖和田间调查亚麻象发生规律和生活史，亚麻象幼虫的空间分布型为负二项分布，应用聚集度指标分析表明亚麻象幼虫呈聚集分布。

在草害防控方面，植物源灭生型除草剂成为主要方向，从椰子油中提取出具有除草活性的物质—羊脂酸，可作为触杀性灭生型新型除草剂；外来植物意大利苍耳的主要化感物质具有除草活性。形成了二甲四氯钠 + 烯草酮组配防控亚麻、大麻田杂草技术[24, 25]。实时监测麻田小飞蓬、牛筋草和马唐的抗性水平，发现小飞蓬和牛筋草对草甘膦、马唐对高效氟吡甲禾灵目前处于低抗水平。

（四）设施设备

开展了大麻、苎麻、黄红麻等麻类纤维收获与剥制机械选型研究，调研 16 家麻类生产企业及合作社，收集了大麻收获与加工机械的信息资料，基本确定大麻、苎麻、黄红麻等麻类作物适宜的收获与剥制机械。研制出 4LMZ-200 型智能化苎麻收割机、4QM-4.0 型饲用苎麻联合收割机、4LMD-160 轮式自走底盘制造大麻收割机[26,27]。试制出可用于苎麻、亚麻、苎麻、红麻等麻类秆茎棉型纤维加工的 4BM-800 型剥麻设备。试制出 9ZM-7 型第一代饲用苎麻切碎机，这标志着第一台专用饲用苎麻的切碎机问世。开展了直喂式苎麻剥麻机的研究工作。制订了大麻茎秆仿形切割装置研究方案，开展了工业大麻茎秆碾压智能调节技术的研究。

（五）加工技术

国内麻类脱胶研究主要涉及脱胶菌株的分离与鉴定、高效脱胶菌株保藏方法的研发、关键脱胶酶基因的克隆表达、复配酶生物脱胶处理工艺、预处理工艺的研发、化学及物理脱胶工艺的开发与优化等其他影响脱胶效果因素的探讨、化学脱胶工艺条件的优化。脱胶酶的研究热点依然是果胶裂解酶，提高热稳定性和耐酸碱性能是主要目标。分离出蜡样芽孢杆菌 P05、假单胞菌 X12 等可用于麻类纤维脱胶的微生物菌株。分析了地衣芽孢杆菌 HDYM-04 所产复合酶对亚麻纤维性能的影响。研发了一种适用于高效脱胶菌株 CXJZU-120 长期保存的抽真空菌种保藏法。探讨了不同预处理方式、漆酶处理、煮炼剂的采用、TEMPO- 漆酶联合处理体系对大麻原麻的脱胶效果[28]。研发了"扩培—灭菌—脱胶一体化脱胶工艺"、苎麻脱胶菌复合系、丹蒽醌对氧化脱胶苎麻纤维理化性能的调控、大麻纤维的煮炼工艺、碱氧—浴脱胶法中石墨烯溶液处理获得的大麻纤维优于水浴的方式。优化了亚麻粗纱生物酶脱胶工艺，分析了酸性溶液预浸对酶法亚麻脱胶及纤维性能的影响，探讨了苎麻生物脱胶过程中回收利用黄酮的可行性及最佳工艺。探讨了蒸汽爆破、碱处理对红麻纤维性能的影响。

麻纤维膜方面，继续从机械性能、保温性、透湿性、透光性、热稳定性、降解性能等方面，研究麻地膜特性，改进制作工艺和应用方法。配制出麻纤维膜原料成本比原配方降低 5000 元 / 吨的方案。开展了以苎麻、亚麻、大麻、黄麻为原料的成膜试验，发现采用脱胶开松后的植物纤维生产麻地膜产品都是最佳选择。研发出了基于麻纤维与麻秆碎屑的液态地膜，进一步丰富了麻地膜产品体系和生产技术体系。研究了麻育秧膜对水稻机插秧苗根系呼吸代谢酶活性的影响特征，开展了麻育秧膜轻量化育秧技术研究，探索出一种利用窝孔盘培育质量轻、规格大、素质优良的水稻机插毯状秧苗的育秧方法，并对麻育秧膜水稻机插育秧技术进行了推广应用[29]。

麻类纤维性能评价方面进行了不同品种工业大麻、黄麻、苎麻纤维抗菌性能的测试和分析，同一产地的麻纤维，品种不同其抑菌性能不同；开展抗皱、柔软的锦纶 / 苎麻紧密纺混纺纱的研究。

在麻类作物多用途方面，重点开展了饲料化、生物活性物质提取与利用、工厂化栽培食用菌等相关研究。研发了一套以放牧利用苎麻鲜草为核心的种养结合技术，配套了多个新型苎麻配合全价饲料产品[30-32]。采用超声萃取、化学试剂提取、物理压榨等方法，开展剑麻皂素提取工艺探索。研究了苎麻副产物含量、pH 值、含水量和添加剂等栽培基质对真姬菇栽培的影响，研究了不同基质对平菇产量和性状的影响，开展亚麻屑培养茶树菇、红麻骨栽培猴头菇、红麻骨栽培榆黄蘑研究。以大麻屑替代稻草作为主料进行大球盖菇的栽培试验，对菌丝生长状况、出菇性能、生物学效率等方面进行了对比研究[33,34]。

二、国内外麻类作物学科发展比较

（一）遗传育种

国际麻类育种研究集中在麻类分子生物学方面。

亚麻研究领域深入探讨了抗病差异基因表达、生物进化、木质素生物合成、遗传多样性等内容。Takáč 报道了使用过氧化氢增强亚麻不定根的形成的研究[35]。Gabr 报道了木脂素在愈伤组织和发根农杆菌介导的亚麻毛状根中积累，如 SDG（木酚素）、SECO（开环异落叶松脂素）和 MAT（罗汉松树脂酚）[36]。法国南布列塔尼大学对亚麻品种在干旱和多雨条件下的纤维细胞壁组成进行分析。波兰普莱西弗罗茨瓦夫环境与生命科学大学研究发现异源番茄红素 β－环化酶（LCB）基因在亚麻中的表达可通过基因体甲基化和 ABA 的动态平衡机制的改变导致内源性番茄红素环化酶基因的沉默。经过转基因分析表明溶血磷脂酸酰基转移酶 LPAAT2A 对不饱和亚麻酸、亚油酸的合成作用显著。在黑暗和光照条件下，1000 毫克 / 升 GA3 激素和层积冷处理对 Uludağ 地方亚麻种子萌发有促进作用。

Banerjee 等利用 172 个 SSR 标记对 292 个黄麻资源群体结构和遗传多态性进行了评价[37]。2017 年黄麻全基因组数据公布。研究发现绿原酸、槲皮素等 29 种复合物参与了黄麻耐重金属的调控。红麻叶、花、皮和种子中的化合物提取研究，为开发环保型天然药物提供了重要信息。GA$_3$ 处理红麻能降低其营养生长，促进生殖生长，即株高、直径和叶片数不同程度的降低，但能延长纤维长度并改善品质。红麻纤维聚丙烯聚合物材料中，增加红麻纤维有利于增加拉力和延伸。胺类物质的增加有利于增加红麻的吸附能力。

2016 年国际上公布许可种植的工业大麻品种有 68 个，与 2015 年相比减少 1 个。通过 RNA-seq 技术分析了剑麻根和叶中差异表达的基因，获得了响应生长素和细胞分裂素的差异基因。假菠萝麻（*A. angustifolia*）的形态和遗传变异，以采用分类界定的方式识别性状。

与国外相比，国内麻类分子育种水平还存在一定的差距，但和过去相比已经有了很大的进步，比如率先完成了苎麻全基因组测序等工作。在传统育种方面，国内由于具有资源优势，因而能选育出适合不同需求的麻类品种。

（二）病虫草害防控

国外麻类病虫草害研究主要集中于亚麻、红麻及大麻。*Galindo-González* L 将尖孢镰刀菌接种至亚麻抗性品种，取接种后不同时期的亚麻植株进行转录组测序分析，明确了植物——病原互作研究的关键基因；研究发现三叶草提取物以及根菌处理可以推迟亚麻枯萎病的发病时间，尖孢镰刀菌侵染亚麻后会引起水杨酸苯甲酯表达量升高与苯丙酸途径被激活；Boba A 等研究了具有拟南芥番茄红素 β－环化酶（lcb）基因表达的亚麻植物，观察到内源性 lcb 的表达降低和对真菌病原体的抗性增加[38]。证明了马来尾孢（*Cercospora malayensis*）、（*Coniella musaiaensis*）分别为红麻叶斑病、茎腐病的病原物；首次报道利用 LAMP 法检测红麻、洛神花等黏液性植物中的 Mesta 黄脉木槿花叶病毒（MeYVMV）。首次报道了瓜果腐霉可以引起美国工业大麻茎腐病和根腐病，证实了大麻隐潜病毒（*Cannabis cryptic*）是引起大麻条纹病的唯一病毒。国际农田杂草抗性研究发展迅猛，生产者对茎叶喷雾类化学除草剂的应用十分慎重，但针对麻类的研究较少，利用自然界生物中具有生物活性的代谢产物开发新的生物源除草剂是生物除草剂研发的一个重要途径和未来发展的方向。

国内麻类病虫草害研究水平和国外大致相当，但国内苎麻病虫草害研究的水平要更高，成果也更多一些。亚麻和工业大麻则是国外的研究水平更高。

（三）机械设备

国际上主要在工业大麻收获及纤维加工机械方面开展研究，欧美国家研制的工业大麻收获机械正在向大型、高效、智能化的方向发展。欧美种植大麻以药用成分提取和短纤维应用为主，研制与使用的大麻机械有美国、德国、波兰等国的茎秆收获机、茎叶收获机、茎叶籽收获机等。德国莱布尼茨农业工程与生物经济研究所研发了一种新型锤式短纤维剥制生产线，并基于旋转叶轮开发了一个简单但有效的清洁麻屑和纤维混合物分级技术。德国研制的 MCHC3400 工业大麻联合收获机可以对工业大麻的不同部位实现分开收获。HEMPTECHNO 研究了一种大麻精梳机，可以通过梳理未收割的大麻茎来分离叶子和花序。

国外主要是研制大型的收获和剥制机械，相比之下，国内主要研发适合小规模生产的小型农机具，劳动强度高，生产效率低下。

（四）加工技术

国际上麻类加工主要还是在纺织性能改良和新型复合材料方面，纤维的初加工即氧化处理、生物处理以及利用麻类纤维制作氧化纤维素等，创新性地将摩擦电效应引入了苎麻脱胶领域，研究了不同蒸汽压力对蒸汽爆破处理红麻纤维化学和结构性能的影响，研究了纤维保护剂蒽醌在苎麻氧化脱胶过程中的应用。工业大麻作为建筑材料的研发在澳大利亚、欧洲取得较快的进展，将工业大麻麻秆粉碎加上石灰混匀，浇灌成房屋墙体技术的成熟度得到提高，并部分进入实用市场。多用途方面开展了以麦秸、大麻屑和禾本科植物栽培鲍鱼菇基质配方探究。

麻类生物脱胶领域的研究重点集中在高活力高稳定性脱胶酶的分离纯化及生产、脱胶过程中微生物多样性变化规律的探究以及新型脱胶微生物菌种的筛选。重要脱胶酶果胶酶的研究出现了井喷式的爆发，促进了苎麻、亚麻等麻类作物脱胶工艺，对麻类脱胶具有促进作用的木聚糖酶和蛋白酶也是关注热点。筛选出可用于红麻酶法脱胶的高产甘露聚糖酶菌株烟曲霉 R6，可用于麻纤维酶法脱胶的高产木聚糖酶菌株侧耳木霉菌等，分离到一株适用于工业生产中生丝织物和苎麻脱胶的双脂芽孢杆菌（*Bacillus sp.* SM1 strain MCC2138），研究了脱胶菌株 SV11–UV37（*Bacillus tequilensis*）以麦麸为固态发酵基质生产果胶裂解酶的最优培养条件，发明了将果胶酶、半纤维素酶等以一定的比例混合开发出一种独特的苎麻脱胶制剂，探讨了菌株 HDYM-04（*Bacillus licheniformis*）所产脱胶复合酶对亚麻脱胶的作用效果及其对亚麻纤维性能的影响。

与国外相比，国内麻类纤维性能改良与综合利用技术各有特色和亮点。国外在纤维复合材料方面进展很快，而国内则在麻类饲料化和副产物综合利用方面取得较大进展。

三、我国麻类作物学科发展趋势与对策

（一）我国麻类学科发展趋势

1. 麻类育种技术创新与多用途品种选育

当前麻类育种技术还是以传统杂交育种为主，分子育种技术虽然有进展，但主要集中于基因挖掘，对于基因功能研究相对较少。麻类作物目前仅有亚麻转基因平台相对成熟，其他作物都不稳定，这对于基因功能验证与基因编辑来说都是一个瓶颈。今后麻类作物育种的发展趋势是传统育种技术和分子育种技术结合，以高产、优质、饲料化、抗逆以及适于机械化收获为育种目标，选育专用麻类作物品种。

2. 农艺和农机相结合的绿色生产技术

劳动力短缺和成本上升将迫使麻类作物生产过程中使用合适的机械，而研发与机械配套的轻简化栽培模式将是未来麻类作物耕作与栽培研究的主要方向。对环保的更高要求促使在麻类作物的生产中减少化肥和农药的用量，因此，研发麻类作物绿色可持续生产技术也是今后的发展趋势。

3. 麻类清洁化加工技术

作为一种工业原料，原麻需要经过脱胶才能获得精制纤维，传统脱胶使用大量的强酸强碱，产生的废水污染严重。随着环保要求的升级，大量的脱胶厂因为无法达到排放标准而被关闭。因此，研发麻类纤维清洁化加工技术是今后麻类产业复苏的必由之路。

4. 多用途成为产业发展热点

工业大麻在生物制药中的应用成为国际研究和产业发展热点。加拿大、美国和韩国等国家逐步放开工业大麻的限制，实现工业大麻医用合法化，加快了工业大麻产业的结构升级。国内制定了《工业大麻种子 品种》《工业大麻种子 种子质量》和《工业大麻种子 常规种繁育技术规程》3 个系列农业行业标准，为全国工业大麻的品种规范、种植生产和禁毒监管执法提供了标准依据。

麻类作物饲用、油用等多用途研究进一步深入，培育出多个兼用品种；研制出苎麻青

饲料联合收割机，促进农艺农机相结合；亚麻籽油逐渐受到大众青睐。创新麻类副产品梯次利用技术，利用麻类副产品栽培食用菌，菌渣通过二次发酵后制成脱色液，实现了食用菌栽培技术和菌渣的综合利用，拓展资源应用领域。

（二）我国麻类作物学科发展建议

1）以传统杂交育种技术为基础，以分子育种技术为突破口，加强重要功能基因挖掘，建立高效育种技术体系，为新品种选育提供技术支撑，使生物技术在麻类作物育种中转化为生产力。

2）加快优质、丰产、抗病、抗逆、多用途、专用型、适于机械化收获的麻类作物新品种选育，完善麻类作物种子种苗繁育技术，提高繁殖系数，扩大新品种种植规模。

3）加强麻类作物减肥减药节水种植技术研究，开展麻类作物栽培生理、高效水肥利用、病虫草害绿色防控、全程机械化、农机农艺融合等关键技术及配套产品、设备的研究。

4）加强麻类作物在重金属污染耕地、水土流失区、工矿生态修复区、盐碱滩涂地等边际土壤的栽培技术及应用基础研究。

5）加强麻类作物绿色脱胶技术研究，麻类作物副产物资源化利用技术试验示范。

6）加强麻类作物新型膜类产品、纺织原料、制药原料等方面的应用基础研究。

参考文献

［1］ Luan M，Jian J，Chen P，et al. Draft genome sequence of ramie，*Boehmeria nivea*（L.）Gaudich［J］. Molecular Ecology Resources，2018

［2］ Chen K，Luan M，Xiong H，et al. Genome-wide association study discovered favorable single nucleotide polymorphisms and candidate genes associated with ramet number in ramie（*Boehmeria nivea* L.）［J］. BMC Plant Biology，2018，18（1）

［3］ Luan M，Liu C，Wang X，et al. SSR markers associated with fiber yield traits in ramie（*Boehmeria nivea* L. Gaudich）［J］. Industrial Crops and Products，2017，107：439-445

［4］ Tang Q，Zang G，Cheng C，et al. Diplosporous development in *Boehmeria tricuspis*：Insights from de novo transcriptome assembly and comprehensive expression profiling［J］. Scientific Reports，2017，7：46043

［5］ 侯美，高钢，朱爱国，等. 苎麻 BnNRT1.1 基因的克隆及表达特性研究［J］. 中国麻业科学，2018（01）：1-7

［6］ 朱守晶，史文娟，揭雨成，等. 苎麻镉响应转录因子 BnMYB1 的克隆和表达分析［J］. 农业生物技术学报，2018（05）：774-783

［7］ 白杰. 不同红麻品种营养价值的比较及青贮利用技术的研究［D］. 北京：中国农业科学院，2016

［8］ Yang Z，Dai Z，Xie D，et al. Development of an InDel polymorphism database for jute via comparative transcriptome analysis［J］. Genome，2018，61（5）：323-327

［9］ 国家麻类产业技术体系. 中国现代农业产业可持续发展战略研究（麻类分册）［M］. 北京：中国农业出版社，2017

［10］ 姜颖，孙宇峰，韩喜财，等. 大麻 THCA 合成酶基因（CsTHCA）RNA 干扰载体的构建及遗传转化［J］. 植物遗传资源学报，2019，20（01）：207-214

［11］ 金刚，覃旭，龙凌云，等. 剑麻叶绿体基因组编码序列密码子的使用特征［J］. 福建农林大学学报（自然科学版），2018，47（6）：705-710

［12］ 黄兴，陈涛，习金根，等. 剑麻单叶农艺性状与鲜叶产量的相关性研究［J］. 中国麻业科学，2018，40（02）：70-74

［13］ 汤涤洛，涂修亮，付聪，等. 基于高通量测序的苎麻根际土壤真菌群落结构［J］. 西南农业学报，2018（10）：2160-2164

［14］ Gong X, Liu Y, Huang D, et al. Effects of exogenous calcium and spermidine on cadmium stress moderation and metal accumulation in *Boehmeria nivea*（L.）Gaudich［J］. Environmental Science and Pollution Research，2016，23（9）：8699-8708

［15］ 李闯，蒋桂韬，林谦，等. 饲用苎麻对朗德鹅的饲用价值评定［J］. 中国饲料，2016（04）：23-26

［16］ 陈继康，朱娟娟，喻春明，等. 苎麻嫩梢水培育苗技术参数优化［J］. 中国麻业科学，2018（04）：169-174

［17］ Yu Y, Wu G, Yuan H, et al. Identification and characterization of miRNAs and targets in flax（*Linum usitatissimum*）under saline, alkaline, and saline-alkaline stresses［J］. BMC Plant Biology，2016，16（1）

［18］ 张加强，陈常理，骆霞虹，等. 26 份黄麻种质资源产量性状的主成分聚类分析及其评价［J］. 植物遗传资源学报，2016，17（03）：475-482

［19］ 徐云，袁青，胡华冉，等. 低钾胁迫下不同大麻品种的耐性差异研究［J］. 中国麻业科学，2016，38（04）：156-161

［20］ 孙兴荣，卞景阳，郭丽，等. 大麻屑替代稻草栽培大球盖菇试验研究［J］. 黑龙江农业科学，2016（01）：126-128

［21］ 陈璇，郭孟璧，郭鸿彦，等. 主要环境因子对大麻不同发育期四氢大麻酚积累的影响［J］. 西部林业科学，2016，45（03）：44-50

［22］ 李俊峰，周文钊，陆军迎，等. γ 射线辐照对剑麻 H.11648 种子发芽及幼苗生长的影响［J］. 中国麻业科学，2016，38（02）：49-53

［23］ Zeng L, Shen A, Chen J, et al. Transcriptome Analysis of Ramie（*Boehmeria nivea* L. Gaud.）in Response to Ramie Moth（*Cocytodes coerulea* Guenée）Infestation［J］. BioMed Research International，2016，2016：1-10

［24］ 赵铭森，邬腊梅，孔佳茜，等. 除草剂混用对大麻田一年生杂草的防除效果［J］. 山西农业科学，2017，45（01）：105-107

［25］ 邬腊梅，周小毛，李祖任，等. 二甲四氯钠与烯草酮混用对亚麻田杂草的防除效果［J］. 中国麻业科学，2016，38（06）：280-283

［26］ 唐守伟，刘凯，戴求仲，等. 饲用苎麻机械化收获与农艺融合技术研究［J］. 中国麻业科学，2018，40（05）：226-233

［27］ 沈成，陈巧敏，李显旺，等. 苎麻茎秆轴向压缩力学试验与分析［J］. 浙江农业学报，2016，28（04）：688-692

［28］ Meng C, Yang J, Zhang B, et al. Rapid and energy-saving preparation of ramie fiber in TEMPO-mediated selective oxidation system［J］. Industrial Crops & Products，2018，126：143-150

［29］ 周晚来，易永健，屠乃美，等. 根际增氧对水稻根系形态和生理影响的研究进展［J］. 中国生态农业学报，2018，26（03）：367-376

［30］ Tang S X, He Y, Zhang P H, et al. Nutrient digestion, rumen fermentation and performance as ramie（*Boehmeria nivea*) is increased in the diets of goats ［J］. Animal Feed Science and Technology，2019，247：15-22

［31］ Dai Q，Hou Z，Gao S，et al. Substitution of fresh forage ramie for alfalfa hay in diets affects production performance，milk composition，and serum parameters of dairy cows ［J］. Tropical Animal Health and Production，2018

［32］ Li Y，Liu Y，Li F，et al. Effects of dietary ramie powder at various levels on carcass traits and meat quality in finishing pigs ［J］. Meat Science，2018，143：52-59

［33］ Xie C，Gong W，Yan L，et al. Biodegradation of ramie stalk by *Flammulina velutipes*：mushroom production and substrate utilization ［J］. AMB Express，2017，7（1）

［34］ Xie C，Luo W，Li Z，et al. Secretome analysis of *Pleurotus eryngii* reveals enzymatic composition for ramie stalk degradation ［J］. Electrophoresis，2016，37（2）：310-320

［35］ Takáč T，Obert B，Rolčík J，et al. Improvement of adventitious root formation in flax using hydrogen peroxide ［J］. New Biotechnology，2016，33（5）：728-734

［36］ Gabr A，Mabrok H B，Abdel-Rahim E A，et al. Determination of lignans，phenolic acids and antioxidant capacity in transformed hairy root culture of *Linum usitatissimum* ［J］. Nat. Prod. Res.，2018，32（15）：1867-1871

［37］ Banerjee D，Chattopadhyay S K，Chatterjee K，et al. Non-destructive testing of jute-polypropylene composite using frequency-modulated thermal wave imaging［J］. Journal of Thermoplastic Composite Materials，2015，28（4）：548-557

［38］ Boba A，Kostyn K，Preisner M，et al. Expression of heterologous lycopene beta-cyclase gene in flax can cause silencing of its endogenous counterpart by changes in gene-body methylation and in ABA homeostasis mechanism［J］. Plant Physiol Biochem，2018，127：143-151

撰稿人：熊和平　李德芳　朱爱国　陈继康　刘飞虎

杨　明　方平平　易克贤　黄思齐

大麦科技发展报告

大麦不仅是啤酒酿造和饲料加工的主要原料，青藏高原地区更是将青稞（裸大麦）作为主要口粮作物。过去五年，我国大麦年均生产面积基本稳定在 90 万~100 万公顷，总产量 450 万~500 万吨，而大麦年消费量近 1500 万吨，年最大国外进口量超过 1000 万吨。大麦作为非主要农作物的重要补充，在高海拔、寒凉、干旱、盐碱、瘠薄土地利用，应对全球气候变化以及保障区域性粮食安全方面意义重大，是最重要的二倍体麦类作物之一。

近年来，我国在大麦基因组学与种质资源遗传多样性、大麦遗传育种、栽培生理与耕作技术、病虫草害防控以及营养与加工技术研发等领域均有较快发展，在基因组学与遗传研究、栽培生理等方面还取得了突破性研究进展。本文从国内最新科研进展、国内外研究进展比较、产业发展趋势与科技对策三方面进行了总结梳理，以期对未来产业发展提供参考。

一、我国大麦科技重要进展

（一）大麦基因组学及种质资源研究取得重大突破

1. 大麦基因组学研究取得突破性进展

阐明基因组特征，对于加速作物的遗传解析至关重要。由于大麦基因组中转座子和重复序列含量在 80% 以上，使得基因组大小达 5 吉字节，约为水稻基因组的 11 倍，全基因组测序工作难度巨大。随着测序成本的大幅降低和辅助组装技术的不断革新，使得绘制全基因组草图和精细图成为可能。继 2012 年完成大麦品种 Morex 的基因组草图后，2015 年起，中国科学家先后又相继独立完成了拉萨勾芒[1]、藏青 320[2] 两个基因组的测序组装。此外，我国科学家还通过参与国际大麦测序联盟（IBSC）协作完成了 Morex 基因组精细物理图谱的绘制[3]。多个基因组的测序完成，不仅是大麦基因组学研究的里程碑事件，更重要的是为开展基于全基因组的遗传学和分子生物学研究带来了机遇。

2. 种质资源收集保护、起源进化与遗传多样性研究加速

我国持续开展大麦种质资源收集保护，截止到 2018 年我国系统鉴定编目和保存大麦资源总量达到 2.3 万份，其中来源中国的种质 1.3 万份（包括青藏高原半野生大麦种质 0.3 万份），且以六棱裸大麦为主，占比 60.3%；来源于世界其他国家的 1 万份种质基本为皮大麦，二棱皮大麦占比 45.2%。在中国大麦的起源进化方面，最新的基于植物遗存考古学和基于青藏高原大麦基因组学研究结果均表明，大麦在距今 4000~5000 年前传入我国，在复杂多样的生态条件下，经长期的自然选择和人工选择，形成了中国大麦独特的东亚类群和青藏类群[4]。在遗传多样性研究方面，我国科学家与国外合作，利用 Genotyping-By-Sequencing（GBS）简化基因组测序技术，开展了 22626 份库存世界大麦种质基因型分析和遗传多样性研究，明确了世界大麦的遗传多样性本底组成，为未来深入开展泛基因组研究和利用不同基因源进行大麦遗传改良奠定了基础[5]。

（二）大麦遗传研究进一步加强

近年来，我国在大麦重要农艺和品质、养分高效利用、耐盐、耐铝毒、抗逆抗病等性状的 QTL 定位、新基因挖掘以及性状形成的遗传机制与分子调控网络解析方面进展迅速。如在啤酒大麦酿造品质性状研究方面，通过多试点表型—分子标记关联分析，在 2H 上发现 1 个新的麦芽浸出率相关主效 QTL，表型变异解释率高达 48%[6]；通过开展基于代谢组的全基因组关联分析，鉴定出花青素、黄酮等代谢物的高效应遗传位点和候选基因，在 3H 染色体上定位到与类黄酮显著相关的类黄酮代谢途径的关键基因 *C4H* 和 *KFB* 基因[7]。在抗逆性研究方面，通过差异表达谱分析，分离并明确低镉基因在细胞质膜上表达，参与 Zn、Cd 元素的运输与分配[8]；离子组分析发现，地上部 Na 含量差异是导致大麦与水稻耐盐性强弱的关键因素[9]；克隆出在营养组织的细胞膜上表达，在种子中几乎不表达的耐旱相关基因 *HvXTH*，且高亲和钾转运蛋白（HKT）在维持植物细胞内 Na^+/K^+ 平衡中起着关键作用，与植物耐盐性密切相关[10]。此外，还开展了大麦抗条纹、网斑、黄花叶病等 QTL 的定位研究[11-13]。

（三）大麦育种技术创新加速了新品种选育

花粉小孢子培养与加倍单倍体技术的运用日趋成熟，加快了我国大麦育种的进程，关于小孢子培养的机制研究也取得新进展。如植物 LEC 蛋白在植物胚状体形成过程中起重要作用，大麦 *HvLEC1* 基因在整个小孢子培养过程中均能表达，以培养 7 天时表达量最高，且表现出基因型差异，与愈伤产量和盐胁迫反应存在相关性[14]。体细胞胚胎发生相关的 SERK 基因发掘，为进一步开展大麦体细胞胚胎发生受体类蛋白激酶基因家族的功能研究、提高组织培养再生效率提供了线索[15]。

在大麦新品种选育方面，根据不同生态区的生产特点与企业产品加工和原料专业生产定制需求，针对造成我国大麦产品性价比低和市场竞争力弱的栽培品种缺陷，开展了"粮草双高、优质营养、资源高效"新品种选育。2015 年以来共育成通过省或自治区审（认）定大麦和青稞品种 80 个，分别适合于啤酒麦芽、健康食品、饲料、青饲、青贮、青干草等不同用途，满足了不同生态区的生产需求。

（四）栽培生理与生产栽培技术

1. 大麦优质高产形成与抗逆的栽培生理

大麦栽培生理研究方面，研究了不同海拔、水、肥、气等条件下的产量品质形成及其抗逆的生理学基础，为应对未来气候和环境变化给大麦生产带来的影响提前布局。如研究发现，在不同海拔地区，大麦随着海拔高度的增加，植株增高、生育期延长，发芽率和蛋白质含量降低[16]；土壤干旱使根系伸长受到抑制，须根数量增加，根系直径减小，皮层薄壁细胞失水皱缩，髓腔向内折叠塌陷，过氧化氢酶活性下降，脯氨酸大量积累，丙二醛、过氧化氢和超氧阴离子含量上升，但适度干旱一定程度上促进根毛的生长发育和根鞘形成[17]；在磷胁迫下，大麦体内的 MDA 含量升高，SOD、POD 和 CAT 等保护酶活性降低，叶绿素含量减少，但磷高效基因型升降程度明显低于敏感基因型[18]；同样，氮高效基因型与低效基因型在氮胁迫处理后存在差异，灌浆期低氮胁迫，氮高效基因型的硝酸还原酶和谷氨酰胺合成酶的活性显著增强，而氮低效基因型的蔗糖磷酸化酶活性显著降低[19]。CO_2 浓度升高对大麦的植株形态和生理指标影响各异；全生育期高浓度 CO_2 处理，株高、叶面积和分蘖数均有不同水平的增加，叶片净光合速率和水分利用效率提高，而气孔导度和蒸腾速率降低，地上部生物量、单株产量、单株穗数和穗粒数均有明显增加[20]。

2. 创新一批提质增效型生产栽培技术

针对近年来我国农区草食畜牧业发展中，规模化养殖存在的冬、春季青饲料短缺与家畜粪便处理困难的两大问题，在黄淮和南方地区，研究创制出大麦"冬放牧、春青刈、夏收粮"生产，与牛、羊等草食牧畜生态养殖相结合的新型耕作栽培模式和农牧一体化生产技术，平均每亩青饲料产值较单纯粮食生产增收 500 元，冬季放牧每头节约养殖成本约100 元，且大麦生物质经家畜过腹直接还田，减少了粪便堆积和秸秆焚烧造成的环境污染，实现了生态保护和节本增效；研究建立了"青贮大麦—青贮玉米"一年三收栽培技术模式，较"小麦—常规青贮玉米"种植模式每亩增收 300 元以上；此外，还在内蒙古和东北地区，研制出大麦复种燕麦和秋菜等生产技术；在西南地区研制出"果林大麦—畜（鸡、鸭）"生态种养模式；在青藏高原区，建立了"青稞—蚕豆"两年高效轮作和冬青稞复种豆科牧草技术，解决了高原地区、高寒地区优质豆科饲草缺乏和大麦连作障碍问题。

（五）主要病虫草害防控技术取得新进展

开展了全国大麦产区主要病虫害种类、发病程度和危害情况调查，初步实现了病虫害鉴别与动态监测，研制出大麦条纹病、白粉病、赤霉病、黄花叶病、黄矮病、根腐病、条锈病和网斑病抗性鉴定的技术规程。如构建了白粉病菌鉴别寄主，分析了白粉病菌的群体毒性结构，明确了不同地区分离菌株的毒性频率、致病类型和优势菌株；揭示云南作为大麦白粉菌越冬越夏区域，对于与其毗邻西藏地区的白粉菌种群毒性结构具有重要影响；构建了适合中国大麦条锈菌生理小种鉴定的完整鉴别寄主体系；进行了麦长管蚜和禾谷缢管蚜对7种杀虫剂的抗药性监测，发现禾谷缢管蚜对吡虫啉的抗药性以江苏种群的抗性水平最高，氟啶虫胺腈的抗药性除河南西华种群产生低水平抗性之外，总体仍处于敏感水平；河南种群对氯氰菊酯已产生中等水平抗性，江苏和山东种群仍处于敏感水平；对啶虫脒的抗药性仍处于敏感阶段，尚未产生抗药性；对抗蚜威和氧化乐果的抗药性均处于敏感水平，表明这两种农药防治田间禾谷缢管蚜仍具有很好的效果[21-22]；针对内蒙古呼伦贝尔啤酒大麦根腐、叶斑和黑胚等土传、种传病害，筛选出用药量以药/种比1∶300，采用26%吡唑醚菌酯＋咪酰胺（比例=1∶1）拌种和26%吡唑醚菌酯＋咪酰胺＋咯菌腈（比例=15∶4∶7）两种拌种防治方法取得了很好的防治效果；开展了高效低毒植物源药剂（蛇床子素）防治根腐病试验；在甘肃甘南实验发现敌委丹悬浮种衣剂防治青稞云纹病防效最佳、50%多菌灵可湿性粉剂效果较好[23]。

（六）营养成分检测技术研究与产品开发成效明显

开展了生产品种和育种品系的饲用、食用营养和加工品质性状测定。如发现灌浆腊熟前期，全株干草料蛋白质含量达16.22%，较燕麦干草含量高2倍，具有很高的健康营养食品开发和优质饲草生产利用价值；大麦新鲜绿苗每百克干物质，蛋白质含量高达28%，赖氨酸含量高达1.23%，是小麦、谷子、玉米等禾谷类籽粒含量的4倍；初步构建了大麦代谢组数据库，并对氨基酸、核苷酸、黄酮和花青素等进行了鉴定注释，发现了多种不同糖基化、酰基化修饰的母核花青素；发明了一种用微波超声波提取紫青稞色素的方法；进行了青稞主粮食品和发酵饮品生产技术优化、绿苗加工等健康营养食品、配方饲料、青饲麦芽、绿植饲料、发酵饲料和秸秆饲料加工技术创新与产品研制和企业中试；开发出青稞手工拉面、白酒、营养粉、奶渣饼、松茸饼、鲜花饼、红曲醋饮品、奶茶、米糕、红曲酒糟饲料等多种新型加工产品[24]。此外，还研制出大麦中草甘膦残留的便携式快速检测仪器设备，有效保障了大麦绿色生产和食品安全。

二、国内外研究进展比较

（一）遗传育种研究

近年来，国内外大麦遗传研究所采用的研究方法和目标性状大致相同，但国外研究更为系统与深入，尤其是对重要功能基因的克隆和功能验证，原始创新性更加突出，通过遗传研究获得的重要基因 / 标记，在分子辅助育种、全基因组选择等高效育种方法技术中的创新使用更加广泛。如利用抗感杂交群体，定位到位于 1H 染色体 125kb 区域内的抗斑枯病（Spot Blotch）候选基因 Rcs6[25]；通过全基因组关联标记，进行麦芽品质性状选择，发现全基因组选择可以增加选择压和缩短育种年限[26]。此外，基于基因组定向编辑进行遗传改良的技术在大麦中也得到发展，如以调控母育酚代谢关键基因为目标，利用 CRISPR–CAS9 基因编辑技术和基于内源 tRNA 系统的多 sgRNA 串联表达载体，同时实现多个靶位点编辑，为未来大麦遗传改良积累了经验[27]。

（二）栽培耕作技术研究

发达国家通过开展长期定位观测，在对生产要素综合分析的基础上，建立了科学合理的轮作和保护性耕作栽培技术体系，同时还根据大麦产量和不同品质目标研究品种、年份、生态条件与栽培措施、耕作制度及其互作对大麦产量和麦芽品质的影响，我国在大麦的栽培耕作技术研究方面仍处于起步阶段。如加拿大研究人员通过多项试验，集成了苗期追施氮肥、喷施植物生长调节剂和叶面杀菌剂等栽培技术，在 11 个雨养农区和 3 个灌溉农区生产示范，平均增产 9.3%[28]；通过研究不同间作方式对土壤磷的有效性与利用效率的影响，发现与单作相比，大麦种内间作并不增加生物量和磷含量，而大麦 / 豆科间作则可增加 10%~70% 的磷累积量以及 0~40% 的生物量，并且氮效率及大气氮向土壤中的迁移增加[29]；法国研究者分析了 25 年（1989—2013）期间气候因素对该国 35 个省冬大麦产量的影响，将影响法国大麦产量的气候因素组合划分为 4 种"气候—压力模式"，对应不同的产量目标，该模型可以帮助育种者设计出更适合法国冬大麦不同生长区的基因型，同时还可以指导农民针对自己的农场气候条件选择最适合种植的品种[30]；加拿大研究人员开发出一种大麦基因型、生产实践和土壤气候环境如何决定产量、籽粒蛋白含量和籽粒大小的模型，能够准确预测籽粒产量及蛋白质等品质性状[31-32]。

（三）植保技术研究

国外在大麦病虫害发生和传播机制、病害侵染机制等方面研究亮点突出。如研究明确了活性氧在调控植物对活体营养型病原菌的抗性反应以及腐生及兼性寄生病原菌的感病反应中发挥着重要作用[33]；编码细胞质 CuZnSOD 的基因 HvCSD1 参与由兼性寄生菌大麦网斑菌的侵染过程，但对活体营养型白粉菌不起作用[34]；RACB 是调控大麦与白粉菌亲和互作中的高感病因子，参与调控一系列信号传递基因的表达[35]；UDP- 葡糖基转移酶通过对镰刀菌产生的脱氧雪腐镰刀菌烯醇糖基化，提高大麦和小麦赤霉病抗性[36]；大麦的几丁质受体激酶基因（HvCERK1）具有抗赤霉病功能[37]。蚜虫是 BYDV 的生物传媒，大麦在高浓度 CO_2 条件生长，叶片中 BYDV 病毒滴度升高 36.8%，虫媒病毒传播扩散的可能性显著增大[38]。

（四）营养与加工技术研发

国外在大麦的营养、药用临床研究和综合开发开展较早且更加深入，我国在相关研究方面系统性不足，对大众的认知宣传不够。如大麦 β–葡聚糖具有降血脂、降胆固醇、调节血糖、抗肿瘤和预防心血管疾病的作用，得到美国 FDA 和欧洲食品安全协会（EFSA）的认可，国外开发的 β–葡聚糖胶囊、片剂、粉剂和咀嚼片等产品也早已上市；临床研究发现，用大麦代替大米可以有效减少日本人因内脏脂肪过多导致的肥胖[39]；露那辛（Lunasin）是一种活性肽，不仅对转移性结肠癌和乳腺癌具有预防作用，还是一种新型的治疗黑素瘤的靶向药物，在抗类风湿关节炎和提高免疫力方面也有一定功效，大麦品种间露那辛含量变异为 12.7~99 微克／克，具有医药开发价值[40]；大麦的游离酚提取物可提高肝脏超氧化物歧化酶、过氧化氢酶和谷胱甘肽过氧化物酶等抗氧化酶水平，具有预防肝损伤的潜在功效[41]。此外，还有研究发现，大麦秸秆降解物中的多酚类化合物，如肉桂酸、对香豆酸、芥子酸、阿魏酸、咖啡酸和醌等能够抑制藻类和蓝细菌的生长[42]。

三、大麦产业发展趋势与科技展望

随着农业产业结构调整和升级，大麦在传统啤用、饲用和地区主粮消费的基础上，正在向着青饲青贮、绿植营养食品加工、多用途酿造和医药品开发等多元化生产利用方向发展。为满足国内大麦日益增长和多元化的生产消费需求，保障区域性粮食安全，需要在大麦基础理论方面继续进行突破，加快生物技术、精准农业等新技术研究应用，培育多元用途大麦新品种，创新绿色优质高效生产技术，持续提高大麦生产的效率和效益，方可支撑大麦产业健康有序发展。

（一）基因组学及种质资源研究发展趋势与展望

随着基因组学研究的不断深入，单个或几个参考基因组将不能满足发掘全基因组范围结构和功能变异的需要。因此，绘制数十个从各基因池来源的高多态性种质或品种的高质量参考基因组，在此基础上开展泛基因组（Pan-genome）、特定组织器官和发育时期的泛转录组、表观遗传组等相关研究将助力大麦遗传研究大大提速。

优异种质资源的发掘、创制与应用是大麦遗传育种的基础。随着低成本的全基因组分型策略的迅速发展，对库存种质资源全样本开展基因型鉴定评价，并利用迅速发展的表型组、代谢组等新型组学平台，进一步针对精选出的代表性种质开展从基因型到表型（Genotype-to-Phenotype）再到代谢组分和营养品质的精准鉴定、利用大麦野生种开展重驯化或者再驯化、利用大麦野生近缘种拓宽遗传基础等将是未来发展的主要方向。

（二）遗传育种研究发展趋势与展望

作物重要性状形成往往是多基因遗传网络精确调控的结果，因此除继续加强产量、生物量、株型、生态适应性等重要农艺性状和营养、功能因子等品质性状基因克隆、优异等位变异和单倍型发掘外，深入开展相关基因和单倍型遗传规律解析、逆境条件下品质性状的强化、分子育种效应分析是大麦遗传研究的主要方向。

继续针对大麦粮食、健康营养食品、啤酒、饲料和饲草等生产加工不同用途，创新分子设计育种的理论和方法，加快全基因组选择、高频重组、快速育种（speed breeding）、小孢子培养胁迫筛选、加倍单倍体育种、基因组编辑等高效育种技术研发和综合运用，为不同生态区绿色优质、养分高效型育种材料创制或专用新品种的培育提供支撑。

（三）栽培耕作与植保研究发展趋势与展望

继续围绕大麦生产节本增效，开展生理生化和生态学应用基础研究，加强优质、高产、低投入、高效生产技术研究，创新集成精量播种、精准施肥和节水灌溉技术、应对气候变化和环境胁迫的高效防灾减灾技术、减轻高原和丘陵山区关键农艺操作劳动强度和提高生产效率的相关农机具及部分或全程机械化轻简栽培技术；针对我国内陆盐碱地、水涝地、旱坡地、果园林下地、冬闲田和沿海滩涂开发和高原畜牧及乡村家畜、水产养殖冬春季饲草料短缺，利用大麦抗逆性强和生长速度快、再生性好的优点，继续创新集成大麦青饲青贮、冬春放牧等农牧、农渔种养结合耕作生产技术；针对乡村综合体旅游需要，开展大麦田画等立体景观农业研究；针对环境保护和绿色高效生产的需要，加强病虫草害绿色药剂研发、防控技术升级、前茬除草剂影响无公害消解技术、病虫草害药剂安全高效无人机喷施技术等的研发与集成。

（四）加工与食品安全研究发展趋势与展望

针对食物多样与营养健康消费升级需求和促进大麦青稞产区百姓持续增收的需要，充分发掘大麦青稞的食品营养和健康功能因子、开展大麦储藏生理与技术、多元特色产品加工技术、特色大众化新型营养健康食品开发；针对日益严格的食品安全要求，开展农药残留的定量检测体系研发、痕量组分的快速定性分析，发挥高原绿色无污染的生态优势，着力提升大麦青稞产品的附加值。

参考文献

［1］Zeng X，Long H，Wang Z，et al. The draft genome of Tibetan hulless barley reveals adaptive patterns to the high stressful Tibetan Plateau［J］. Proc. Natl. Acad. Sci. U S A, 2015, 112（4）: 1095-100

［2］Dai F, Wang X, Zhang XQ, et al. Assembly and analysis of a qingke reference genome demonstrate its close genetic relation to modern cultivated barley［J］. Plant Biotechnol. J., 2018, 16（3）: 760-770

［3］Mascher M, Gundlach H, Himmelbach A, et al.A chromosome conformation capture ordered sequence of the barley genome［J］. Nature. 2017, 544（7651）: 427-433

［4］Zeng X, Guo Y, Xu Q, et al. Origin and evolution of qingke barley in Tibet［J］. Nat. Commun., 2018, 9（1）: 5433

［5］Milner SG, Jost M, Taketa S, et al. Genebank genomics highlights the diversity of a global barley collection［J］. Nat. Genet., 2019, 51（2）: 319-326

［6］Wang JM, Yang JM, Zhang QS, et al Mapping a major QTL for malt extract of barley from a cross between TX9425 x Naso Nijo［J］. Theor. Appl. Genet., 2015, 128, 943-952

［7］Han Z, Zhang J, Cai S, et al.Association mapping for total polyphenol content, total flavonoid content and antioxidant activity in barley［J］. BMC genomics, 2018, 19（1）: 81

［8］Sun HY, Chen ZH, Chen F, et al. DNA microarray revealed and RNAi plants confirmed key genes conferring low Cd accumulation in barley grains［J］. BMC Plant Biol., 2015, 15, 259

［9］崔君, 金越, 张晓勤, 等. NaCl 胁迫下西藏野生大麦苗期耐盐生理生化机制分析［J］. 杭州师范大学学报（自然科学版）, 2017, 16, 3

［10］Fu MM, Liu C, Wu F.Genome-Wide Identification, Characterization and Expression Analysis of Xyloglucan Endotransglucosylase/Hydrolase Genes Family in Barley（*Hordeum vulgare*）［J］. Molecules, 2019, 24, 1935

［11］张宇. 大麦抗条纹病基因定位及 7H 短臂 SSR 引物开发检测［D］. 兰州: 甘肃农业大学, 2016

［12］孟亚雄, 张海娟, 马小乐, 等. 89 份大麦遗传多样性分析及其网斑病抗性位点相关 SSR 标记筛选［J］. 农业生物技术学报, 2016, 24, 1820-1830

［13］马骏. 大麦黄花叶病的抗性遗传分析及抗性 QTL 的初步定位［D］. 扬州: 扬州大学, 2016

［14］李颖波, 郭桂梅, 刘成洪. 大麦 HvLEC1 基因的克隆及其表达特征分析［J］. 植物遗传资源学报, 2016, 17, 732-737

［15］Li Y, Liu C, Guo G, et al. Expression analysis of three SERK-like genes in barley under abiotic and biotic stresses［J］. J. Plant Interact., 2017, 12, 279-285

［16］郭铭, 闫栋, 马增科, 等. 不同海拔地区对大麦农艺性状和品质的影响［J］. 大麦与谷类科学, 2017, 34, 22-29

［17］潘晓迪, 张颖, 邵萌, 等. 作物根系结构对干旱胁迫的适应性研究进展［J］. 中国农业科技导报, 2016, 19, 51-58

［18］陈海英, 余海英, 陈光登, 等. 低磷胁迫下磷高效基因型大麦的根系形态特征［J］. 应用生态学报, 2015, 26, 3020-3026

［19］Shah J M. 野生大麦和栽培大麦氮利用效率差异的生理与分子机理［D］. 杭州: 浙江大学, 2016

［20］郭艳亮, 王晓琳, 张晓媛, 等. 田间条件下模拟 CO_2 浓度升高开顶式气室的改进及其效果［J］. 农业环境科学学报, 2017, 36, 1034-1043

［21］张帅, 高希武, 张绍明, 等. 氟啶虫胺腈对麦蚜的防治效果［J］. 植物保护, 2016, 42, 229-232

［22］鲁艳辉, 高希武. 常用杀虫剂对麦长管蚜和禾谷缢管蚜羧酸酯酶活性的抑制及对高效氯氰菊酯的增效作用［J］. 昆虫学报,（2016）59, 1151-1158

［23］柳慧玲. 甘南州青稞云纹病的发生与防治［J］. 农业科技与信息, 2017, 4, 75

［24］周智伟, 刘战民, 周选围. 青稞加工制品研究进展［J］. 粮油食品科技, 2018, 26, 11-16

［25］Gyawali S, Chao S, Vaish SS, et al Genome wide association studies（GWAS）of spot blotch resistance at the seedling and the adult plant stages in a collection of spring barley［J］. Mol. Breed, 2018, 38, 62

［26］ Schmidt M，Kollers S，Maasberg-Prelle A，et al. Prediction of malting quality traits in barley based on genome-wide marker data to assess the potential of genomic selection［J］．Theor. Appl. Genet.Theor. Appl. Genet.，2016：129，203-213

［27］ Gasparis S，Kala M，Przyborowski M，et al.A simple and efficient CRISPR/Cas9 platform for induction of single and multiple，heritable mutations in barley（ *Hordeum vulgare* L.）［J］．Plant Methods，2018，14，111

［28］ Neumann K，Zhao YS，Chu JT，et al. Genetic architecture and temporal patterns of biomass accumulation in spring barley revealed by image analysis［J］．BMC Plant Biol.，2017，17，137

［29］ Darch T，Giles CD，Blackwell MSA，et al. Inter- and intra-species intercropping of barley cultivars and legume species，as affected by soil phosphorus availability［J］．Plant Soil，2018，427，125-138

［30］ Beillouin D，Jeuffroy MH，Gauffreteau. A Characterization of spatial and temporal combinations of climatic factors affecting yields：An empirical model applied to the French barley belt［J］．Agr Forest Meteorol，2018，262，402-411

［31］ Thompson LA，Strydhorst SM，Hall LM，et al. Effect of cultivar and agronomic management on feed barley production in Alberta environments［J］．Can. J. Plant Sci.，2018，98，1304-1320

［32］ Beillouin D，Leclere M，Barbu CM，et al.Azodyn-Barley，a winter-barley crop model for predicting and ranking genotypic yield，grain protein and grain size in contrasting pedoclimatic conditions［J］．Agr Forest Meteorol，2018，262，237-248

［33］ Lehmann S，Serrano M，L'Haridon F，et al. Reactive oxygen species and plant resistance to fungal pathogens［J］．Phytochemistry，2015，112，54-62

［34］ Lightfoot DJ，McGrann GR，Able AJ. The role of a cytosolic superoxide dismutase in barley-pathogen interactions［J］．Mol. Plant Pathol.，2017，18，323-335

［35］ Scheler B，Schnepf V，Galgenmuller C，et al. Barley disease susceptibility factor RACB acts in epidermal cell polarity and positioning of the nucleus［J］．J. Exp. Bot. 2016，67，3263-3275

［36］ Li X，Michlmayr H，Schweiger W，et al. A barley UDP-glucosyltransferase inactivates nivalenol and provides Fusarium Head Blight resistance in transgenic wheat［J］．J. Exp. Bot.，2017，68，2187-2197

［37］ Karre S，Kumar A，Dhokane D，et al. Metabolo-transcriptome profiling of barley reveals induction of chitin elicitor receptor kinase gene（HvCERK1）conferring resistance against *Fusarium graminearum*. Plant Mol. Biol.，2017，93，247-267

［38］ Vassiliadis S，Plummer KM，Powell KS，et al. Elevated CO_2 and virus infection impacts wheat and aphid metabolism［J］.Metabolomics，2018，14，133

［39］ Aoe S，Nakamura F，Fujiwara S. Effect of wheat bran on fecal butyrate-producing bacteria and wheat bran combined with barley on bacteroides abundance in Japanese healthy adults［J］．Nutrients，.2018，10（12）

［40］ Hsieh CC，Martinez-Villaluenga C，de Lumen BO，et al.Updating the research on the chemopreventive and therapeutic role of the peptide lunasin［J］．J. Sci. Food Agric.，2018，98，2070-2079

［41］ Quan MP，Li Q，Zhao P，et al.Chemical composition and hepatoprotective effect of free phenolic extract from barley during malting process［J］．Sci. Rep.，2018，8，4460

［42］ Mecina GF，Dokkedal AL，Saldanha LL，et al. Response of Microcystis aeruginosa BCCUSP 232 to barley（ *Hordeum vulgare* L.）straw degradation extract and fractions［J］．Sci. Total Environ.，2017，599，1837-1847

撰稿人：张　京　郭刚刚

甘薯科技发展报告

　　我国是世界上最大的甘薯生产国，据世界粮农组织统计，近年我国种植面积稳定在340万公顷左右，约占全球种植面积的40%；总产量保持在7200万吨以上，约占世界总产量的65%；鲜薯单产每公顷平均为21.3吨，相当于世界水平的1.7倍[1]。但是，据国家甘薯产业技术体系调查统计，近年来我国甘薯种植面积稳定在400万公顷以上，总产量1亿吨左右，每公顷单产在22吨以上[2]。甘薯具有独特的保健功能已被广泛认可，其超高产、耐旱、耐瘠薄、适应性广、生产周期短等特点，已成为贫困地区脱贫致富的优势作物。近年来，甘薯学科在甘薯种质资源、品种、栽培、病虫害防控、贮藏加工等领域获得了较大进展。

一、我国甘薯学科发展现状

　　甘薯作为高度杂合的六倍体作物，遗传背景复杂，限制了甘薯生物学的发展。近年来，随着组学发展，甘薯在耐逆抗病、块根发育、品质等基因挖掘及机制研究方面进展较大。甘薯育种处于国际领先地位，且顺应市场需求培育了一批专用型品种，并配套了不同区域的栽培及病虫害防治措施，加工产品及技术也逐步与国际接轨。

（一）最新研究进展

1. 甘薯种质资源评价与利用取得较大进展

　　截至2018年年底，国家甘薯种质库徐州试管苗库已保存甘薯种质资源1830份，包括16个种，70份近缘野生种资源；国家甘薯种质广州圃现保存甘薯种质资源1370份（库、圃保存材料有部分重复）。2017年中德科学家合作绘制了六倍体甘薯的基因组图谱，并推测现今栽培甘薯为野生二倍体与四倍体杂交加倍形成六倍体[3]。2018年，美、中等六国共同绘制出三浅裂野牵牛（*Ipomoea trifida*）和三裂叶薯（*Ipomoea triloba*）两个甘薯二倍体野生种的高质量基因组图谱，为六倍体甘薯改良提供了有力的基因组参考[4]。利用代谢组分析了不同肉色甘薯代谢物差异[5]。

利用不断更新的基因组及转录组信息库，我国科学家开展了深度的基因挖掘和功能验证。发现 MADS-box 家族基因 *IbFLC-LIKE* 通过调控细胞分裂素含量影响甘薯块根的发育[6]。在甘薯中过表达 *CuZnSOD-APX*[7]、*IbGGPS*[8]、*IbMIPS1*[9]、*IbCBF3*[10]、*IbLCYB2*[11]、*IbARF5*[12]等基因可以提高甘薯对生物或非生物胁迫的抗性；*IbAATP*、*IbSnRK1* 基因与甘薯淀粉含量及品质相关[13-14]。

在核心种质构建和分子标记辅助育种方面，基于 SLAF 测序对甘薯核心种质资源群体结构和遗传多样性进行了全基因组评估[15]。利用 30 对 SSR 引物对 380 个甘薯种质材料进行了遗传多样性分析[16]，构建了 203 个甘薯品种的 SSR 指纹图谱[17]。采用 856 对 SRAP 引物对漯徐薯 8 和郑薯 20 杂交 F1 代的 240 个株系进行分析，构建了两个亲本的遗传连锁图谱[18]。

2. 育成品种专用化程度进一步提高

在实生种子育苗方法、干物率快速测定方法、快速育种方法等方面获得了发明专利；研究发现 $^{60}Co-\gamma$ 射线辐照处理萌芽块根是改良甘薯品种的一种有效手段；尝试在中国北方利用人工气候室进行甘薯冬季制种，并取得了初步成功。利用灰色关联度多维综合评估法可科学评估食用品种综合性状指标[19]。

我国甘薯育种整体水平居世界领先，近年来在优质食用型、淀粉型、特用加工型（高花青素、高胡萝卜素）、菜用型等品种选育上育成较多种类品种，基本上满足了产业发展的需要。2016 年 32 个品种通过国家新品种鉴定。此外有一大批品种通过省（市、区）级审（鉴、认）定。2017 年实行品种登记制度以来，已登记品种 123 个。根据 2017 年全国 25 个省（市、自治区）442 个固定调查点资料分析，目前我国种植的甘薯品种繁多，共205 个，按照用途大致分为鲜食型甘薯、淀粉型甘薯、紫薯型甘薯三大类，其中鲜食型甘薯种类最为丰富，数量达到116 个，占比56.6%；淀粉型56 个，占比27.3%；紫薯型33 个，占比 16.1%。

3. 甘薯栽培技术由高产向高效发展

国内关于甘薯栽培生理的研究主要集中于不同施肥种类（无机化肥、腐植酸、缓释肥、微肥等）、方式对产量、品质及肥料利用效率的调控，不同品种营养元素吸收利用特性，抗旱品种筛选评价及抗旱生理机制，种植密度、覆膜等栽培模式对甘薯生长及产量等的影响，针对不同薯区以及土壤类型形成了减氮、增钾的施肥指导意见，对甘薯绿色轻简化栽培研究亦更加深入。栽培生理研究上，外源 ABA 可提高苗期叶片和根系的抗氧化酶系统的防御能力[20]；叶片 K^+/Na^+ 比值可作为甘薯耐盐性田间筛选的参考指标[21]。利用非损伤微测技术测定不同倍性甘薯野生种及栽培种根系钾钠平衡，揭示了多倍体能够更好地适应盐胁迫环境[22]。栽培措施研究上，下层土壤厚度减少有利于产量的提高，过高的土壤容重不利于产量增加[23]；叶面施硒显著提高紫甘薯块根中的粗蛋白含量[24]；生物菌肥显著提高甘薯的结薯数和产量[25]；在栽培模式研究上，不同甘薯品种具有不同的适宜栽插密度，水平栽的产量和商品薯率高于直栽和斜栽[26]；覆盖地膜显著增加产量和经济效益，且雨季揭膜是提高产量的关键[27]。新近研发的自走式甘薯剪苗机，机具作业幅宽1.3米，前进速度0~8米/分钟可调，可适应种苗的剪苗作业和菜用甘薯茎尖的采收。将无人驾驶自走式技术引入微小型多功能作业机。我国的甘薯生产机械化虽然有较大发展，但无论与发达国家比或是与国内大宗粮食作物比，其研发与推广仍然相对落后。

4. 甘薯健康种薯种苗评价和繁育技术日趋完善

甘薯卷叶病毒是近几年引起我国甘薯叶片上卷及减产最严重的甘薯双生病毒，研究表明其外壳蛋白基因具有遗传多样性，需有针对性地检测和防治[28]。国内在甘薯病毒病产量损失研究、病毒检测技术、茎尖脱毒培养和快繁等方面取得一定进展。通过不同时期嫁接感染病毒对甘薯产量的影响，建立了病情指数与产量损失率之间的关系模型，为病毒病的产量损失估计提供了依据[29]；建立了一种快速、高效检测甘薯羽状斑驳病毒的方法[30]；建立了二次剥尖脱毒技术。

建立了黑斑病评价方法，获得甘薯黑斑病具有较好生防作用的菌株[31]；证明壳聚糖可有效控制甘薯贮藏期黑斑病的发生[32]。明确甘薯中对线虫具有高效引诱能力的物质，筛选到噻唑膦、阿维菌素可防治腐烂茎线虫[33]；明确甘薯茎腐病是一种细菌病害，0.3%四霉素水剂、72%农用链霉素可溶性粉剂对其抑制效果显著[34, 35]。研究了蚁象对不同甘薯气味挥发物的反应及气味结合蛋白的特性，提出了综合防治方法[36, 37]。

5. 甘薯产后加工技术向精深发展

甘薯淀粉加工副产物综合利用依然是目前甘薯淀粉加工领域的研究热点，利用淀粉加工废渣（水）制备膳食纤维、低聚糖、果胶、乳酸、乙醇、蛋白、多糖等。优化了甘薯多糖提取工艺[38]。在营养评价方面，通过主成分分析、灰色关联度多维综合评估分析、质地分析、高效液相色谱分析等方法分别建立了甘薯综合品质、熟化甘薯、菜用甘薯、紫甘薯等品质评价方法。建立快速无损甘薯分级技术[39]，研制了新型节能型甘薯贮藏库、甘薯越冬贮藏大棚等设施。成功开发甘薯纳米淀粉、淀粉磷酸双酯等淀粉衍生物[40, 41]。研发出颗粒全粉、花青素、类胡萝卜素、茎叶绿原酸、甘薯蛋白酶解产物等生产技术。甘薯种植可对镉污染土壤进行治理[42]。表明甘薯膳食纤维具有铅清除能力[43]，紫甘薯花青素对心血管、肝脏、神经等具有保健作用[44, 45]。

（二）阶段性科技成果

1. 合作完成两个高质量甘薯野生种全基因组图谱[3]

美国康奈尔大学和江苏徐州甘薯研究中心共同设计并联合多国科学家共同绘制了2个高质量甘薯二倍体近缘野生种基因组图谱，再次揭示了其物种起源的复杂历史，为栽培种甘薯遗传改良提供了基因组学研究工具，为甘薯分子设计育种奠定基础。通过二代和三代测序技术，组装得到的三浅裂野牵牛（*Ipomoea trifida*）和三裂叶薯（*Ipomoea triloba*）的基因组大小均为 460 Mb 左右，各含有大约 32 300 和 31 400 个蛋白质编码基因。通过比较基因组学，揭示甘薯组植物在远古时期全基因组三倍化过程，并发现甘薯属三倍化造成某些基因拷贝数增加可能与甘薯块根发育相关。本研究表明栽培甘薯至少来源于两个明显不同祖先种遗传群体，系统发育分析正明甘薯同源、异源六倍体假说需要进一步研究。

2. 甘薯专用化品种及配套栽培技术推广取得较大进展

以专用品种选育为突破口，以"品种培育—标准化栽培"关键技术创新为主线，开展了高效育种技术、新品种培育、标准化栽培等系统研究。"一季薯干超吨栽培技术"支撑全国三大薯区的大范围内薯干亩产稳步超吨，2015 年创 1500 公斤。"丘陵薄地产量倍增技术"推动薯干产量由以前的亩产 400 公斤跃升至 2015 年的 1200 公斤，推动了"商薯 19""徐薯 22""济薯 25"等为核心的淀粉型品种的推广应用。十三五以来，以鲜食品种提质增效为目标，形成了以"龙薯 9 号""烟薯 25""济薯 26""普薯 32""广薯 87""苏薯 8 号"等鲜食型品种为主的"甘薯茎线虫病综合防控技术"国家主推技术以及"鲜食甘薯提质增效综合栽培技术""四川地区甘薯一年两季高产高效种植新技术""甘薯'一水一膜'节水高效栽培模式"等省级主推技术。

二、国内外研究进展比较

从现有资料分析我国是甘薯研发强国，研发人员和机构数量都占有绝对优势，甘薯学科的综合实力领先于世界水平。国际马铃薯中心在种质资源保存利用方面处于领先地位。我国在育种领域处于领先水平，中国及发达国家均将品质改良作为重点。国内对氮磷钾养分利用研究较多，并注重品质形成机理研究，国外学者在养分管理方面研究较少。国内学者针对甘薯种薯苗健康生产及病虫害开展了广泛的研究，但机制研究较少。机械化及加工水平我国仍落后于日本等发达国家。

1. 我国种质资源功能基因发掘及遗传图谱构建居国际领先水平

国际马铃薯中心以保存 70 个种的近 8000 份甘薯种质资源仍居世界首位，印度以近 4000 份资源紧随其后，我国现已超过日本和美国居世界第三位。基因组学研究是近年来的热门领域，国际上利用迅速发展的组学技术利用组学技术研究不同形态根[46]、不同生态环境甘薯[47]蛋白表达和基因及代谢差异，明晰甘薯及其近缘野生种块根发育机制[48]。比较根结线虫不同抗性品种须根，研究抗病机制[49]。报道了甘薯近缘野生种三浅裂野牵牛（*Ipomoea trifida*）两个不同材料全基因组序列及 SNP 和拷贝数变异[50]。绘制了牵牛花（*Ipomoea nil*）的基因组图谱，发现 Tpn1 家族的转座子是牵牛花突变的主要诱变剂，并且与矮秆基因 *CONTRACTED* 作用相关[51]。

在甘薯中检测到外源农杆菌 DNA 片段是由于农杆菌和甘薯野生祖先互作的结果，科学家认为这个新发现证明了在作物进化过程中转基因可以自然发生[52]。过表达 *IbOR*、*IbMYB1* 显著提高了转基因甘薯块根中胡萝卜素含量[53]；过表达 *CuZnSOD* 和 *APX* 基因提高了转基因甘薯对空气 SO_2 污染而引起的氧化胁迫的抗性[54]；针对不同基因的 RNAi 可提高转基因甘薯的 β–胡萝卜素的含量及非洲甘薯象甲的抗虫性[55, 56]。*IbLEA14*[57]、*XvAld1*[58]、*IbC3H18*[59] 提高甘薯的耐逆性；过表达大麦 *HvNAS1* 可提高甘薯缺铁胁迫[60]；将 *OsZIP4* 基因导入甘薯用以提高家畜和人类锌营养[61]。

利用分子标记技术，构建整套同源连锁群的甘薯高密度 SNP 和 EST–SSR 标记遗传图谱[62, 63]；鉴定出与甘薯蚁象和病毒抗性相关的 SSR 标记[64, 65]；分析非洲、美国甘薯栽培种的多样性[66, 67]。

2. 国际上对专用品种的品质要求依然较高，中国也正注重专用品种品质提升

日本辐照育种选育直立高产品系[68]，非洲注重橘黄肉甘薯的推广。美国育成了 6 个景观用甘薯，1 个高产红心甘薯。非洲学者筛选到 1 个抗蚁象的品种 Bohye。莫桑比亚筛选到 1 个耐旱耐贮、高出苗率的品种 Caelan。国际马铃薯中心在高淀粉橘色薯肉甘薯品种的选育与推广做出了突出成绩，获得 2016 年度世界粮食奖。

3. 我国甘薯栽培机械化、自动化、信息化技术研究和利用与发达国家差距明显

国际上甘薯栽培技术相关文献较少。主要关注肥料、植物生长调节剂对产量与品质的改善及逆境胁迫生理研究等。土壤温度、肥水运筹、密度等因素都一定程度影响甘薯的产量。喷施茉莉酮酸甲酯、水杨酸和 ABA 等调节剂后，块根类黄酮、花青素及 β–胡萝卜素含量显著提高[69]。建立了甘薯单株产量与农艺性状指标的回归方程用于预测单株产量[70]。

大型机械以美国农场应用的较为先进，小型机械以日本为代表，发展中国家的机械化普及率低。美、日等国甘薯机械化生产技术较为成熟，已实现自动化技术、信息技术与传统生产机械相衔接。

4. 我国注重健康脱毒种薯种苗繁育技术研发，国内外病虫害致病机理及生物防治研究互有侧重

国际上甘薯病毒研究在重要基因功能、种子传毒和病毒种类鉴定等方面取得了重要进展。多国学者报道了本国发现的甘薯褐绿斑病毒、卷叶病毒、羽状斑驳病毒、G 病毒、明脉病毒、杆状病毒 A 等全长序列或部分序列；并对部分发现病毒与已知甘薯病毒全序列进行了系统发育关系和进化的探讨[71]，非洲甘薯病毒病发生较严重[72]。其中发现负向选择只引起各病毒基因氨基酸很小的改变，这也是各病毒基因进化缓慢的原因所在[73]。通过系统地理学法分析发现甘薯双生病毒可作为追溯甘薯来源的重要分子标记[74]。我国学者也对甘薯病毒病发生防治进行了深入研究，研究水平达到了国际领先水平。国际上对甘薯蚁象研究较多，对其行为学、种群分布、传播途径、防治方法等进行了研究，发现至少

19 种雌虫行为模式和 21 种雄虫行为模式，筛选出对甘薯蚁象高毒力的绿僵菌菌株[75-78]。另外还对蛴螬、金龟子等生物防治进行了研究。

5. 国际甘薯贮藏加工领域研究广泛深入，我国还需加强研发力度

国际甘薯贮藏与加工技术领域的研究主要涉及贮藏、淀粉、乙醇发酵、品质评价、质量安全及花青素、多酚等。甘薯淀粉可作为冷藏虾保鲜涂层组分[79]；甘薯改性淀粉可替代脂肪用于冰激凌生产[80]；通过淀粉酶提高了麦芽糖含量改善甘薯食用品质[81]；开发了红心甘薯面包、无添加剂干燥的甘薯条、紫薯饮料等；利用 GC–MS 对甘薯等根茎类作物中 150 种农药残留进行检测[82]；评价了甘薯及其提取物保护血管、调节脂代谢、抗癌等保健作用[83, 84]。

三、甘薯学科发展趋势及展望

未来 5~10 年，我国需加大与国际机构合作力度，加大优异资源引进与创制，加强现代育种技术与基础理论研究，加快生物技术在育种中的应用，培育专用甘薯新品种，创新绿色高效生产技术，尤其在全程机械化方向需加大研发投入，同时需要在加工领域继续提升，以引领甘薯产业发展。

（一）未来 5 年发展目标

1. 加大优异种质资源引进和创制力度

甘薯起源于中南美洲，我国种质资源保存数量和种类少，鉴定水平低，极大影响了甘薯品种改良速度。通过与国际马铃薯中心和中南美国家合作，引进甘薯优异资源和精准鉴定，利用远缘杂交、基因工程和分子标记育种等技术手段，拓宽遗传基础、创制优异种质。

2. 重点培育专用新品种

甘薯育种目标与方向随着市场和消费者需求的改变而变化。淀粉加工型品种由注重提高淀粉含量向提高含量和品质并重转变；食用型品种从高产食用向优质保健食用及加工用转变，尤其是食用型紫薯的保健功效愈来愈受到广大消费者青睐；菜用型（茎尖）甘薯和观赏甘薯作为新类型发展迅速。

3. 推进环境友好轻简化栽培技术研发，探索信息化、自动化、精准化栽培技术

因地制宜选用专用型品种，结合测土配方施肥，应用垄膜一体机，适时足墒起垄覆膜或加铺设滴灌带，实现水肥一体化调控，采用切蔓机收取地上部分，收获机械进行破垄收获，形成系列机械配套轻简化为核心的甘薯垄膜轻简化高产栽培模式。

4. 完善健康种薯种苗繁育及病虫草害综合防控技术体系

近年来甘薯规模化种植发展迅速，健康种薯种苗供应已经不能满足市场需要，出现了

远距离调运现象，导致了南北病害混发的局面。产业发展急需引导优势产区因地制宜建立区域化脱毒种薯种苗繁育基地，形成健康的区域化的供应体系，以保障甘薯产业的健康可持续发展。针对不同薯区的不同主要病害，选用抗病品种、结合农艺措施和物理化学防控综合技术，建立甘薯病虫草害绿色防控体系。安全使用除草剂也是一个亟待解决的问题。

5. 提升贮藏和加工技术水平

随着甘薯集约化规模化种植，甘薯贮藏量逐年上升，但是规模化贮藏设施和技术很不完善，贮藏损失较大。未来急需完善规模化贮藏技术，以减少储藏损失。加工技术和产业的发展是推动整个甘薯产业发展的动力，应加快加工领域的研发，逐步与国际接轨。

（二）发展趋势预测

1. 甘薯新种质创制和专用品种选育水平大幅度提升

未来 5 年，甘薯种质资源总量要突破 2000 份，尤其近缘野生种数量获得较大提高。创制一批抗逆、优质的新种质。创新育种新技术，培育一批淀粉型、食用型、食用紫薯、高花青素型、叶菜型和观赏型专用品种，以满足市场上对甘薯专用型品种不同需求。

2. 甘薯生产全程机械化逐步实现

全程机械化是产业发展的必然趋势。随着劳动力成本越来越高，甘薯栽插机械化已成为甘薯规模化、集约化发展的制约因素，开展适宜机械化品种的选育与农机农艺融合技术研发，实现甘薯生产全程机械化，会带来甘薯生产里程碑式跨越发展。

3. 甘薯产后加工技术与国际接轨

甘薯已从主粮过渡到满足人民多元化需求的经济作物，成为食物多元化生活中健康保健食品。必将会有越来越多的研究团队和社会力量研发加工产品种类，产品附加值将进一步提高，产后加工技术将有望与日本、欧美等发达国家看齐。

（三）研究方向与项目建议

甘薯倍性高、遗传背景复杂，国际上可借鉴的理论和技术较少，致使甘薯基础研究相对滞后，甘薯突破性品种选育和相关产业发展需要的许多重大关键技术有待解决；为充分发挥甘薯在全球农业"一带一路"战略与供给侧结构性改革的优势，提高我国甘薯科研和产业的竞争力，按照"加强基础研究、突破前沿技术、创制重大品种、引领现代产业"的总体思路，将甘薯基础研究、应用基础研究和重大品种培育列入国家重点研发计划。重点开展甘薯全基因组及功能基因组研究与应用、甘薯栽培种建成及系统演化规律、甘薯块根发育及重要性状形成的分子基础、重大品种培育等研究。

1. 研究方向

1）甘薯及其近缘种的优异基因的挖掘、鉴定、创新和利用技术研究；

2）甘薯重要性状遗传规律、现代育种技术研发与创新以及专用型新品种选育；

3）甘薯产量和品质形成机理及绿色栽培技术研究。

2. 项目建议

1）甘薯及其近缘野生种泛基因组测序和重测序，全基因组关联分析，优异基因的挖掘、鉴定、创新与利用；

2）甘薯现代育种技术研发与创新（高效转基因技术、分子标记技术、分子设计育种技术、倍性育种技术等）和高产优质多抗专用型新品种选育；

3）甘薯品质调控技术研发与集成；

4）甘薯重大病虫害成因和预警及防控技术。

参考文献

［1］ FAO. FAOSTAT agriculture data［EB/OL］. 2015-2017.http：//www.fao.org/faostat/en

［2］ 农业农村部科技教育司，财政部教科司，农业农村部科技发展中心. 中国农业产业技术发展报告2017［R］. 北京：中国农业科学技术出版社，2017

［3］ Yang J，Moeinzadeh M，Kuhl H，et al. Haplotype-resolved sweet potato genome traces back its hexaploidization history［J］. Nature plants，2017，3（9）：696-703

［4］ Wu S，Lau K H，Cao Q，et al. Genome sequences of two diploid wild relatives of cultivated sweetpotato reveal targets for genetic improvement［J］. Nature communications，2018，9（1）：4580

［5］ Wang A，Li R，Ren L，et al. A comparative metabolomics study of flavonoids in sweet potato with different flesh colors（Ipomoea batatas（L.）Lam）［J］. Food chemistry，2018，15；260：124-134

［6］ Dong T，Song W，Tan C，et al. Molecular characterization of nine sweet potato（Ipomoea batatas Lam.）MADS - box transcription factors during storage root development and following abiotic stress［J］. Plant breeding，2018，137（5）：790-804

［7］ Yan H，Li Q，Park S，et al. Overexpression of CuZnSOD and APX enhance salt stress tolerance in sweet potato［J］. Plant physiology and biochemistry，2016，109：20-27

［8］ Chen W，He S，Liu D，et al. A sweetpotato geranylgeranyl pyrophosphate synthase gene，IbGGPS，increases carotenoid content and enhances osmotic stress tolerance in Arabidopsis thaliana［J］. PLoS One，2015，10（9）：e137623

［9］ Wang F，Zhai H，An Y，et al. Overexpression of IbMIPS1 gene enhances salt tolerance in transgenic sweetpotato［J］. Journal of integrative agriculture，2016，15（2）：271-281

［10］ Jin R，Kim B H，Ji C Y，et al. Overexpressing IbCBF3 increases low temperature and drought stress tolerance in transgenic sweetpotato［J］. Plant physiology and biochemistry，2017，118：45-54

［11］ Kang C，Zhai H，Xue L，et al. A lycopene β-cyclase gene，IbLCYB2，enhances carotenoid contents and abiotic stress tolerance in transgenic sweetpotato［J］. Plant science，2081，272：243-254

［12］ Kang C，He S，Zhai H，et al. A sweetpotato auxin response factor gene（IbARF5）is involved in carotenoid biosynthesis and salt and drought tolerance in transgenic Arabidopsis［J］. Frontiers in plant science，9：1307

［13］ Wang Y，Yan L I，Zhang H，et al. A plastidic ATP/ADP transporter gene，IbAATP，increases starch and amylose contents and alters starch structure in transgenic sweetpotato［J］. Journal of integrative agriculture，2016，15（9）：1968-1982

［14］ Ren Z，Zhao H，He S，et al. Overexpression of IbSnRK1 enhances nitrogen uptake and carbon assimilation in transgenic sweetpotato［J］. Journal of integrative agriculture，2018，17（2）：296-305

［15］ Su W，Wang L，Lei J，et al. Genome-wide assessment of population structure and genetic diversity and development of a core germplasm set for sweet potato based on specific length amplified fragment（SLAF）sequencing［J］. PloS one，2017，12（2）：e172066

［16］ Yang X，Su W，Wang L，et al. Molecular diversity and genetic structure of 380 sweetpotato accessions as revealed by SSR markers［J］. Journal of integrative agriculture，2015，14（4）：633-641

［17］ Meng Y，Zhao N，Li H，et al. SSR fingerprinting of 203 sweetpotato（Ipomoea batatas（L.）Lam.）varieties［J］. Journal of integrative agriculture，2018，17（1）：86-93

［18］ Li A，Qin Z，Hou F，et al. Development of molecular linkage maps in sweet potato（Ipomoea batatas L.）using sequence - related amplified polymorphism markers［J］. Plant breeding，2018，137（4）：644-654

［19］ 辛国胜，韩俊杰，周洪军，等. 灰色多维综合分析在食用型甘薯品种评价中的应用［J］. 山东农业科学，2016，48（02）：15-18

［20］ 张海燕，段文学，董顺旭，等. 苗期干旱胁迫条件下外源 ABA 对甘薯膜透性和抗氧化酶系统的影响（英文）［J］. 华北农学报，2018，33（02）：177-187

［21］ Liu Y，Yu Y，Sun J，Cao Q，et al. Root-zone-specific sensitivity of K+-and Ca2+-permeable channels to H2O2 determines ion homeostasis in salinized diploid and hexaploid Ipomoea trifida［J］. Journal of experimental botany，2019，70：1389-1405

［22］ 段文学，张海燕，解备涛，等. 甘薯苗期耐盐性鉴定及其指标筛选［J］. 作物学报，2018，44（08）：1237-1247

［23］ 丁祎，张昊，王季春，等. 下层土壤厚度及容重对甘薯根系和块根质量的影响［J］. 西南大学学报（自然科学版），2018，40（05）：1-7

［24］ 侯松，田侠，刘庆. 叶面喷施硒对紫甘薯硒吸收、分配及品质的影响［J］. 作物学报，2018，44（03）：423-430

［25］ 贾峥嵘，李江辉，武宗信，等. 生物菌肥对甘薯产量、品质及经济效益的影响［J］. 山西农业科学，2018，46（09）：1506-1508

［26］ 胡启国，储凤丽，王文静，等. 栽插方式和栽插密度对甘薯产量形成及结薯习性的影响［J］. 山西农业科学，2018，46（05）：763-766

［27］ 陈根辉，郭其茂，林子龙，等. 不同地膜覆盖对甘薯龙薯 28 号性状和产量的影响［J］. 福建农业科技，2018（09）：28-31

［28］ 张成玲，孙厚俊，杨冬静，等. 中国甘薯双生病毒外壳蛋白基因分子变异及遗传多样性分析［J］. 浙江农业学报，2017，29（04）：611-617

［29］ 王爽，刘顺通，韩瑞华，等. 不同时期嫁接感染甘薯病毒病（SPVD）对甘薯产量的影响［J］. 植物保护，2015，41（04）：117-120

［30］ 姜珊珊，冯佳，张眉，等. 甘薯羽状斑驳病毒 RT-LAMP 快速检测方法的建立［J］. 中国农业科学，2018，51（07）：1294-1302

［31］ 杨冬静，孙厚俊，张成玲，等. 解淀粉芽孢杆菌菌株 XZ-1 对甘薯黑斑病的生物防治效果研究［J］. 西南农业学报，2018，31（04）：736-741

［32］ Xing K，Li T，Liu Y，et al. Antifungal and eliciting properties of chitosan against Ceratocystis fimbriata in sweet potato［J］. Food chemistry，2018，1；268：188-195.（IF 5.399）

［33］ 王容燕，高波，马娟，等. 不同杀线剂对甘薯茎线虫病的防治效果［J］. 山西农业大学学报（自然科学版），2018，38（01）：45-47

［34］ 王璐瑶，仇智灵，姚海峰，等. 甘薯茎腐病菌室内药剂毒力筛选试验［J］. 浙江农业科学，2018,59（02）：

300-304

［35］沈肖玲，林钗，钱俊婷，等. 甘薯茎腐病症状及其病原鉴定［J］. 植物病理学报，2018，48（01）：25-34

［36］贾小俭，高波，马娟，等. 甘薯蚁象气味结合蛋白 CforOBP8 的基因表达谱及配体结合特性分析［J］. 昆虫学报，2019，62（03）：275-283

［37］陈海燕，秦双，林珠凤，等. 海南甘薯蚁象综合防治技术［J］. 中国热带农业，2019（02）：22-41

［38］田璐，李凌燕，王伟青，等. 超声波辅助热浸提甘薯多糖工艺研究［J］. 山西农业大学学报（自然科学版），2018，38（03）：67-71

［39］邸国辉，耿晓琪，蔡立晶. 机器视觉方法的甘薯块根等级评价［J］. 科学技术创新，2018（08）：36-37

［40］侯淑瑶，代养勇，刘传富，等. 高压均质法制备甘薯纳米淀粉及其表征［J］. 食品工业科技，2017，38（12）：233-238

［41］吴兴刚，孙俊良，李光磊. 超声波预处理对甘薯淀粉磷酸双酯制备的影响［J］. 沈阳师范大学学报（自然科学版），2015，33（04）：502-506

［42］周虹，张超凡，张亚，等. 不同甘薯品种中镉的积累与转运特性研究［J］. 中国农学通报，2019，35（03）：12-19

［43］张毅，王洪云，钮福祥，等. 甘薯膳食纤维的物化性质及其对体内外铅离子清除能力的影响［J］. 江西农业学报，2017，29（12）：87-92

［44］Wang X, Zhang Z, Zheng G, et al. The inhibitory effects of purple sweet potato color on hepatic inflammation is associated with restoration of NAD+ levels and attenuation of NLRP3 inflammasome activation in high-fat-diet-treated mice［J］. Molecules, 2017, 22（8）: 1315

［45］Zhuang J, Lu J, Wang X, et al. Purple sweet potato color protects against high-fat diet-induced cognitive deficits through AMPK-mediated autophagy in mouse hippocampus［J］. The Journal of nutritional biochemistry, 2019, 65: 35-45

［46］Lee J J, Kim Y, Kwak Y, et al. A comparative study of proteomic differences between pencil and storage roots of sweetpotato（Ipomoea batatas（L.）Lam.）［J］. Plant physiology and biochemistry, 2015, 87: 92-101

［47］Shekhar S, Mishra D, Gayali S, et al. Comparison of proteomic and metabolomic profiles of two contrasting ecotypes of sweetpotato（Ipomoea batata L.）［J］. Journal of proteomics, 2016, 143: 306-317

［48］Ponniah S K, Thimmapuram J, Bhide K, et al. Comparative analysis of the root transcriptomes of cultivated sweetpotato（Ipomoea batatas［L.］Lam）and its wild ancestor（Ipomoea trifida［Kunth］G. Don）［J］. BMC plant biology, 2017, 17（1）: 9

［49］Lee I H, Shim D, Jeong J C, et al. Transcriptome analysis of root-knot nematode（Meloidogyne incognita）-resistant and susceptible sweetpotato cultivars［J］. Planta, 2019, 249（2）: 431-444

［50］Hirakawa H, Okada Y, Tabuchi H, et al. Survey of genome sequences in a wild sweet potato, Ipomoea trifida（H. B. K.）G. Don［J］. DNA research, 22, 2（2015-01-04），2015, 22（2）: 171-179

［51］Hoshino A, Jayakumar V, Nitasaka E, et al. Genome sequence and analysis of the Japanese morning glory Ipomoea nil［J］. Nature communications, 2016, 7: 13295

［52］Kyndt T, Quispe D, Zhai H, et al. The genome of cultivated sweet potato contains Agrobacterium T-DNAs with expressed genes: An example of a naturally transgenic food crop［J］. Proceedings of the national academy of sciences, 2015, 112（18）: 5844

［53］Park S, Kim S H, Park S, et al. Enhanced accumulation of carotenoids in sweetpotato plants overexpressing IbOr-Ins gene in purple-fleshed sweetpotato cultivar［J］. Plant physiology and biochemistry, 2015, 86: 82-90

［54］Kim Y, Lim S, Han S, et al. Expression of both CuZnSOD and APX in chloroplasts enhances tolerance to sulfur dioxide in transgenic sweet potato plants［J］. Comptes rendus biologies, 2015, 338（5）: 307-313

［55］ Kang L, Ji C Y, Kim S H, et al. Suppression of the β–carotene hydroxylase gene increases β–carotene content and tolerance to abiotic stress in transgenic sweetpotato plants ［J］. Plant physiology and biochemistry, 2017, 117: 24–33

［56］ Prentice K, Christiaens O, Pertry I, et al. RNAi–based gene silencing through dsRNA injection or ingestion against the African sweet potato weevil Cylas puncticollis（Coleoptera: Brentidae）［J］. Pest management science, 2017, 73（1）: 44–52

［57］ Ke Q, Park S, Ji C Y, et al. Stress–induced expression of the sweetpotato gene IbLEA14 in poplar confers enhanced tolerance to multiple abiotic stresses ［J］. Environmental and experimental botany, 2018, 156: 261–270

［58］ Mbinda W, Ombori O, Dixelius C, et al. Xerophyta viscosa aldose reductase, XvAld1, enhances drought tolerance in transgenic sweetpotato ［J］. Molecular biotechnology, 2018, 60（3）: 203–214

［59］ Zhang H, Gao X, Zhi Y, et al., A non - tandem CCCH - type zinc finger protein, IbC3H18, functions as a nuclear transcriptional activator and enhances abiotic stress tolerance in sweet potato. New phytologist, 2019, 15925

［60］ Nozoye T, Otani M, Senoura T, et al. Overexpression of barley nicotianamine synthase 1 confers tolerance in the sweet potato to iron deficiency in calcareous soil. ［J］. Plant & soil, 2017, 418

［61］ Shin Y, Takahashi R, Nakanishi H, et al. Sweet potato expressing the rice Zn transporter OsZIP4 exhibits high Zn content in the tuber ［J］. Plant biotechnology, 2016: 16–328

［62］ Shirasawa K, Tanaka M, Takahata Y, et al. A high–density SNP genetic map consisting of a complete set of homologous groups in autohexaploid sweetpotato（Ipomoea batatas）［J］. Scientific reports, 2017, 7: 44207

［63］ Kim J H, Chung I K, Kim K M. Construction of a genetic map using EST–SSR markers and QTL analysis of major agronomic characters in hexaploid sweet potato（Ipomoea batatas（L.）Lam）［J］. PLoS one, 2017, 12（10）: e185073

［64］ Yada B, Alajo A, Ssemakula G N, et al. Identification of simple sequence repeat markers for sweetpotato weevil resistance ［J］. Euphytica, 2017, 213（6）: 129

［65］ Yada B, Alajo A, Ssemakula G N, et al. Selection of Simple Sequence Repeat Markers Associated with Inheritance of Sweetpotato Virus Disease Resistance in Sweetpotato ［J］. Crop science, 2016, 57: 1–10

［66］ David M C, Diaz F C, Mwanga R O M, et al. Gene pool subdivision of east african sweetpotato parental material ［J］. Crop science, 2018, 58（6）: 2302–2314

［67］ Wadl P A, Olukolu B A, Branham S E, et al. Genetic diversity and population structure of the USDA sweetpotato （Ipomoea batatas）germplasm collections using GBSpoly ［J］. Frontiers in plant science, 2018, 9: 1166

［68］ Kuranouchi T, Kumazaki T, Kumagai T, et al. Breeding erect plant type sweetpotato lines using cross breeding and gamma–ray irradiation ［J］. Breeding science, 2016: 15134

［69］ Ghasemzadeh A, Talei D, Jaafar H Z, et al. Plant–growth regulators alter phytochemical constituents and pharmaceutical quality in Sweet potato（Ipomoea batatas L.）［J］. BMC complementary and alternative medicine, 2016, 1（16）: 152

［70］ Reddy R, Soibam H, Ayam V S, et al. Morphological characterization of sweet potato cultivars during growth, development and harvesting ［J］. Indian journal of agricultural research, 2018, 52（1）: 46–50

［71］ Tugume A K, Mukasa S B, Valkonen J P. Mixed infections of four viruses, the incidence and phylogenetic relationships of Sweet potato chlorotic fleck virus（Betaflexiviridae）isolates in wild species and sweetpotatoes in Uganda and evidence of distinct isolates in East Africa ［J］. PloS One, 2016, 11（12）: e167769

［72］ Wokorach G, Edema H, Muhanguzi D, et al. Prevalence of sweetpotato viruses in Acholi sub-region, northern Uganda ［J］. Current plant biology, 2019, 17: 42–47

［73］ Wainaina J M, Ateka E, Makori T, et al. Phylogenomic relationship and evolutionary insights of sweet potato viruses from the western highlands of Kenya ［J］. PeerJ, 2018, 6: e5254

［74］ Kim J, Kwak H, Kim M, et al. Phylogeographic analysis of the full genome of Sweepovirus to trace virus dispersal and introduction to Korea ［J］. PLoS One, 2018, 13: e202174

［75］ Starr C K, Wilson D D, Kays S J. Behavioral Repertory of Adult Cylas formicarius (Fabricius) (Coleoptera: Brentidae) ［J］. The coleopterists bulletin, 2018, 72 (1): 85–93

［76］ Fatiaki F, Palomar M, Furlong M. Abundance and distribution of West Indian sweet potato weevil, Euscepesbatatae (Waterhouse) (Coleoptera: Curculionidae), in Samoa ［J］. Journal of south pacific agriculture, 2018, 20: 16–23

［77］ Dotaona R, Wilson B A, Stevens M M, et al. Chronic effects and horizontal transmission of Metarhizium anisopliae strain QS155 infection in the sweet potato weevil, Cylas formicarius (Coleoptera: Brentidae) ［J］. Biological control, 2017, 114: 24–29

［78］ Ichinose K, Yasuda K, Yamashita N, et al. Reduced dispersal and survival in the sweet potato weevil (Euscepes postfasciatus) after irradiation ［J］. Agricultural and forest entomology, 2016, 2 (18): 157–166

［79］ Alotaibi S, Tahergorabi R. Development of a sweet potato starch–based coating and its effect on quality attributes of shrimp during refrigerated storage ［J］. LWT, 2018, 88: 203–209

［80］ Babu A S, Parimalavalli R, Mohan R J. Effect of modified starch from sweet potato as a fat replacer on the quality of reduced fat ice creams ［J］. Journal of food measurement and characterization, 2018, 12 (4): 2426–2434

［81］ Nakamura Y, Kuranouchi T, Ohara–Takada A, et al. Maltose generation by beta–amylase and its relation to eating quality of steamed storage roots of sweet potato cultivars, including recently developed varieties in Japan ［J］. Japan Agricultural Research Quarterly: Japan agricultural research quarterly, 2018, 52 (1): 7–16

［82］ Khan Z, Kamble N, Bhongale A, et al. Analysis of pesticide residues in tuber crops using pressurised liquid extraction and gas chromatography–tandem mass spectrometry ［J］. Food chemistry, 2018, 241: 250–257

［83］ Asadi K, Ferguson L R, Philpott M, et al. Cancer–preventive Properties of an Anthocyanin–enriched Sweet Potato in the APCMIN Mouse Model ［J］. Journal of cancer prevention, 2017, 22 (3): 135

［84］ Ishiguro K, Kurata R, Shimada Y, et al. Effects of a sweetpotato protein digest on lipid metabolism in mice administered a high–fat diet ［J］. Heliyon, 2016, 2 (12): e201

撰稿人：王　欣　曹清河　周志林　后　猛

陈晓光　杨冬静　孙　健　马代夫

棉花科技发展报告

2016—2018 年，我国棉花生产呈现稳中向好态势，全国棉花总产分别为 534.4 万吨、565.3 万吨和 609.6 万吨，棉花生产品质也有明显改善[1]。近几年，我国棉花进口保持中等偏低水平，3 年分别进口 89.4 万吨、115.6 万吨和 157.3 万吨[2]。这与近几年国家棉花库存量大和消费量减少有紧密关系。

2016—2019 年，我国棉花科技取得新进展，继续棉花资源的收集、整理和向科研、种业发放工作。我国科学家在棉花基因组测序及功能基因组研究中又取得新进展，分别在 *Nature Genetics* 和 *Nature Communications* 发表论文 6 篇。这些成果标志着中国科学家在棉花基因组及功能基因组研究中走在全球的前沿。转 *Bt* 基因、分子设计、分子标记、杂种优势等在棉花育种中利用，培育一批棉花新品种、新组合。2016—1018 年国家审定棉花 29 个，其中杂交种 10 个。棉花遗传品质进入了"双三零"时代。田间试验证实棉花具有减少化学农药、减施化肥和减少灌溉供水的潜力。轻简化、机械化、信息化、精准化和智能化技术的研究应用，现代植棉技术初见端倪。

2016—2018 年，棉花科技获得国家科技进步奖 2 项。出版大型棉花学术专著《中国棉花栽培学》（220 万字，2019），是棉花科技界借以向中华人民共和国成立 70 周年的献礼。

一、新中国棉花科技取得辉煌成就

70 年来，我国棉花科技取得了辉煌成就[3-5]。科学划分中国棉花种植区域，为全国棉花合理布局和结构调整、品种培育和引种，耕作制度改革和栽培管理提供科学理论依据。我国拥有棉花资源 11752 份，位居全球第二（乌兹别克斯坦，全球第一）；棉花商用品种从短缺到供给平衡和极大丰富，转 *Bt* 抗虫棉品种已全部国产化，杂交种播种面积占全国棉田面积比例曾高达 1/3。育苗移栽、地膜覆盖和化学调控是最具有中国特色的棉花栽培的基础性关键技术，应用这 3 项技术促进棉花单产水平的大幅度提高，品质明显改善。棉区耕作制度改革实现了产棉地区粮食和棉花面积的双扩大，粮棉的双丰收。在棉花营养和施肥、棉花水分和灌溉排渍、机械化耕种管收、棉花栽培生物学基础、高产栽培、盐碱旱地、红黄壤、病虫草综合防治等栽培等领域都取得重大进展。

棉花的科技含量高，棉花生产科技含量更高。据有关方面测算[6]，1978—2012年，年均科技进步对棉花产量增长的贡献率高达 73.3%，比 2012 年同期全国农业科技贡献率54.5% 高出 18.8 个百分点。全国棉花单产从 1950 年的 183 公斤/公顷提高到 2018 年的1818 公斤/公顷，这 68 年间增长了 8.9 倍，年均增长率高达 3.49%，比 2018 年全球平均单产 760 公斤/公顷高出了 139.2%。

70 年的实践表明，依靠党的领导、依靠增加投入、依靠科学种田、依靠人民的勤劳，我国走出了一条适合人多地少这一中国国情的棉花发展道路，创新了具有中国特色的高产优质高效的棉花发展模式和发展理论。棉花生产的发展为改善和提高人民生活水平、为国家富起来做出了巨大贡献。

今后，我们要不遗余力发展棉花科技，为绿色可持续的植棉业提供强有力的技术支持，向着棉花强国迈进。

二、2016—2019 年我国棉花科技进展和现状

（一）棉花资源进展和现状

1. 国内现状和研究进展

1）资源收集整理和发放。新收集棉花种质资源 800 余份，编目入库 1800 余份，更新种质 3300 余份。至 2019 年 7 月，我国国家棉花种质资源中期库已保存来自世界 53 个国家的棉花种质资源 11752 份，其中陆地棉 10115 份、海岛棉 1012 份、亚洲棉 603 份和草棉 25 份。近 4 年向全国 110 多家单位发放种质 1.3 万余份次，支撑国家科技重大专项 34 项，支撑发表论文和出版学术专著 159 篇（部），支撑形成国家级重大成果 3 项。

2）资源利用[7]。通过彩色棉修饰性相互交配和选择、转基因、分子标记辅助选择等技术的应用研究，建立了彩色棉高产优质抗虫高效育种体系，培育适应不同生态区域多类型彩色棉新品种 18 个，解决了彩色棉产量低、品质差、棉铃虫为害问题。明确了我国彩色棉种质遗传基础和纤维色泽形成机制，创制骨干亲本 16 份，纤维长度和比强度均提高10% 以上，解决了彩色棉色泽不稳定、品质差、不适宜机纺问题。创建了彩色棉商业化育种模式和产业化发展模式，促进了棉花产业结构调整和优势特色产业的发展，取得了显著社会、经济、生态效益，解决了彩色棉产学研、育繁推脱节的问题。

在资源流域基因组测序和功能基因组定位研究取得了巨大进展。

2. 与国内外比较

由于我国不是棉花起源中心，保存的棉花种资源多样性不足成为制约棉花育种和基因精细鉴定广度和深度的关键因素。美国为了保持其棉花育种的先进性和引导性，先后多次与棉花资源大国开展合作，通过联合鉴定收集到乌兹别克和印度保存的重要种质资源，开展联合鉴定抗 CLCV 的种质资源，以期培育适应本国和全球市场的新品种。美国基于其丰富的棉花种质资源储备，能够随时在广度和深度上超越我国棉花基因筛选鉴定的水平，拉开与我国棉花种质研究的距离。我国鉴定到的功能型基因深入研究和利用还不足。

（二）棉花分子生物学的科技进展和现状

1. 国内重大进展和现状

1）陆地棉全基因组重新测序综合评估。刘方（2017）等[8]阐述基于 318 个地方品种和现代改良品种或品系的全基因组重新测序的现代改良陆地棉综合基因组评估，发现棉花产量的相关位点多于纤维品质，这表明皮棉产量比其他性状具有更强的选择特征。还发现两个乙烯通路相关基因与改良品种的皮棉产量增加有关，该结果为改良品种和对多倍体作物深入分析提供了基因组学基础。

2）棉花驯化与全基因组关联研究。王茂军等[9]（2017）阐述 352 个野生和驯化棉花种质的变异图，结果指出，不对称亚基因组驯化定向选择了长纤维，同时对 DNA 酶 I 超敏感位点和 3D 基因组结构的分析，将功能性变体与基因转录相联系，证明驯化对顺式调节分歧有影响。采用全基因组关联研究鉴定了 19 个与纤维品质相关的候选基因位点，其结果为主要作物的基因组组织、调控和适应的演变提供了新的见解。

3）棉花基因组变异和纤维性状遗传研究。马崎英（2018）等[10]对包含 419 个种质进行了重新测序，测序覆盖深度为 6.55 倍，并鉴定了约 366 万个 SNPs 用于评估基因组变异。同时在 12 种环境中进行了表型分析，并进行了 13 个纤维相关性状的全基因组关联研究，鉴定了 7383 个独特的 SNP 与这些性状显著相关，位于 4820 个基因内或附近；在纤维品质方面检测到比纤维产量更多的相关基因座，并且在 D 组中检测到比 A 亚基因组更多的纤维基因。这些结果为棉花改良中的分子选择和遗传操作提供了目标。

4）亚洲棉、草棉变异图谱构建。基于高质量的参考基因组，杜雄明等[11]（2018）对 230 份亚洲棉群体和 13 份草棉群体进行重测序，获得包含 17，883，108 SNPs 和 2，470，515 插入或者缺失的基因组变异图谱，利用 SNP 构建了系统发育树和群体结构，揭示草棉和亚洲棉群体具有明显差异。例如，抗枯萎病能力、单株果节数、棉铃重量和开花时间都存在地域差异。同时对棉花抗枯萎病的 GWAS 分析定位到谷胱甘肽转移酶 GSTF9 基因的启动子上，通过抑制该基因的表达使抗病的品种表现出易感病的性状，这充分表明 GaGSTF9 基因负责调控棉花抗枯萎病的性状。这些新的发现为棉花育种提供了新的思路。

5）异源四倍体陆地棉和海岛棉基因组的组装。王茂军（2018）等[12]采用三代测序及光学图谱及 Hi-C 技术完成了异源四倍体陆地棉和海岛棉基因组的组装，获得高质量栽培种异源多倍体棉基因组，对异源四倍体基因组进行了升级，应用三代测序组装技术 + 光学图谱 +Hi-C 染色体挂载技术，实现了异源四倍体陆地棉［*G. hirsutumacc.* Texas Marker-1（TM-1）］和海岛棉（*G. barbadense acc.*）3-79 基因组的组装。与之前的二代基因组相比，三代陆地棉和海岛棉基因组具有高度连续性，高度重复区（如着丝粒）具有更高的完整性。

胡艳等[13]（2019）研究获得两种栽培异源四倍体棉花陆地棉和海岛棉的高质量从头组装基因组。在与之前已发表的基因组草图比较，发现基因组 DNA 如端粒、着丝粒和重复富集区域的代表性较差，导致这些区域中许多重要基因组特征被遗失。通过整合基于非PCR 的短读序列和长读取的间隙闭合从头组装了高质量的陆地棉和海岛棉基因组。通过使用这两个组装良好的基因组，全基因组比较分析显示，基因表达、结构变异和扩展基因家族的物种特异性改变是这些物种的物种形成和进化历史的原因。这些发现有助于阐明棉花基因组的进化及其驯化历史。

6）染色体倒位在陆地棉群体分化中的作用机制。杨召恩[14]（2019）等对陆地棉种内存在的遗传变异进行了系统研究，发现染色体倒位能够抑制减数分裂重组，降低群体的单体型密度，最终导致陆地棉群体内部产生分化。通过对两种不同基因型的陆地棉进行全基因组比较分析，发现 A08 染色体上存在着大片段的遗传变异。该研究首次揭示倒位调控陆地棉遗传多样性，及倒位对陆地棉群体分化的影响，对于推动棉花基础生物学研究和遗传改良具有重要意义。

2. 国内外比较

2016—2019 年 7 月，我国科学家在棉花基因组测序及功能基因组研究中又取得新进展，在 *Nature Genetics* 和 *Nature Communications* 发表论文 6 篇，系统报道了二倍体 A 基因组和 D 基因组的测序、四倍体陆地棉 AD 基因组测序和高质量的异源四倍体陆地棉和海岛棉基因组的组装，同时基于高质量的组装测序序列，又进行了各生态型的重测序研究了各种性状控制的基因位点。这些成果的完成标志着我国科学家在棉花基因组及功能基因组研究中处在世界的前沿水平。

（三）棉花遗传育种的科技进展和现状

1. 国内进展和现状

1）遗传育种方法学。基因组编辑技术正在多个领域得到应用，一些功能基因被发掘并在向育种材料转育，数十个基因中间实验获得批准，正在进行环境释放的试验，为育种提供了强有力的物质基础。棉花种植技术不断更新和发展，总体上向"矮密早"发展。随着棉花二倍体 A 基因组、D 基因组序列先后公布，棉花生物学研究迅速进入后基因组时代。通过这些基因组序列，大量的棉花 SNP 标记将会产生，SNP 标记的发展促进了遗传图谱、基因定位、关联分析等对植物复杂数量性状的遗传研究，大量的测序信息、SNP 点和相关

位点功能预测信息将为 SNP 标记的研究提供基础。

发现一种四跨膜蛋白编码基因（*HaTSPAN1*）通过点突变（L31S）导致棉铃虫对 *Bt* 杀虫蛋白 *Cry1Ac* 产生显性抗性。采用反向遗传与离体代谢相结合的新策略，发现棉铃虫 CYP6AE 基因簇编码的细胞色素 P450 氧化酶具备对多种植物次生物质和杀虫剂的解毒代谢能力，证实 CYP6AE 基因簇在寄主植物适应性及抗药性中发挥了重要作用。在杂草方面，研究仍集中在杂草抗药性评估、抗性机理挖掘及抗性防治对策等方面。

2）审定品种。2016—2018 年，通过国家审定棉花品种 29 个，其中转 *Bt* 基因抗虫品种 21 个，非转基因品种 8 个；杂交种 10 个，常规 19 个，棉花遗传品质进一步改进，长度、强度保持双"三零"水平。然而，反映纤维成熟度和细度的马克隆值在长江和黄河流域棉区呈越来越大的趋势。各省市区地方审定许多棉花品种，其中新疆地方审定 60 个。

随着供给侧结构性改革的推进，生产上棉花品种种植多乱杂有所遏制。地方产棉大县沙雅县和沙湾等产量达到近 20 万吨的超级大县，新疆生产建设兵团产棉第八师、第七师等特大产棉师，由政府主导推荐本地品种，并加强市场监督，在棉花种植品种"多乱杂"问题上已有所改观，品质一致性得到明显改善。

喻树迅院士领衔培育的新品系"中棉 619"，通过压力选择、异地繁殖和协同改良，培育出特早熟（生育期 120 天）、耐盐碱、耐低温和丰产的综合性能，通过近几年的试验和示范，采用不覆盖的无膜种植，证实在棉田土壤轻度盐碱含量和沙壤土具有替代地膜覆盖的潜力。

3）高品质棉花产业化取得新进展。国家棉花产业联盟成立于 2016 年 11 月，致力于打造高品质原棉的规模化生产[15]。以长度、强度超"双三零"的高品质棉花新品系"中 641"为抓手，积极推进产销订单生产，近几年在新疆精河县、新疆生产建设兵团第七师团场等，合计签订"订单面积"10 万亩，按照《国家棉花产业联盟棉花生产技术指南（试行）》和《国家棉花产业联盟棉花产销订单解决方案（试行）》等标准组织生产，机采棉公证检验原棉品质纤维长度平均值 32 毫米占 98.4%，纤维比强度平均值 31.8 厘牛 / 特克斯，马克隆平均值 A 级占 80.1%，长度整齐度指数平均值 84.2%，是优异的高端陆地棉品质，受到市场青睐和高度关注，在"优棉优用"和"优质优价"进行了大胆的尝试，取得新进展。

由中国农业科学院棉花研究所等研究完成的"多抗稳产棉花新品种中棉所 49 的选育技术及应用"获 2016 年国家科技进步奖二等奖。该品种实现了耐旱碱、大铃和高衣分等性状的协同改良，种植面积大，持续时间长，社会经济效益显著。

2. 国际棉花遗传改良

美国、澳大利亚棉花遗传育种技术继续领先国际棉花生产，随着基因测序技术的快速发展，世界棉花遗传育种工作也由传统的杂交育种和杂种优势利用逐步向分子设计育种方向转变。以孟山都为首的种业技术公司在转 *Bt* 基因抗虫棉、抗草胺膦棉花品种相继商业化之后，2018 年又开发一款转基因抗盲蝽象棉花 NON88702。目前该基因已获得美国、加拿大和澳大利亚等国家的食用许可。

（四）棉花栽培科技与植棉机械化的科技进展和现状

1. 国内重大进展和现状

1）农药减施技术[16]。农药减施的试验研究证实棉花具有减施农药的潜力，主要技术措施：一是有益昆虫天敌的包括自然天敌的保育利用和天敌的规模化饲养释放[17]。二是寄主植物利用技术包括对植物抗性的利用和种植植物诱集的利用[18-19]。三是应用植物油、激健等新型助剂提高药效，减少农药用量。四是非农药的综合防治[20]。通过监测预警技术、植物源杀虫、微生物杀虫剂、物理诱杀技术、害虫信息素等化学农药替代技术，可减少化肥用量。

2）化肥减施技术。近几年试验研究证实采取综合技术措施棉花具有减施肥化肥特别是氮肥的潜力。一是新疆高肥水供给的滴灌棉田，采用减施一定量的氮肥和减少灌溉水分供给对产量无不良影响，且有促进早熟、改进株型进而提高单产的功能[21]。华北平原适当密植和减少氮肥用量能提高棉花皮棉产量和氮肥利用率[22]。合理施肥是减少肥料投入有效方法，按照土壤基础肥力、棉花需肥规律、土壤供肥特性及肥效结果，确定棉田施肥的种类、用量及追施方式，明显减少肥料投入。二是采用农艺措施具有减施效果。如棉花与豆科作物带状间套、轮作及秸秆还田等，可有效减少化肥用量[23]。三是新型肥料控释肥料、生物炭肥、有机肥、生物菌肥等，新型肥料的研发和应用成为棉花化肥减量的一个重要途径[24, 25]，以及改进传统有机肥积造与施用沼肥等可减少化肥用量。此外，棉花也有节肥的资源和材料需要进行筛选和验证，从而为减施氮提供育种材料。

3）机械化采摘。机械化采收是棉花实现全程机械化及农艺与农机深度融合的重点[26-28]。经过多年试验和生产应用，基本明确新疆机采棉脱叶剂喷施的气温、日期和浓度，脱叶效果与棉花早熟性和气温的关系极为密切，早熟性好、适当稀植和脱叶剂喷施后气温高脱叶效果好，杂质含量低；晚熟、过度密植棉田和脱叶剂喷施后气温低，脱叶效果差，杂质含量高。然而，西北新疆脱叶剂喷施时自然吐絮率达到 40% 的难度很大，原因是早熟性不够，这是农艺农机急需深度融合解决的关键问题。在黄河流域棉区研究提出的"相对集中现蕾、开花和吐絮"技术路线正在试验研究，其中"晚密简"模式有利促进集中成铃[29, 30]，基本明确机械采收棉花需在采收前 20 天喷施脱叶催熟剂，这时自然吐絮率达到 60% 上下施药脱叶剂，喷药气温高脱叶效果佳。我国批准登记并在有效期内的棉花脱叶剂产品共有 68 个，有效成分以噻苯隆为主。中国农业大学研发的噻苯隆和乙烯利复配剂 50% 噻苯·乙烯利 SC 已通过农药登记和应用[31]。我国国产采棉机也正在加快研究，一些大型摘锭式采棉头生产工艺取得突破，三行采棉机已开始小批量生产[8]，一些中小型采棉机——统收式采棉机（指杆式、指刷式和刷辊式）的少数机型具有实用价值，期待进口采棉机垄断市场的局面有所改变[32]。此外，国产机采棉清理加工配套设备、转运设备还需加强研发。

由新疆农垦科学院等研究完成的"棉花生产全程机械化关键技术及装备的研发应用"于 2016 年获国家科技进步奖二等奖。该成果研发了适应机械化采收的丰产栽培模式、膜下滴灌精量播种技术及装备、种床精细整备联合作业技术及装备、化学脱叶技术及装备。

4）轻简化栽培技术。以轻简化管理为特征的现代农业技术体系正在作物生产中发挥着越来越重要的作用。管理程序的简化和多程序合并作业成为作物生产简化管理的发展方向[3, 4, 33]。

精量播种[34, 35]。精确排种数量、精密株行距和精密播种深度的精量播种技术。可节省一半的用种量，减免了传统的间苗和定苗工序，也有利于构建棉花高产群体。西北新疆棉区已实现精量播种、施肥、喷除草剂及铺设滴灌管和地膜等多道工序的联合作业。

免整枝免打顶[36]。试验研究证实采用增效缩节胺（25% 甲派鎓缓释型乳剂，简称 DPC+）和氟节胺与肥水管理紧密配合可实行化学封顶，减免了打顶工序。

水肥一体化[37, 38]。近几年，按照棉花根基需肥规律进行不同生育期的需求设计，把养分、水分定时定量，按比例滴施到棉花根系，实现棉花生产体质增效。

5）智能化栽培技术。李亚兵团队[39-44]构建了棉花株型和熟性标准，数字化了棉花的株式图信息，为棉花田间管理提供了数量化标准；基于空间统计学的理论和方法，采取空间网格取样法实现了棉田光温水肥资源信息的准确量化，并利用传感器技术和物联网技术实现了田间环境信息的实时远程监测，为自动化和智能化管理提供了理论和技术保障；采用无人机机载 RGB 相机采集数字图像和热红外图像，可以对棉花苗情和叶面积指数进行监测。采用机载红外相机采集棉花冠层热红外图像可以监测棉花冠层温度对逆境的响应[45]。对无人机采集 RGB 图像进行深度解析进一步推导出棉花产量数学模型[46, 47]，无人机拍摄的多光谱图像获得株高、冠层覆盖、植被指数以及开花情况等表型数据，可以对棉花长势进行诊断和管理、产量评估[48]，以及计算出冠层温度、气孔导度、蒸腾速率等数据，为水分养分管理提供决策支持。

6）出版大型栽培学术著作和系列技术著作。《中国棉花栽培学》（第四版）于 2019 年出版[3]，是向中华人民共和国成立 70 周年献礼的大型学术专著，具有极高的学术价值和应用功能，丰富发展了具有中国特色的棉花理论。该著作由中国农业科学院棉花研究所组织全国棉花科研、教学等单位专家、教授撰写，1959 年第一版（52 万字）、1983 年第二版（110 万字）、2013 年第三版（180 万字）和 2019 年第四版（220 万字）均由上海科学技术出版社出版发行。

同时，《当代全球棉花产业》（166 万字）于 2016 年由中国农业出版社出版[49]。该著作系统全面总结全球棉花发展历程、系统介绍主要产棉国家棉花政策、科技、生产、消费、贸易和纺织等，具有极高的学术价值，成为"一带一路"和棉花产业"走出去"的重要参考。

2. 国外进展和现状及国内外比较

美国、澳大利亚等发达国家的棉花早已实现了全程机械化，棉田一年一熟制种植，光热资源丰富，机采棉早熟性有保障，脱叶效果较佳。即便如此，美国各州都有机采棉技术指南，其中要求脱叶剂喷施之前要求自然吐絮率达到50%以上，这样脱叶剂加上一些干燥剂保障脱叶和落叶彻底，机采籽棉叶屑杂质含量更低，清花除杂次数极少，纤维品质有保障。

整体上，我国科技和生产部门对棉花机械化采收的认识不到位，机采农艺技术研究存在巨大差距。提升我国机采棉的产量和质量，应以提高机采棉花的早熟性为统领，培育早熟性品种，在新疆药品强调合理密植适当稀植，实行促进早发栽培管理技术，适当减少氮肥和灌溉水分的投入，努力做到在打脱叶剂时间自然吐絮率达到40%以上，只有成熟的棉株，成熟的叶片，脱叶效果才能大幅提高，籽棉叶屑杂质含量则大幅减少，籽棉清花次数减少，加工对品质的损害则可减轻。

三、棉花科技发展趋势及展望

当前我国棉花产业正处于结构调整转型升级时期，植棉业应以"品质中高端"为提质增效的主攻方向。据中国棉花协会、中国棉纺织行业协会（2018）[3, 50]，2017年国产高品质原棉99万吨，而市场需求285万吨，差值186万吨，短缺率高达65.3%，这是国产棉花需补齐的最大短板。对适纺40°及以上纱的纤维定义为中高端原棉，原棉品质要求长度28.5毫米及以上，比强度28.5厘牛/特克斯及以上，马克隆值：3.7~4.6，异性有害纤维控制在≤0.3克/吨。

实现品质中高端要求的"金字塔"模型[15]：第一层提高清洁水平，达到籽棉和皮棉清洁干净，无或少有害杂物污染。第二层提高纤维一致性水平，商用品种种植的集中度高，单一品种种植的面积大比例高。第三层为加工损害小。机械化采收的籽棉从清花、轧花、皮棉清理要求对长度损害程度不超过0.5毫米。第四层提高纤维品质检验的科学性。第五层为种植高品质品种，即种植陆地棉中长绒品种或超长绒海岛棉品种。

未来我国棉花发展的总体思路[15]，要走准走稳"以质保量、保规模"的新路子，要用"品质中高端"引领棉花产业发展，补"中高端品质"的短板；用"四化"（轻简化、绿色化、机械化和组织化）引领现代植棉业发展，补轻简化、绿色化和机械化的短板，这是质量兴农/质量兴棉、绿色兴农/绿色兴棉、提升棉花核心竞争力的出发点和落脚点，棉花科技发展将在提高和改善棉花品质，在精准、智慧棉花开展试验研发，为质量兴棉和绿色发展提供强有力的技术支持，向着植棉业的强国迈进。

（一）棉花资源学科发展趋势及展望

从世界棉花主产国、棉种起源中心和亚中心收集原始基础棉花种质资源；收集和保存散落在地方研究所或育种家手里的品种、品系，防止潜在优异基因的丢失，大幅度增加种质资源数量、丰富遗传多样性。提高棉花种质精细鉴定水平，从代谢途径鉴定棉花产量、品质、抗性等关键基因。通过基因编辑等提高基因的功能研究水平，实现基因的有效利用并创造新基因。

（二）棉花分子生物学学科发展趋势及展望

未来，棉花分子生物学研究将与遗传学、细胞生物学和生物信息学紧密结合，阐明棉纤维发育和产量形成及逆境抗性调控的细胞机制和分子机制，建立重要性状的基因调控网络，发掘重要农艺性状功能基因和分子标记，构建全基因组选择、基因芯片、基因编辑、基因转育等高效基因组育种、分子育种、定向育种和精准育种技术体系，实现棉花纤维品质、产量和多逆境抗性同步育种改良，不断提升我国棉花产业国际竞争力。

（三）棉花遗传育种学科发展趋势及展望

转基因、分子设计、分子标记和杂种优势利用等仍将是棉花育种学科采取的方法和手段，高品质和中高品质的适于机械化采收棉花新品种选育将是主要发展趋势，包括培育高品质棉花的骨干种质资源；选育中高端品质、早熟性好、农艺性状、产量高适合机械化采收品种；选育纤维品质达到"双三零"、高产、抗性强高品质品种；选育中长绒棉高品质品种；提高杂种优势利用水平，需研究回答什么组合的 F_2 或 F_3 生产可以利用问题。

（四）棉花栽培学科和机械化学科发展趋势及展望

棉花栽培学科将紧密围绕质量兴农和绿色发展[15, 51]，研究提出轻简化、机械化和肥水高效利用技术，机采棉是现代农业的顶尖农艺技术，要研究适合国情以促进早发早熟提高早熟性的机采棉栽培技术，研究高品质棉花提质增效的新技术新措施，研究开发肥料、农药和灌溉水从"零增长"到"负增长"的绿色生产技术、产品和装备；研究开发水肥药调的智能化管理技术和装备，支持规模化生产。

采棉机是现代农业的顶尖装备，唯有与农艺技术深入融合才能发挥机械化功能。研究开发适合高产和多熟制国情的机采棉综合栽培技术，急需研制国产分次采收的采棉机，研究开发机采棉"柔性"清花除杂和轧花的新装备新工艺，减轻清花除杂对品质损害。

参考文献

［1］国家统计局. 2018 年中国统计年鉴［M］. 北京：中国统计出版社，2018：402–408

［2］海关统计. 2016、2017、2018，第 12 期

［3］中国农业科学院棉花研究所. 中国棉花栽培学［M］. 2019 版. 上海：上海科学技术出版社，2019，1–37

［4］毛树春，李亚兵，董合忠. 中国棉花辉煌 70 年［J］. 中国棉花，46（7），2019，1–15

［5］中国农学会棉花分会. 中国农学会棉花分会 40 年（1979–2019）［Z］. 安阳：中国农学会棉花分会，2019

［6］钱静斐，李宁辉，郭静莉. 我国棉花产出增长的要素投入贡献率测度与分析［J］. 中国农业科技导报，2014，16（2）：160–165

［7］Dilnur T，Peng Z，Pan Z，et al. Association Analysis of Salt Tolerance in Asiatic cotton（*Gossypium arboretum*）with SNP Markers［J］. International Journal of Molecular Sciences，2019，20（9）

［8］Fang L，Wang Q，Hu Y，J et al. Genomic analyses in cotton identify signatures of selection and loci associated with fiber quality and yield traits［J］. Nature Genetics，2017 Jul；49（7）：1089–1098. doi：10.1038/ng.3887

［9］Wang M，Tu L，Lin M. et al. Asymmetric subgenome selection and cis–regulatory divergence during cotton domestication［J］. Nature Genetics，2017：49，579–587

［10］Ma Z，He S，Wang X，et al. Resequencing a core collection of upland cotton identifies genomic variation and loci influencing fiber quality and yield［J］. Nature Genetics，2018，50（6）

［11］Du X，Huang G，He S，et al. Resequencing of 243 diploid cotton accessions based on an updated A genome identifies the genetic basis of key agronomic traits［J］. Nature Genetics，2018，50（6）：796–802

［12］Wang M，Lili Tu，Daojun Yuan et al. Reference genome sequences of two cultivated allotetraploid cottons，*Gossypium hirsutum* and *Gossypium barbadense*［J］. Nature Genetics，51，224–229，2018

［13］Hu Y，Jiedan Chen，Lei Fang，et al. *Gossypium barbadense* and *Gossypium hirsutum* genomes provide insights into the origin and evolution of allotetraploid cotton［J］. Nature Genetics，51，739–748，2019

［14］Yang Z，Xiaoyang Ge，Zuoren Yang，et al. Extensive intraspecific gene order and gene structural variations in upland cotton cultivars［J］. Nature Communications，10，2989，2019

［15］毛树春，李亚兵，王占彪，等. 农业高质量发展背景下中国棉花产业的转型升级［J］. 农业展望，2018，39（5）：39–45

［16］陆宴辉，赵紫明，蔡晓华. 我国农业害虫综合防治研究进展［J］. 应用昆虫学报，2017（3）：349–363

［17］雒珺瑜，张帅，朱香镇，等. 蓖麻诱集带对棉田节肢动物群落及生物多样性的影响［J］. 中国棉花，2018，（8）：9–11

［18］王振辉，李永涛，李婷，等 双尾新小绥螨的形态特征及捕食性功能［J］. 应用昆虫学报，2015（3）：580–586

［19］潘洪生，姜玉英，王佩玲，等 新疆棉花害虫发生演替与综合防治研究进展［J］. 植物保护，2018，44（05）：47–55

［20］王映山，郑小寒. 激健助剂对减少 2 种药剂防治棉花蚜虫用量的作用研究［J］. 现代农药，2018，17（05）：55–56

［21］陈绪兰，张娇阁，刘萍，等 新疆库尔勒棉花化肥减量增效技术推广现状及建议［J］. 中国棉花，2017（7）

［22］Li P，Dong H，Zheng C，et al. Optimizing nitrogen application rate and plant density for improving cotton yield and nitrogen use efficiency in the North China Plain：［J］. Plos One，2017，12（10）：e0185550

［23］Chi B，Zhang Y，Zhang D，et al. Wide–strip intercropping of cotton and peanut combined with strip rotation increases crop productivity and economic return［J］. Field crop research，2019，12（243）：107617

［24］Chalk p，Craswell E，Polidoroj C，et al. Fate and efficiency of 15N-labelled slow-and controlled-release fertilizers［J］. Nutrient cyclingin agroecosystems，2015，102（2）：167-178

［25］Tian X，Guo，Y，Li C，et al. Controlled-release urea decreased ammonia volatilization and increased nitrogen use efficiency of cotton［J］. Journal of plant nutrition and soil science，2017，180（6）：667-675

［26］彭勇. 机械采收棉花提质增效关键技术［J］. 农业工程技术，2018，38（05）：31

［27］田景山，张煦怡，张丽娜，等. 新疆机采棉花实现叶片快速脱落需要的温度条件［J］. 作物学报，2019，45（04）：613-620

［28］王林，赵冰梅，丁志欣，等. 机采棉脱叶剂喷施技术规范. 新疆维吾尔自治区地方标准，DB65T 3980-2017，2017-03-20

［29］董建军，李霞，代建龙，等. 适于机械收获的棉花"晚密简"栽培技术［J］. 中国棉花，2016，43（07）：36-38

［30］王希，杜明伟，田晓莉，等. 黄河流域棉区棉花脱叶催熟剂的筛选研究［J］. 中国棉花，2015，42（05）：15-21

［31］刘刚. 目前登记的棉花脱叶剂产品. 农药市场信息，2017，（25）：34.Liu G. Cotton defoliant products registered［J］. Pestic Mark News，2017，（25）：34

［32］陈传强，蒋帆，张晓洁，等. 我国棉花生产全程机械化生产发展现状、问题与对策［J］. 中国棉花，2017，44（12）：1-4

［33］白岩，毛树春，田立文，等. 新疆棉花高产简化栽培技术评述与展望［J］. 中国农业科学，2017，50（01）：38-50

［34］蒙贺伟，王星. 浅谈组合式精量点播器在棉花播种上的应用［J］. 新疆农垦科技，2018，41（06）：31-33

［35］武建设，陈学庚. 2015. 新疆兵团棉花生产机械化发展现状问题及对策［J］. 农业工程学报，31（18）：5-10

［36］黎芳，王希，王香茹，杜明伟，等. 黄河流域北部棉区棉花缩节胺化学封顶技术［J］. 中国农业科学，2016，49（13）：2497-2510

［37］白萍，邓路. 棉花水肥一体化节本增效技术综合效益评价［J］. 节水灌溉，2019（07）：77-81

［38］刘玲辉，窦宏举. 新疆兵团第二师铁门关市棉花水肥一体化化肥减量增效技术模式［J］. 新疆农垦科技，2019，42（02）：26-28

［39］雷亚平，韩迎春，王国平，等. 棉花株式图信息数字化方法及其应用［J］. 棉花学报，2018，30（01）：92-101

［40］刘帅，李亚兵，韩迎春，等. 棉花冠层不同尺度光能空间分布特征研究［J］. 棉花学报，2017，29（05）：447-455

［41］刘丽媛，李传宗，李亚兵. 网格数学方法在棉田水分运动研究中的应用［J］. 中国棉花，2017，44（11）：33-35，38

［42］雷亚平，韩迎春，王国平，等. 无人机低空数字图像诊断棉花苗情技术［J］. 中国棉花，2017，44（05）：23-25，35

［43］雷亚平，韩迎春，杨北方，等. 利用无人机数字图像监测不同棉花品种叶面积指数［J］. 中国棉花，2018，45（12）：9-15

［44］王康丽，韩迎春，雷亚平，等. 利用机载红外相机监测脱叶剂对棉花冠层温度的影响［J］. 中国棉花，2018，45（10）：16-21

［45］常国权，冯贺，李亚兵. 棉花叶面温度采集系统的设计与测试［J］. 江苏农业科学，2018，46（02）：162-166

［46］ Chu Tianxing，Chen Ruizhi，Juan A，et al. Cotton growth modeling and assessment using unmanned aircraft system visual-band imagery［J］. Appl. Remote Sens. 2016，10（3）：036018

［47］ Xu R，Li C，Paterson AH. Multispectral imaging and unmanned aerial systems for cotton plant phenotyping［J］. PLoS One，2019，14（2）：e0205083

［48］ Bian J，Zhang Z，Chen J，et al. Simplified evaluation of cotton water stress using high resolution unmanned aerial vehicle thermal imagery［J］. Remote Sensing，2019，11（3）：267

［49］ 毛树春，李付广. 当代全球棉花产业［M］.北京：中国农业出版社，2016

［50］ 毛树春，李亚兵，王占彪，等. 农业高质量发展背景下中国棉花产业的转型升级［J］. 农业展望，2018，39（5）：39-45

［51］ 毛树春，李亚兵，王占彪，等. 再论用"品质中高端"引领棉花产业发展［J］. 农业展望，2017，13（4），40-47

撰稿人：毛树春　李亚兵　冯　璐　杜雄明　高　伟

王占彪　贾银华　马小艳　马峙英

附　录

表 1　2015—2018 年度作物学科重要科技成果奖目录

序号	奖项	奖级	年份	项目名称	主要完成单位	主要完成人
1	国家科技进步奖	二等奖	2015 年	CIMMYT 小麦引进、研究与创新利用	中国农业科学院作物科学研究所	何中虎等 10 人
2	国家科技进步奖	二等奖	2015 年	高产稳产棉花品种鲁棉研 28 号选育与应用	山东棉花研究中心	王家宝等 10 人
3	国家科技进步奖	二等奖	2015 年	晚粳稻核心种质测 21 的创制与新品种定向培育应用	浙江省农业科学院	姚海根等 10 人
4	国家科技进步奖	二等奖	2015 年	甘蓝型黄籽油菜遗传机理与新品种选育	西南大学	李加纳等 10 人
5	国家科技进步奖	二等奖	2015 年	小麦抗病、优质多样化基因资源的发掘、创新和利用	中国农业大学	孙其信等 10 人
6	国家科技进步奖	二等奖	2015 年	玉米田间种植系列手册与挂图	—	李少昆等 10 人
7	国家科技进步奖	二等奖	2015 年	高产早熟多抗广适小麦新品种国审偃展 4110 选育及应用	河南省才智种子开发有限公司	徐才智
8	国家科技进步奖	二等奖	2015 年	新疆棉花大面积高产栽培技术的集成与应用	新疆农业科学院棉花工程技术研究中心	—
9	国家科技进步奖	二等奖	2015 年	玉米冠层耕层优化高产技术体系研究与应用	中国农业科学院作物科学研究所	赵明等 10 人

续表

序号	奖项	奖级	年份	项目名称	主要完成单位	主要完成人
10	国家科技进步奖	二等奖	2015 年	稻麦生长指标光谱监测与定量诊断技术	南京农业大学	曹卫星等 10 人
11	国家自然科学奖	二等奖	2016 年	水稻产量性状的遗传与分子生物学基础	华中农业大学	张启发等 5 人
12	国家技术发明奖	二等奖	2016 年	芝麻优异种质创新与新品种选育技术及应用	河南省农业科学院芝麻研究中心	张海洋等 6 人
13	国家技术发明奖	二等奖	2016 年	玉米重要营养品质优良基因发掘与分子育种应用	中国农业大学	李建生等 6 人
14	国家科学技术进步奖	创新团队	2016 年	中国农业科学院作物科学研究所小麦种质资源与遗传改良创新团队	中国农业科学院作物科学研究所	刘旭等 15 人
15	国家科学技术进步奖	二等奖	2016 年	多产稳产棉花新品种中棉所 49 的选育技术及应用	中国农业科学院棉花研究所	严根土等 10 人
16	国家科学技术进步奖	二等奖	2016 年	江西双季超级稻新品种选育与示范推广	江西农业大学	贺浩华等 10 人
17	国家科学技术进步奖	二等奖	2016 年	油料功能脂质高效制备关键技术与产品创制	中国农业科学院油料作物研究所	黄凤洪等 10 人
18	国家科学技术进步奖	二等奖	2016 年	南方低产水稻土改良与地力提升关键技术	中国农业科学院农业资源与农业区划研究所	周卫等 10 人
19	国家科学技术进步奖	二等奖	2016 年	东北地区旱地耕作制度关键技术研究与应用	辽宁省农业科学院	孙占祥等 10 人
20	国家自然科学奖	一等奖	2017 年	水稻高产优质性状形成的分子机理及品种设计	中国科学院遗传与发育生物学研究所	李家洋等 5 人
21	国家自然科学奖	二等奖	2017 年	促进稻麦同化物向籽粒转运和籽粒灌浆的调控途径与生理机制	扬州大学	杨建昌等 5 人
22	国家技术发明奖获	二等奖	2017 年	水稻精量穴直播技术与机具	华南农业大学	罗锡文等 6 人
23	国家科学技术进步奖	一等奖	2017 年	袁隆平杂交水稻创新团队	湖南杂交水稻研究中心	袁隆平等 15 人
24	国家科学技术进步奖	二等奖	2017 年	多抗广适高产稳产小麦新品种山农 20 及其选育技术	山东农业大学	田纪春等 10 人

续表

序号	奖项	奖级	年份	项目名称	主要完成单位	主要完成人
25	国家科学技术进步奖	二等奖	2017年	早熟优质多抗马铃薯新品种选育与应用	中国农业科学院蔬菜花卉研究所	金黎平等10人
26	国家科学技术进步奖	二等奖	2017年	寒地早粳稻优质高产多抗龙粳新品种选育及应用	黑龙江省农业科学院佳木斯水稻研究所	潘国君等10人
27	国家科学技术进步奖	二等奖	2017年	花生机械化播种与收获关键技术及装备	青岛农业大学	尚书旗等10人
28	国家科学技术进步奖	二等奖	2017年	花生抗黄曲霉优质高产品种的培育与应用	中国农业科学院油料作物研究所	廖伯寿等10人
29	国家科学技术进步奖	二等奖	2017年	中国野生稻种质资源保护与创新利用	中国农业科学院作物科学研究所	杨庆文等10人
30	国家自然科学奖	二等奖	2018年	杂交稻育性控制的分子遗传基础	华南农业大学	刘耀光等5人
31	国家技术发明奖获	二等奖	2018年	小麦与冰草属间远缘杂交技术及其新种质创制	中国农业科学院作物科学研究所	李立会等6人
32	国家科学技术进步奖	二等奖	2018年	大豆优异种质挖掘、创新与利用	中国农业科学院作物科学研究所	邱丽娟等10人
33	国家科学技术进步奖	二等奖	2018年	高产优质小麦新品种郑麦7698的选育与应用	河南省农业科学院小麦研究所	许为钢等10人
34	国家科学技术进步奖	二等奖	2018年	多熟制地区水稻机插栽培关键技术创新及应用	扬州大学	张洪程等10人
35	国家科学技术进步奖	二等奖	2018年	沿淮主要粮食作物涝渍灾害综合防控关键技术及应用	安徽农业大学	程备久等10人

表2　2015—2019年度中国农业农村部作物主推技术

年度	主推技术	备注
2019	水稻叠盘出苗育秧技术	—
	水稻精量育秧播种技术	—
	杂交稻单本密植大苗机插栽培技术	—
	冬小麦节水省肥优质高产技术	—
	冬小麦宽幅精播高产栽培技术	—
	玉米免耕种植技术	—

续表

年度	主推技术	备注
2019	夏玉米精量直播晚收高产栽培技术	—
	玉米密植高产全程机械化生产技术	—
	玉米条带耕作密植高产技术	—
	鲜食玉米绿色优质高效生产技术	—
	玉米花生宽幅间作技术	—
	玉米原茬地免耕覆秸精播机械化生产技术	—
	大豆大垄高台栽培技术	—
	大豆带状复合种植技术	—
	大豆机械化高质低损收获技术	—
	黄淮海夏大豆免耕覆秸机械化生产技术	—
	油菜绿色高质高效生产技术	—
	油菜机械化播栽与收获技术	—
	油菜菌核病、根肿病综合防控技术	—
	油菜多用途开发利用技术	—
	花生抗旱节水高产高效栽培技术	—
	花生单粒精播节本增效高产栽培技术	—
	麦后夏花生免耕覆秸栽培技术	—
	花生种肥同播肥效后移延衰增产技术	—
	花生机械化播种与收获技术	—
	花生地下害虫综合防控技术	—
	丘陵山区春播绿豆地膜覆盖生产栽培技术	—
	黄河流域高效轻简化植棉技术	—
	基于数量化标准的全程机械化植棉技术	—
	玉米大豆轮作条件下秸秆全量还田技术	—
	稻田冬绿肥全程机械化生产技术	—
	基于产量反应和农学效率的玉米、水稻和小麦推荐施肥方法	—
2018	水稻钵苗机插优质增产技术	—
	水稻高低温灾害防控技术	—
	机收再生稻丰产高效技术	—
	冬小麦节水省肥优质高产技术	—
	冬小麦宽幅精播技术	—
	西北旱地小麦蓄水保墒与监控施肥技术	—

续表

年度	主推技术	备注
2018	小麦赤霉病综合防控技术	—
	玉米免耕种植技术	—
	夏玉米精量直播晚收高产栽培技术	—
	玉米花生宽幅间作技术	—
	马铃薯机械化收获技术	—
	马铃薯晚疫病和早疫病综合防控技术	—
	大豆机械化生产技术	—
	油菜机械化播种与联合收获技术	—
	饲用油菜生产及利用技术	—
	油菜根肿病绿色防控技术	—
	花生机械化播种与收获技术	—
	花生单粒精播节本增效高产栽培技术	—
	花生枯萎病及叶部病害综合防控技术	—
	花生黄曲霉素全程控制技术	—
	盐碱地棉花高产栽培技术	—
	新疆膜下滴灌棉花综合栽培技术	—
	棉花机械化精准化生产技术	—
	高寒区旱地绿豆地膜覆盖高产栽培及配套技术	—
	荞麦大垄双行轻简化全程机械化栽培技术	—
	大麦青饲（贮）种养结合生产技术	—
	绿肥生产利用全程轻简化技术	—
	苜蓿—冬小麦—夏玉米轮作技术	—
	机械化深松整地技术	—
	农作物秸秆机械化还田技术	—
	农田地膜污染综合防控技术	—
2017	水稻精确定量栽培技术	—
	机收再生稻丰产高效技术	—
	水稻高低温灾害防控技术	—
	小麦赤霉病综合防控技术	—
	玉米免耕种植技术	—
	夏玉米精量直播晚收高产栽培技术	—
	黄淮海区小麦玉米双机收籽粒高产高效技术	—

年度	主推技术	备注
2017	冬作马铃薯高产高效生产技术	—
	半干旱区旱地马铃薯全膜覆盖栽培技术	—
	马铃薯晚疫病和早疫病综合防控技术	—
	马铃薯机械化收获技术	—
	黄淮海夏大豆麦茬免耕覆秸精量播种技术	—
	米豆轮作条件下大豆高产栽培技术	—
	大豆带状复合种植技术	—
	高纬度地区大豆优质高产高效生产技术	—
	大豆机械化生产技术	—
	花生适期晚播避旱增产栽培技术	—
	淮河流域麦后直播花生高效种植技术	—
	花生单粒精播节本增效高产栽培技术	—
	花生枯萎病及叶部病害综合防控技术	—
	春花生机械化生产技术	—
	饲用油菜生产及利用	—
	油菜绿色高效生产技术	—
	南方稻田油菜机械起垄栽培技术	—
	油菜机械化播种与联合收获技术	—
	油菜根肿病绿色防控技术	—
	长江流域棉花轻简化栽培技术	—
	黄河流域棉花轻简化栽培技术	—
	盐碱地棉花高产栽培技术	—
	棉花机械化生产技术	—
	高寒区旱地绿豆地膜覆盖高产栽培及配套	—
	荞麦大垄双行轻简化全程机械化栽培技术	—
	冬小麦节水省肥高产技术	—
	西北旱地小麦蓄水保墒与监控施肥技术	—
	玉米花生宽幅间作技术	—
	全株玉米青贮制作技术	—
	旱作马铃薯膜下滴灌水肥一体化技术	—
	大豆与马铃薯、西瓜等经济作物套作种植技术	—
	新疆膜下滴灌棉花综合栽培技术	—

续表

年度	主推技术	备注
2017	棉花减肥减药高效生产技术	—
	苜蓿－冬小麦－夏玉米轮作技术	—
	大田作物生物配肥集成技术	—
	机械化深松整地技术	—
	秸秆全量处理利用技术	—
	农田地膜污染综合防控技术	—
	花生黄曲霉素全程控制技术	—
2016	测土配方施肥技术	耕地质量提升技术
	秸秆腐熟还田技术	
	绿肥种植技术	
	"沼渣沼液"综合利用培肥技术	
	新型包膜缓释肥施用技术	高效缓释肥料施用技术
	稳定性肥料施用技术	
	水肥一体化技术	—
	旱作农田地膜覆盖技术	—
	农田测墒灌溉技术	—
	水稻机械化育秧技术	—
	水稻机械化插秧技术	—
	玉米机械化生产技术	—
	大豆机械化生产技术	—
	油菜机械化种植技术	—
	油菜机械化收获技术	—
	麦茬全秸秆覆盖花生机械化免耕播种技术	—
	半喂入花生联合收获技术	—
	棉花播种机械化技术	—
	机械化采棉技术	—
	机械化采收籽棉预处理技术	—
	高效节水灌溉机械化技术	—
	保护性耕作技术	—
	农作物秸秆综合利用机械化技术	—
	水田秸秆机械化还田技术	—
	残膜回收利用机械化技术	—

年度	主推技术	备注
	水稻机械化毯状秧苗育插秧技术	—
	水稻钵苗机插与摆栽技术	—
	水稻旱育栽培技术	—
	水稻抛秧栽培技术	—
	超级稻高产栽培技术	—
	水稻精确定量栽培技术	—
	水稻"三定"栽培技术	—
	再生稻综合栽培技术	—
	水稻灾害防控与补救栽培技术	—
	双季稻机械化生产技术	—
	稻瘟病:"一浸二送三预防"防控稻瘟病技术	
	纹枯病:"健身栽培+倍量施药"防控水稻纹枯病技术	
	稻曲病、穗腐病、穗（谷）枯病:"一浸两喷"防控技术	
	水稻条纹叶枯病、黑条矮缩病、南方黑条矮缩病:"抗、避、断、治"防控技术	水稻主要病虫害防控技术
2016	稻飞虱（褐稻虱、白背飞虱、灰飞虱）:"选药—选时—喷到位"防控技术	
	稻纵卷叶螟防控技术	
	螟虫（二化螟、三化螟）:"栽培避虫+性诱剂诱捕"防控螟虫技术	
	黄淮海冬小麦机械化生产技术	—
	冬小麦节水省肥高产技术	—
	冬小麦宽幅精播高产栽培技术	—
	冬小麦测墒补灌节水栽培技术	—
	稻茬小麦机械化生产技术	—
	西南旱地套作小麦带式机播技术	—
	西北旱地小麦蓄水覆盖保墒技术	—
	东北春小麦优质高产高效栽培技术	—
	小麦主要病虫害统防统治技术	—
	夏玉米精量直播晚收高产栽培技术	—
	夏玉米抗逆防倒防衰减灾技术	—
	西南玉米抗旱精播丰产技术	—
	山地玉米抗逆简化栽培技术	—

续表

年度	主推技术	备注
2016	玉米间套种植高产高效种植模式	—
	玉米密植高产全程机械化生产技术	—
	玉米膜下滴灌水肥一体化增产技术	—
	玉米大垄双行栽培技术	—
	大豆"垄三"栽培技术	—
	大豆窄行密植技术	—
	黄淮海夏大豆麦茬免耕覆秸精量播种技术	—
	大豆带状复合种植技术	—
	棉花轻简栽培集成技术	—
	盐碱地棉花丰产栽培技术	—
	棉麦双高产技术	—
	适宜机械化采收的棉花种植技术	—
	高密度膜下滴灌植棉技术	—
	油菜机械化生产技术	—
	油菜免耕直播栽培技术	—
	油菜机开沟免耕摆栽技术	—
	油菜"一促四防"抗灾技术	油菜主要灾害防控技术
	油菜主要害虫防治技术	
	油菜封闭除草新技术	
	油菜根肿病综合技术	
	花生单粒精播节本增效高产栽培技术	—
	花生夏直播生产技术	—
	花生旱灾防控技术	—
	花生渍涝防控技术	—
	马铃薯主要土传病害的综合防治技术	—
	冬作马铃薯高产高效生产技术	—
	马铃薯深耕大垄全程机械化栽培技术	—
	冬早春马铃薯大垄双行膜下滴灌节水技术	—
	马铃薯旱作机械覆膜增产增效技术	—
2015	测土配方施肥技术	—
	秸秆腐熟还田技术	耕地质量提升技术
	绿肥种植技术	

年度	主推技术	备注
2015	"沼渣沼液"综合利用培肥技术	—
	新型包膜缓释肥施用技术	高效缓释肥料施用技术
	稳定性肥料施用技术	—
	水肥一体化技术	—
	中微量元素肥料高效施用技术	—
	旱作农田地膜覆盖技术	—
	农作物病虫害绿色防控技术	—
	水稻机械化育秧技术	—
	水稻机械化插秧技术	—
	黄淮海地区冬小麦机械化生产技术	—
	稻茬麦机械化生产技术	—
	玉米机械化生产技术	—
	大豆机械化生产技术	—
	油菜机械化种植技术	—
	油菜机械化收获技术	—
	麦茬全秸秆覆盖花生机械化免耕播种技术	—
	半喂入花生联合收获技术	—
	棉花播种机械化技术	—
	机械化采棉技术	—
	机械化残膜回收技术	—
	机械化采收籽棉预处理技术	—
	高效节水灌溉机械化技术	—
	保护性耕作技术	—
	农作物秸秆机械化还田	—
	水稻机械化毯状秧苗育插秧技术	—
	水稻钵苗机插与摆栽技术	—
	水稻旱育栽培技术	—
	水稻抛秧栽培技术	—
	超级稻高产栽培技术	—
	水稻精确定量栽培技术	—
	水稻"三定"栽培技术	—
	再生稻综合栽培技术	—

续表

年度	主推技术	备注
2015	水稻灾害防控与补救栽培技术	—
	双季稻机械化生产技术	—
	稻瘟病："一浸二送三预防"防控稻瘟病技术	水稻主要病虫害防控技术
	纹枯病："健身栽培＋倍量施药"防控水稻纹枯病技术	
	稻曲病、穗腐病、穗（谷）枯病："一浸两喷"防控技术	
	水稻条纹叶枯病、黑条矮缩病、南方黑条矮缩病："抗、避、断、治"防控技术	
	稻飞虱（褐稻虱、白背飞虱、灰飞虱）："选药—选时—喷到位"防控技术	
	稻纵卷叶螟防控技术	
	螟虫（二化螟、三化螟）："栽培避虫＋性诱剂诱捕"防控螟虫技术	
	小麦规范化播种技术	—
	冬小麦节水节肥高产技术	—
	冬小麦宽幅精播高产栽培技术	—
	小麦深松少免耕镇压栽培技术	—
	稻茬麦免（少）耕机械播种技术	—
	旱地套作小麦带式机播技术	—
	旱地小麦蓄水覆盖保墒技术	—
	东北春小麦优质高产高效栽培技术	—
	夏玉米免耕直播高产栽培技术	—
	夏玉米密植抗逆防倒防衰技术	—
	西南玉米抗旱精播丰产技术	—
	山地玉米抗逆简化栽培技术	—
	玉米密植高产全程机械化生产技术	—
	玉米膜下滴灌水肥一体化增产技术	—
	玉米大垄双行栽培技术	—
	大豆"垄三"栽培技术	—
	大豆窄行密植技术	—
	麦茬夏大豆节本栽培技术	—
	大豆带状复合种植技术	—
	棉花轻简育苗移栽技术	—
	麦（油）后移栽棉高产栽培技术	—
	盐碱地棉花丰产栽培技术	—

年度	主推技术	备注
2015	棉花高产简化栽培技术	—
	棉麦双高产技术	—
	适宜机械化采收的棉花种植技术	—
	高密度膜下滴灌植棉技术	—
	油菜机械化生产技术	—
	油菜轻简高效栽培技术	—
	油菜"一促四防"抗灾技术	油菜主要灾害防控技术
	油菜主要害虫防治技术	
	油菜封闭除草新技术	
	油菜根肿病综合技术	
	花生单粒精播节本增效高产栽培技术	—
	花生夏直播生产技术	—
	旱地马铃薯半膜垄沟深播高效栽培技术	—
	西南山区马铃薯地膜覆盖平作起垄高产栽培技术	—
	马铃薯主要土传病害的综合防治技术	—

ABSTRACTS

Comprehensive Report

Advances in Crop Science

Crop science is one of the core sciences of agricultural science. The development of crop science can escort the development of agricultural science and technology. The core task of the development of crop science is to continuously explore and reveal the laws of crop growth and development, yield and quality formation, the genetic laws of important traits of crops and their relationship with the ecological environment and production conditions; study the methods and technologies of crop genetic improvement, cultivate excellent new varieties, and innovate and integrate the cultivation technology system of high yield, high quality, high efficiency, ecology and safety of crops. It can promote the sustainable development of modern agriculture in China. The development of crop science and the progress of science and technology provide reliable and powerful technical support and reserve for ensuring national food security, effective supply of agricultural products, ecological security and increasing farmers' income, which is an important manifestation of the realization of "storing grain in technology".

This report mainly reviews, summarizes and scientifically and objectively evaluates the new progress, new achievements, new opinions, new viewpoints, new methods and new technologies of the discipline in recent years, as well as the progress in academic construction, personnel training and basic research platform of the discipline; expounds the latest progress and major scientific and technological achievements of the discipline as well as its promotion

of agricultural sustainable development and guarantee of national food security. in-depth study and analysis of the development status, trends and trends of this discipline, as well as the comparison between China's crop science and international advanced level, based on China's modern agricultural development, food security, poverty alleviation and the strategic demand for the development of crop science and its research direction; based on the whole country, tracking the international. The development frontier of the discipline, the development prospect and goal of the discipline in the next five years, and the future development trend, research direction and key tasks of the discipline in China are put forward. This report includes the special reports on crop genetics and breeding, crop cultivation and physiology of two main secondary disciplines, and 16 special reports on Crop Science and technology development of crop seeds, rice, corn, wheat, soybean, potato cetera, major new progress and scientific and technological achievements, comparison of development level at home and abroad, development trend and research direction in the next five years.

At present, the subject and production status of crop science is more prominent, promoting the development of modern agriculture. Crop science development is more systematic, scientific and comprehensive. In recent years, crop science has made some new research progress. The basic theory research has reach new altitude of crop science, and innovated new theories in many fields of crop science. Innovated high yield and efficiency, high quality new varieties and key technologies of crop science. Obtained new breakthroughs in the construction of crop scientific conditions. In recent years, crop science has made a series of significant achievements and published a number of international cutting-edge articles. But there is a certain gap between the development level of crop science in China and the international level. We need to continue to strengthen basic cutting-edge research and innovate a number of applicable technologies.

Written by Zhao Ming, Li Xinhai, Dai Qigen, Li Yu, Wei Huanhe, Ma Wei, Xu Li

Reports on Special Topics

Advances in Crop Breeding and Genetics

Crop genetics and breeding plays an important role in China's agricultural sciences. The scientific and technological progress of crop genetic improvement had great significance for ensuring national food security and sustainable agricultural development. This report systematically summarizes the development status and dynamic progress of crop germplasm resources conservation and innovation, genetic basic research, breeding technology innovation, material creation and new variety development since 2016, compares with similar foreign subjects from the four aspects of crop germplasm resources, new gene discovery, breeding theory and technology, and genetic improvement of traits, and clarifies the overall research level, technical advantages and gaps of the discipline in the world.

Aiming at the development requirements of the crop genetics and breeding discipline in the next five years, this report established the development ideas of "strengthening independent innovation, highlighting strategic priorities, innovating management mechanisms, and developing modern seed industry", confirmed five priority directions of "Basic research on crop breeding, Crop genetic resources mining and germplasm innovation, Crop breeding technology innovation, Crop new variety cultivation, and Crop seed production technology", and proposed development goals of "Efforts will be made to overcome major basic scientific issues in crop breeding, break through disruptive technologies such as crop gene editing and genome-

wide selection, and accelerate the cultivation of a new generation of major new varieties. By 2030, the contribution rate of improved varieties to agricultural production will reach over 60%, and the overall level of crop seed industry and technology has leapt to the forefront of the world".

Written by Li Xinhai, Li Yu, Ma Youzhi, Liu Luxiang, Zheng Jun, Wang Wensheng

Advances in Crop Cultivation Discipline

In the background of resources and environment constraints, how to accelerate the transformation of agricultural development mode, ensure the effective supply of agricultural products, and achieve sustainable use of resources are real problems that must be solved. From 2015 to 2019, great progress was made in coordinated cultivation of high-quality and high-yield crops, agro-industrial integration, accurate and efficient use of fertilizer and water, conservation tillage cultivation techniques, anti-stress cultivation physiology and basic theoretical research, mechanization cultivation technology. Such progress contributed greatly to achieve synergistic increase in crop yield, farmers' revenue, and production efficiency in China. The main progress was listed including coordinated cultivation of high quality and high yield of crops, integration of agronomy and machinery, efficient utilization of fertilizers and irrigation, tillage cultivation technology, anti-stress cultivation physiology, mechanization cultivation technology, basic cultivation theory, and technology promotion model.

The research progress in crop production at home and abroad were compared, and the gaps between China and foreign countries were also analyzed. These gaps are followings: (1) The basic research system of crop cultivation is not balanced, and the overall research level needs to be improved; (2) Mechanical intelligent cultivation promotes foreign agricultural production, and there is still a big gap in China; (3) Insufficient breakthroughs in key technologies innovation and application of crop multi-target production. Faced with such gaps, the authors put forward the following proposals to promote the comprehensive level of crop production in China: strengthening the synergy theory and cultivation control technology of crop quality and high yield; strengthening the study on key techniques of controlling fertilizers, environmental pollution, and pesticides; strengthening the research on intelligent cultivation technology of crop mechanization; strengthening the study cultivation techniques of crop stress resistance; strengthening the research on special crop cultivation techniques; strengthening the study on crop multi-ripening planting pattern innovation and efficient cultivation techniques; strengthening the research and integration of standardized production technology for crops; strengthening the theory and technology between crop cultivation and other disciplines.

Written by Dai Qigen, Wei Huanhe, Gao Hui, Zhang Hongcheng

Advances in Seed Industry Science and Technology

Seed industry is the national strategic and foundational core industry, the "chip" of agricultural modernization, the fundamental to promote the long-term stable development of agriculture and ensure national food security. Compared with the developed countries, China is a big country but not a powerful country in terms of seed industry, the contribution rate of of improved varieties in developed countries is more than 60%, while that in China is only about 43%. At present, the fourth scientific and technological revolution of seed industry in the world characterized by Biotechnology & Informatization is promoting the profound transformation of R&D, production, operation and management in seed industry. In developed country, the seed industry has developed into a perfect and sustainable industrial system integrating scientific research, production and processing, marketing and technical services. In the past five years, the talent team of seed industry has been growing continuously in China, and the research level of seed science theory and technology has been greatly improved, including achievements of fundamental research of seed dormancy, germination and vigor related key gene mining, gene functional research, seed processing and vigor testing technologies. While there is still a big gap compared with developed countries, mainly in the following four aspects: (1) Insufficiency of germplasm discovering and gene mining related to seed traits; (2) The weakness of seed related new technology innovation and application; (3) The high-throughput, large-scale and standardized seed technology system has not been established; (4) The lag behind of basic research on public welfare, and lacking of authoritative academic journals,

innovation platforms and public testing institutions in terms of seed science and technology. Thus, the corresponding strategies we made as below: (1) Strengthen the basic research of seed science and technology, and improve the potential development of seed industry; (2) Make up the shortage of seed production and processing technology, and enhance the competitiveness of seed industry in China; (3) Attach importance to the research of seed testing technology, and improve the ability of seed quality supervising; (4) Accelerate the construction of talent team and seed science and technology platform, and comprehensively promote the innovation ability of seed science and technology.

Written by Wang Jianhua, Gu Riliang, Zhao Guangwu, Sun Qun, Li Runzhi,
Li Yan, Wang Zhoufei, Sun Aiqing, Guan Yajing, Li Li, Di Hong

Advances in Rice Science and Technology

This report reviewed the research progress of rice science and technology in China from 2015 to 2018, including genetics and breeding, cultivation, variety resources and molecular biology, compared its development at home and abroad, and put forward the development trend and prospect of rice discipline. From 2015 to 2018, the numbers of rice varieties registered in China and approved by the state and provincial level were 487, 551, 676 and 943, respectively. Due to the change of variety examination and approval system, the number of rice varieties was greatly increased. The quality and resistance of approved varieties were improved. In 2018, the proportion of high quality rice was 50% of the 268 rice varieties approved by the state, and the proportion of local approved varieties was 34.6%. In terms of resistance, there were 38 varieties resistant to rice blast, 8 varieties resistant to bacterial blight and 2 varieties resistant to brown planthopper. At present, the number of varieties that can be named super rice is 132, and the fifth high yield target of 16.0 t/ hm^2 has been achieved in 2016.

The heterosis utilization between indica and japonica subspecies has developed rapidly in the middle and lower reaches of the Yangtze River, especially in Hangjiahu area of China. A series of three-line indica-japonica sub-specific hybrid rice have been selected by using japonica male sterile lines and indica/japonica intermediate restorer lines, such as Yongyou, Chunyou,

Zheyou and Jiayouzhongke, which show high yield and great potential for yield increase. Gratifying progress has also been made in the utilization of heterosis in japonica rice. Molecular marker breeding has been widely used in the resistance and quality improvement of rice backbone parents, and the molecular design breeding of rice has also made a major breakthrough. Progress has been made in the use of genome editing techniques to improve rice, and the cloned seeds of hybrid rice were obtained by establishing apomixis system in hybrid rice.

On the mechanization of rice cultivation, the "seed control, water control and chemical control" seedling raising technology of mechanical transplanting rice was established; the growth, development and the formation of high yield and fine quality of carpet seedling and bowl seedling machine transplanting rice were expounded, and the coordinated cultivation approach of high yield and good quality and the index system of growth diagnosis were established. Taking the above key techniques as the main body, a new cultivation model of high yield and high quality rice with blanket seedling and bowl seedling machine transplanting was established, and applied in Jiangsu, Anhui, Zhejiang, Jiangxi and other provinces on a large scale. The benefits and techniques of newly developed "shrimp-rice", "crayfish-rice" and other symbiotic breeding models of rice and fish were reported. The development of ratoon rice, especially the newly developed machine-harvesting ratoon rice, is introduced.

The total preservation of rice variety resources increased rapidly, the identification and evaluation of variety resources improved qualitatively, the research results of genome variation and genetic diversity were fruitful, new progress was made in the study of rice domestication, and an important breakthrough was made in the mining of rice gene resources.

In the field of rice molecular biology, the genetic basis and mechanism of rice broad-spectrum disease resistance, the molecular genetic mechanism of heterosis, the mechanism of rice perception and tolerance to cold and heat damage, the molecular mechanism of regulating plant growth-metabolism balance to achieve sustainable agricultural development, the molecular mechanism of selfish genes maintaining the stability of plant genome and the whole genome variation of large-scale germplasm resources were analyzed.

Written by Cheng Shihua, Hu Peisong, Cao Liyong, Zhang Xiufu,
Wei Xinghua, Guo Longbiao, Pang Qianlin

Advances in Maize Science and Technology

Maize is one of the most important cereal crops with 42.1 million hectares of planting areas and 257 million tons of total output in 2018. By the rapid development of life science and IT, maize science entered a new period. High throughput technology of multiple-omics became powerful tools for screening germplasm so that the efficiency mining favorable genes is increased. With global climate warming, all kinds of extreme weather occur more often. So stable hybrids with more stress tolerance have been more needed. Elite hybrids suited for full season mechanization is an important direction for breeding. Modern maize breeding system is being built up by combining conventional breeding with biotechnology and IT as well as high throughput molecular markers, double hybrid and GWS. The potency of grain yield was exploited so that record of high grain yield was created. Green and efficient farming system was optimized. To sum up, the improvements of maize science raised maize technology level and promoted the development of maize industry in China.

Written by Chen Shaojiang, Chen Yanhui, Li Jiansheng, Li Shaokun, Li Xinhai, Li Yu, Liu Ya, Liu Yonghong, Lu Yanli, Ming Bo, Meng Qingfeng, Qin Feng, Song Rentao, Song Zhenwei, Tang Jihua, Tian Feng, Wang Qun, Wang Ronghuan, Wang Tianyu, Wang Yongjun, Xie Chuanxiao, Xu Mingliang, Yan Jianbing, Yang Xiaohong, Yuan Lixing, Zhao Jiuran, Zhang Jiwang, Zhang Zuxin

Advances in Wheat Science and Technology

This report summarized the development of wheat science and technology in the last five years, focusing on the innovation and utilization of breeding-related technologies. Meanwhile, the important achievements in wheat research areas were reviewed, such as new variety breeding, molecular marker development, genomics, germplasm creation, and cultivation techniques. Based on current problems in wheat breeding and production, this report was mainly focus on the development of molecular markers and their application them in wheat breeding, as well as illustrating new varieties bred by marker-assisted selection. At the same time, the differences were compared between independent innovation technology and international advanced technology, and the trends and countermeasures of future science and technology development in wheat industry were also discussed.

Written by Xiao Yonggui, Li Simin, Liu Cheng, Zheng Chengyan, Fu Luping,
Li Faji, Li Jihu, Lan Caixia, Yin Honggui, Li Xingmao, Cui Fa, Hu Weiguo

Advances in Soybean Science and Technology

Outstanding progresses were achieved in soybean genetic research, variety improvement and cultivation techniques in China during the 2015-2019. The research gap between China and the world's advanced level is narrowing down in general. Soybean joint breeding research obtained remarkable results. The yield potential and stability of newly released soybean varieties were greatly improved. Green and simplified production practices were established, and larger scale high-yield records were created consecutively over the years. Researches on De novo assembly of soybean genome, mining of growth period and yield related genes ranked among international advanced level. As agricultural biotechnology, especially transgenic soybean, has not been applied to soybean production in China, soybean genetic improvements are not advanced enough. The gaps of soybean production potential and unit yield between China and the world's advanced level are expanding continuously. In the coming 5-10 years, speeding up the application of biotechnology, precision agriculture and other high-tech in soybean research and production, breeding high-yield and high-protein varieties, and innovating green and effective production system are urgently needed in China. Simultaneously, major breakthroughs in fundamental research should be discovered to support the innovation of soybean varieties and

production technology.

Written by Guan Rongxia, Zhou Xin'an, Wu Cunxiang, Liu Xiaobing,
Tian Zhixi, Zhao Tuanjie, Wang Shuming, Lu Weiguo, Yu Deyue,
Chen Qingshan, Wang Guangjin, Han Yingpeng, Qiu Lijuan

Advances in Millet Crops and Sorghum Science and Technology

Foxtail millet (*Setaria italica*)，sorghum (*Sorghum bicolor*) and broomcorn millet (*Panicum miliaceum*) are three major cereals cultivated in northern China arid and semi-arid land area as staple grain and other utilities. In the past three years，many cultivars were developed and released to meet the market requirement，and most of those cultivars are semi-dwarf or dwarf to meet machinery harvesting and field management. Two sets of reference genome of broomcorn millet were released in 2018，there are also many genetic and functional genomic studies in foxtail millet and sorghum reported in the past three years including genetic map construction，major character QTL mining，functional gene cloning and protocol establishment for easy transformation. This report reviews the progress of foxtail millet，sorghum and broomcorn millet research in China of the past three years，and some prospectives and suggestions were also presented.

Written by Diao Xianmin, Zou Jianqiu, Cheng Ruhong, Shen Qun

Advances in Potato Science and Technology

China is the largest potato producer in the world，and the main potato producing areas are highly overlapped with poor areas，the potato industry plays an important role in poverty alleviation in poor areas. During 2015–2018, China's potato production mode has gradually changed from extensive expansion to quality and efficiency improvement, paying more attention to green production and demand-oriented. Potato crop science and technology has made important progress in the fields of genetic improvement, cultivation physiology and technology, prevention and control theory and technology of diseases, insect pests and weeds, and postpartum processing. Potato germplasm resources research has gradually been systematized, and the achievements of potato research based on genomics and transcriptome platform are fruitful, new progress has been made in gene mining and molecular regulation of stress resistance, disease resistance, quality and dormancy, and the development of molecular markers and the research of assisted selection technology system have been steadily promoted, research on molecular marker development and assisted selection technology system has been steadily promoted, and gene editing technology has been applied in potatoes, major changes have taken place in the management of potato varieties, with the increase of molecular detection methods for potato seed potato quality, different seed potato producing areas began to explore seed potato breeding technology adapted to local conditions. Research on potato crop growth and development is deepening day by day, research on physiology and water-saving technology was carried out according to local conditions, research on nutrient physiology and reducing fertilizer cultivation has been gradually expanded, exploration of integrated technology mode of potato green quality improvement and efficiency enhancement has yielded good results, and research and development of mechanized technology and equipment has yielded abundant achievements. Potato diseases, pests and weeds, rapid detection of pathogens and integrated control technologies have made great progress, potato functional components and tuber nutrition, development of new processed products and resource utilization of by-products have achieved remarkable results. In the next 5-10 years, China should strengthen the research and development of molecular genetic regulation mechanism and molecular breeding technology of potato important traits, breeding high-quality green multi-purpose potato varieties and promoting the application of qualified seed potatoes; strengthen the research on regulation mechanism and application of new technologies for green and high-quality production of potatoes, so as to promote the level of green and safe production; strengthen the research and development of potato storage technology, high value-added processed products and Chinese staple foods, improve the processing industry chain and enrich food types; We should make great efforts to anchor industrial demand, deepen basic theoretical research and solve practical production problems, and continue to provide strong scientific and technological support for the development of China's potato industry.

Written by Jin Liping, Shi Ying

Advances in Oil Crops Science and Technology

China is one of the largest countries in the world in terms of production, consumption and international trade of oil crops. The major oil crops in China are rapeseed, soybean, peanut, sesame, sunflower and flax. Domestic production of vegetable oil and protein meal has been unable to meet the increased market demand for many years. Currently, the ratio of imported vegetable oil and protein meal in domestic consumption is over 65%. Further increase of domestic oilseed production is of great significance for ensuring effective supply of edible vegetable oil and protein. During 2015−2018, the average annual planting area for oil crops in China has slightly decreased by 2.1% compared to the previous four years (2011−2014), but the average annual production increased by 4.2% because the average yield increased by 6.4%. Obviously, research and extension of improved production techniques have effectively contributed to yield increase, quality improvement and enhancement of production efficiency of the major oil crops. Remarkable progress has been made in genetic enhancement for improved varieties, physiological studies for improved cropping models and cultural practices, pathological studies for effective and environmentally-friendly plant protection techniques, and large-scale demonstration and extension of integrated options including mechanized production skills. Progress has also been achieved in developing improved technology for product processing and comprehensive utilization, detection of contaminants and quality management. In this report, the recent progress in scientific research and technology development of the major oil crops including rapeseed, peanut, sesame, sunflower and flax (soybean not included) in China in recent years is summarized, and strategies for further development of oilseed industry are discussed.

Written by Zhang Haiyang, Shan Shihua, Li Wenlin, Zhang Qi,
Cheng Xiaohui, Qin Lu, Dun Xiaoling, Li Xianrong, Xia Jing

Advance in Oat Science and Technology

Oat (*Avena* spp.) is one of important cereal crops in China, with a cultivation history of more than 2000 years. It contains rich proteins, amino acids and microelements as well as glucan and is widely considered as healthy food in the world. Since 2016, the advance of science and technology in oat has been greatly achieved in China. Research progress has been made in various areas: (1) 630 accessions were newly added to the collection of oat and total number of accessions reached 3035 accessions in the national genebank. Those germplasm accessions were characterized for agronomic traits. Access to oat germplasm collections was improved through national sharing platform; (2) Progress was made in breeding new varieties of oat by crosses between hulled oat and naked oat and systematic selection. Many new varieties were released and used in production; (3) Genetic diversity of at varieties was analyzed with different molecular markers and relations between different characters of oat were assessed. Genes associated with drought resistance, hulled seed/unhulled seed and short plant were identified by, and two QTLs associated with hulled seed/unhulled seed were mapped by linkage groups generated with SSR markers; (4) Approaches integrating variety, seed, fertilizer, irrigation and field management were mainly refined for oat production. The cultivation techniques on salted land were developed and mechanism for salt resistance in oat was explored. Oat intercropping with potato can improve use of nitrogen from soil and increase starch and vitamin contents of potato; (5) Researches found that the geographic and environmental conditions seriously affected the nutrient components of oat. The case study using oat feeding rates showed that β-glucan in oat would help to reduce the blood sugar; (6) The national oat and buckwheat research system supported by the Ministry of Agriculture and Rural Affaires played a key role for research and development of oat in China. Some research projects on oat were also supported by National Natural Science Foundation and local governments. There was an increase in the number of organizations involved in oat researches, including public and provide organizations. The problems and challenges for oat research and development were identified and priority topics for oat research were proposed: (1) Strengthen conservation and use of oat germplasm resources; (2) Innovate breeding technologies particularly molecular breeding technologies; (3) Improve the biotechnology for

oat genomic research, including molecular markers associated with important agronomic traits, identification of traits and allelic genes, and mechanism and function of genes controlling important agronomic traits; (4) Develop cultivation technologies for high yielding and high quality of oat in production, and improve the adaptability of oat varieties to climate change; (5) Improve nutrients of products and processing technologies of oat for healthy food, including traditional foods.

Written by Zhang Zongwen, Zheng Diansheng

Advance in Buckwheat and Quinoa Science and Technology

Buckwheat is an annual or perennial herb originating in China, belonging to the Polygonaceae family, *Fagopyrum* Mill. Most of the buckwheat species are diploids ($2n=16$) and their genome sizes are about 0.5G, except some of the wild buckwheat are tetraploids. It has short growth period, strong adaptability and barren tolerance, made it an important food crop in arid and high altitude poverty-stricken mountainous areas with both important economic and cultural value. Buckwheat and its processed products have gradually become important nutritional and health products with the improvement of people's living standards and the changes of social health concept. The cultivated buckwheat mainly includes tartary buckwheat, common buckwheat and golden buckwheat. The total cultivated area of buckwheat in China is more than 700,000 hectares per year, with the highest yield reaching 1.5 million tons. The cultivated area and yield rank second in the world. Common buckwheat mainly distributes in Northeast, North China, Northwest and South China, and tartary buckwheat and golden buckwheat mainly distribute in Southwest China. Quinoa (*Chenopodium quinoa Willd.*) is an annual dicotyledonous plant of the genus *Chenopodium* (Amaranthaceae family), an allotetraploid ($2n=4x=36$), with 9 haploid chromosomes, and obvious characteristics of tetraploid origin. The number of chromosomes in its wild relative species is $2n=18, 36. 54$. It originated in the Andes of South America and has become an important food crop since 3000 BC. In recent years, this pseudocereal has attracted worldwide attention and been successfully introduced to Europe, North America, Asia and Africa due to its excellent nutritional richness, agricultural ecosystems diversity maintenance and malnutrition reduction in many regions of the world. As a special crop introduced from South America, quinoa industry developed rapidly in China in recent years; especially since the establishment of Quinoa Branch, Crop Society of China, in 2015, the total planting area has increased from 3333 ha in 2015 to 12000 ha in 2018, with a total production of nearly 20000 tons. It has been popularized and implemented in more than 20 provinces (regions) in China; the planting area and total production have ranked the third in the world. Quinoa plant is strong tolerance to drought, cold, salt, alkali and infertility soil. Quinoa grain has high nutritional value due to the rich contents. The economic value of quinoa planting is significantly higher than that of traditional cereals due to its multiple purposes as food, forage, vegetable and ornamental. The full development and utilization of quinoa are not only beneficial to the adjustment of agricultural planting structure and the structural reform of the agricultural supply side, but also of great significance to the poverty alleviation and prosperity of farmers in poor regions.

Written by Zhou Meiliang, Qin Peiyou, Zhang Kaixuan, Ding Mengqi, Ren Guixing

Advances in Bast Fiber Science and Technology

Bast fiber crops are important economic crops in China. With the increasing demands of natural fiber products, the industry of bast fiber has been developing continuously in recent years. How to boost its production and how to improve farmers' income are critical to the sustainable development of this crop in long term. With the support of National Agro-Industry Technology Research System for Crops of Bast and Leaf Fiber, great progress has been made in the field of bast fiber crops. This section mainly introduced the research development of bast fiber crops discipline from the aspects of genetics and breeding of bast fiber crops, physiology and cultivation of bast fiber crops, soil remediation and stress-resistance cultivation technology of bast fiber crops, pest and disease control of bast fiber crops, production machinery research, and biodegumming and fiber processing, diversity usage of bast fiber crops, research and development of multi-purpose bast fiber film and so on. It summarized the mainly

problems existed in the fields of screening and breeding of germplam and varieties, planting and harvesting technology, processing industry. It also elaborated the key research field and development prospects of bast fiber crops technology, including stress resistance breeding, light and simple cultivation technique development, the integration of agricultural mechanical and agronomy, cleaning processing technology, research on diversity usage production and so on. The progress of bast fiber research will facilitate the sustainable development of the whole chain industry for bast fiber crops.

Written by Xiong Heping, Li defang, Zhu Aiguo, Chen Jikang,
Liu Feihu, Yang Ming, Fang Pingping, Yi Kexian, Huang Siqi

Advances in Barley Science and Technology

Barley, as one of the important crops in China, its science and technology development research plays an important role in supporting the development of current and future industries. In this report, we compare the progress of China and abroad in genetic research with new varieties breeding, cultivation physiology and cultivation techniques, main pest and disease control technology, nutrition and processing technology, and puts forward the development trend and scientific and technological countermeasures of our barley industry.

Written by Zhang Jing, Guo Ganggang

Advances in Sweet Potato Science and Technology

Firstly, this report introduces the basic situation of sweet potato industry in China, and reports the development of sweet potato related disciplines in China from five aspects: biotechnology, breeding, cultivation, disease & pest control and postharvest storage & processing. In recent years, significant progress has been made in molecular biology of sweet potato in China. Some of the studies have reached or advanced the international level. The whole genome sequence of cultivated sweet potato and two related wild species has been analyzed, and the evolutionary process of sweet potato has been explained. A number of genes related to storage root development, quality and stress tolerance were identified by omics information and their functions were verified. Fingerprints of varieties were constructed by SSR and other molecular markers. In recent years, many varieties have been released, including table-utilization with high-quality, starch -utilization, special processing-utilization use (high anthocyanin, high carotene), vegetable-utilization etc, which basically meet the needs of industrial development, and the overall level of breeding ranks top in the world. Suggestions for reducing nitrogen and increasing potassium fertilizer in sweet potato production were put forward. Water and fertilizer control technologies in different sweet potato areas were integrated, which provided technical assistance for high quality and high efficiency sweet potato production. Some advances have been made in yield loss assessment by SPVD, virus detection technology, virus-free shoot tip culture and rapid propagation of sweet potato in China. The identification results of several new diseases have been reported. Domestic sweet potato processing technology mainly involves the development of starch and its derivatives, the analysis of nutrient components, the extraction of active biological substances such as polysaccharides, anthocyanins, and pharmacological effects. The breakthroughs and important achievements in omics of sweet potato were also highlighted.

At the same time, the progress of biotechnology, breeding, cultivation, disease & pest control and postharvest storage and processing of sweet potato abroad were analyzed, and the comparative analysis of domestic and foreign research was made. The strategic needs and research directions were put forward, that is, to focus on the basic research of genomics, proteomics, metabolomics etc., and establish an advanced breeding technology platform for sweet potato (practical transgenic technology, molecular marker gather-breeding technology, molecular design technology, ploidy breeding technology, etc.), to breed new varieties with high yield, high quality and multi-resistance, improve breeding system with healthy seeds and seedlings, establish green cultivation system with environment-friendly and simplified technology for disease & pest, weed prevention and control, improve postharvest storage & processing technology level, so as to lay the groundwork for for industrial development and utilization.

Written by Wang Xin, Cao Qinghe, Zhou Zhilin, Hou Meng,
Chen Xiaoguang, Yang Dongjing, Sun Jian, Ma Daifu

Advances in Cotton Science and Technology

China's cotton production showed a steady and positive trend, with the total cotton output of 5.344 million tons, 5.653 million tons and 6.096 million tons in 2016, 2017 and 2018, respectively. Cotton fiber quality also improved significantly. In recent years, China's cotton import has maintained a medium and low level, with imports of 894,000 t, 1,156,000 t and 1,573,000 t in 2016, 2017 and 2018, respectively, which is closely related to the decrease of cotton stock and consumption.

From 2016 to 2019, China has made new progress in cotton science and technology, and continue to collect, sort out and distribute cotton resources to scientific research and seed industry. Chinese scientists have made new progress in cotton genome sequencing and functional genome research, publishing 5 papers in Nature Genetics and 1 paper in Nature Communications. These achievements mark that Chinese scientists are at the global forefront of cotton genome and functional genome research. Bt gene, molecular design, molecular marker and heterosis were applied in cotton breeding and have cultivated a number of new varieties. 29 cotton varieties have been approved by the state, and there were 10 hybrid cultivars among them. Cotton genetic quality has stepped into the "double 30" era. It has been confirmed that there is a potential to reduce the use of chemical pesticides, fertilizers and water in cotton production. Studies on the application of light and simplified technology, mechanization, information, precision and intelligent technology, and modern cotton cultivation technology have emerged.

The development of cotton production has made great contributions to improving people's living standards and making the country rich. In the future, we will spare no effort to develop cotton science and technology, to provide strong technical support for green and sustainable cotton cultivation industry, and to move forward towards the power of cotton.

Written by Mao Shuchun, Li Yabing, Feng Lu, Du Xiongming, Gao Wei,
Wang Zhanbiao, Jia Yinhua, Ma Xiaoyan, Ma Zhiying

索 引